Changsuo Zhuanxiang

江苏高校优势学科建设工程资助项目

东南大学艺术学优势学科建设学术文库

艺术理论系列丛书

场所转向

论数字公共艺术的“场”性

Changsuo Zhuanxiang

蔡顺兴 著

东南大学出版社
SOUTHEAST UNIVERSITY PRESS
·南京·

图书在版编目(CIP)数据

场所转向:论数字公共艺术的"场"性 / 蔡顺兴著.
— 南京:东南大学出版社，2020.10
ISBN 978 - 7 - 5641 - 9171 - 9

Ⅰ. ①场… Ⅱ. ①蔡… Ⅲ. ①公共空间-景观设计-环境设计-研究 Ⅳ. ①TU - 856

中国版本图书馆 CIP 数据核字(2020)第 207699 号

场所转向:论数字公共艺术的"场"性
Changsuo Zhuanxiang:Lun Shuzi Gonggongyishu De "Chang"xing

著　　者	蔡顺兴
出 版 人	江建中
策 划 人	张仙荣
责任编辑	谢淑芳
书籍设计	蔡顺兴
出版发行	东南大学出版社
地　　址	南京市四牌楼 2 号　邮编:210096
网　　址	http://www.seupress.com
经　　销	全国各地新华书店
印　　刷	南京新世纪联盟印务有限公司
开　　本	700 mm×1000 mm　1/16
印　　张	26
字　　数	315 千字
版　　次	2020 年 10 月第 1 版
印　　次	2020 年 10 月第 1 次印刷
书　　号	ISBN 978 - 7 - 5641 - 9171 - 9
定　　价	88.00 元

本社图书若有印装质量问题，请直接与营销部联系。电话(传真):025 - 83791830。

前　言

本研究以数字化公共艺术的“场”性原理为主要研究对象，所涉及的相关内容离不开对数字公共艺术形式本身的探索。

与数字公共艺术密切联系的“场”性现象，是计算机信息时代人们所面临的新课题。本文作者对这一现象的关注，肇始于20世纪90年代赴荷兰学习期间的耳闻目睹，后因工作需要，不断接触数字装置艺术、人机交互、虚拟沉浸式体验等与计算机相关的数字艺术形式，从而对此产生了浓厚的兴趣。数字化公共艺术之所以能够吸引公众的注意力，就在于人们可借此身临其境地体验艺术美感与人机对话所带来的参与满足和精神愉悦。鉴于此，本文作者便着手检索信息，收集资料，开始对相关现象展开细致深入的认真思考，试图弄清其内在原理，得出有价值的探索结论。

学术界现有的研究成果显示，以“场所”视角对传统公共艺术进行理论研究的文献资料已有不少，而对数字化公共艺术进行学理上的“场”性分析却并不多。当然，不多并不等于没有，许多与数字公共艺术“场”性相关的学术研究，只是从不同的角度或使用不同的称谓展开而已，如从新媒体艺术、虚拟现实、异质混合空间、拟真、拟像、远程遥在等角度所完成的实验报告、研究论文、学术专著等研究成果，海量存在于学术界便是有力的依据。冷静地对这些资料进行归类、分析后，令人意识到，因传统惯性思维和数字技术介入艺术领域后所出现的审美嬗变，必然会影响人们对数字公共艺术的理解和判断。设若从传统公共艺术与“场所”之间的依存关系出发，联想和思考数字公共艺术与“场”之间的相互关系，显然更能够准确把握问题的实质。

客观上，传统公共艺术均以特定的公共场所作为存在的前提，公众集会也必须以此为基础。然而，数字媒体出现后，互联网所形成的虚拟公共场所，为公众在虚拟世界的交往提供了可能。人们过去以真实现实公共“场所”为交流地点的集会“在场讨论”“当面议事”“现场展示”等行为，被当今以数字虚拟“场所”为平台的非在场“无限游牧”“隐身交往”“参与互动”等交互方式所取代。二者相较，虚拟现实场所既可以是镜像的真实现实“场所”，如实反映人们所从事的一切艺术活动，也可以在虚拟现实“场”中，由人任意创造一个、两个或无数个虚拟现实“场”。根据需要，这类“场”不必等同于真实现实镜像“场所”，而处在“自由王国”中的虚拟隐身主体，拥有随心所欲从事合法艺术活动的绝对权力。由此来看，从“场”的角度去探索数字公共艺术及其“场”性规律，是将传统真实现实的“场所”观，自然延伸至数字化虚拟现实“场”中并加以综合分析的一种研究方法和思维方式，它通过比较、对照、甄别和分析，使二者既相互联系，又有所区别，能有效揭示出数字公共艺术中所存在的“场”性现象。不仅如此，由于数字公共艺术形式有着丰富的多样性，许多艺术种类及其表现方式不单单存在于虚拟现实中，同样也存在于真实现实中，如数字装置公共艺术、数控水景公共艺术、数控焰火公共艺术、数控灯光公共艺术等就具有这样的属性。该类艺术可凭借单体艺术形式置于真实现实场所中，用以扮靓城市环境或与观众形成互动对话，从“场”的角度对之进行分析，更易于解释该类数字公共艺术与人类栖居地之间的相互关系。

进一步而言，在传统艺术时代，公共艺术是以物的实体形态呈现于公共场所中，静态稳定、持久不变是这一时期公共艺术对置放场所的基本要求。“场”，在此是真实的，物理肉身世界中的人们，依时间秩序“在场”置身其中，不仅可以远眺艺术品实体的宏伟与壮观，体悟其创思构想的绝妙，而且也可以近观其技艺的高超，触摸表皮纹理，感知材质的属性，嗅闻造作物料的气息。荏苒之间，公众不知不觉从中获得了美的享受，或从中得到了真理的启迪、信仰的教化。如此，均得益于传统静态公共艺术及其存在“场”的“场所精神”，并最终使人的心灵得以慰藉。反观数字化公共艺术，许多方面并不具备这样的特点。尽管数字化公共艺术所拥有的智能动态、虚拟现实、互动参与等高科技属性已成为自身的优势，并将主导公共艺术的未来发展，但这并非意味着对传统静态公共艺术及其“场”性特点的全然否定和抛弃，即数字化公共艺术的出现，并没有表明传统公共艺术行将消亡，实际上二者各有优势，互为补充。由于数字技术改变了传统公共艺术原有的“场所”时空关系，从而使公共艺术的艺术形式及其“场”性规律发生了颠覆性转向，因此数字公共艺术及其“场”性具有鲜明的特征。本书将从如下几个方面展开论述。

首先,数字公共艺术之所以不同于传统公共艺术,是由于“场”性的不同。一方面,因多种不同空间特性的艺术形式共存于公共“场所”,致使呈现“场”出现了异质混合空间现象;另一方面,由于异质混合空间出现场所的“真实”与“虚拟”、体验的“在场”与“非在场”等现象,从而使公众能够对数字公共艺术及其场所呈现出的并置、重叠、交替等混合空间现象进行沉浸式体验。其次,数字公共艺术的“场”性,不仅存在着“气场”张力现象,而且还可通过“张力”传达艺术的表现性与感染力。“气场”反映的内容实际上类似于“心物场”规律,或是说“气场”张力现象是“心物场”原理的客观反映。因此,“气场”张力现象是因环境而引起的人的心理反映,由此得出“心物场”理论与数字公共艺术“气场”张力原理有着本质的相类。再次,由于计算机技术介入公共艺术领域,使传统媒体(或称“场”)这个艺术赖以存在的基础被改变,导致数字公共艺术形式的产生。同时,也使得传统公共艺术的“光晕”(韵味)转向了新的数字公共艺术,从而使数字公共艺术及其“场”(载体)被赋予了数字艺术“光晕”的含义。就“光晕”转向的本质来说,其实质是因数字技术所引起的审美方式、审美意识的转向。表明数字公共艺术的“场”性原理,不仅突破了原有传统艺术的审美范式,而且还建立起了新的审美意识和新的审美发展方向。最后,数字公共艺术如同传统公共艺术一样,并非是一种艺术样式,可采用丰富的数字艺术形式和不同的数字媒体来营造城市环境,使城市环境成为适宜人类栖居的“诗意之场”。数字公共艺术之所以能够营造城市环境,一方面,是由于客观现实发展需要;另一方面,则在于数字信息时代为营造

“诗意之场”的城市环境提供了数字技术上的保证。不仅如此，数字公共艺术作为营造当代城市环境的新形式，一定程度上，导致传统静态艺术失去了占有城市公共环境的主导地位，并且还使得不同种类的数字艺术表现形式所拥有的智能化、动态化等特性，成为营造当代城市环境的主流，从而使城市环境呈现出“诗意之场”迷人的意境。所以，数字公共艺术营造城市环境是“诗意之场”当代性的反映。

总之，贯穿本书始终的基本思路，在于揭橥数字化公共艺术中客观存在的视觉现象和审美规律，所涉及的部分观点难免不会出现偏颇，不足之处，恳请广大读者批评指正并给予谅解。

目　录

前　言

绪　论

一、研究的对象、涵盖的内容、研究的方法、目的与意义………001

二、本课题将探讨的几个主要问题………009

三、对“场所”“空间”理论研究的回顾和分析………010

四、公共艺术、数字公共艺术的概念与范畴………025

第一章　数字信息时代公共艺术及其“场”性之内涵

第一节　数字公共艺术“场”性内涵之辨析………034

第二节　传统公共艺术的内涵属性………040

第三节　数字公共艺术的内涵属性………054

一、数字公共艺术的非物质性………055

二、数字公共艺术以非物质“材料”构形创作、储藏传播 ·········061
三、数字公共艺术存在“场”的非物质“虚拟主体”与“主体间性”·········064

第二章　数字公共艺术及其“场”性的审美转向

第一节　审美的嬗变:艺术“光晕”的转向·········071
第二节　仿像、拟像:数字公共艺术“光晕”的体现·········078

第三章　数字公共艺术场所的异质混合空间

第一节　异质空间:不同的数字艺术介入公共场所·········091
一、真实现实的场所“空间”属性·········093
二、真实现实的场所“空间”结构·········095
三、虚拟现实的“场所”“空间”属性·········100
四、虚拟现实的“场所”“空间”结构·········103
第二节　混合空间的构成:多种类数字空间艺术的并置 ·········107

一、镜像反射:虚拟空间………108
二、电脑绘画:摹拟空间………111
三、数字影像:复制空间………113
四、网络空间:无限游牧………115
五、遥在空间:远程操控………122
六、音响空间:现实增强………126
第三节　混合空间:数字公共艺术场所的空间特性体现………130
一、增强现实空间:混合空间的重要表现形式之一………130
二、异质空间:艺术混合展示………134

第四章　数字公共艺术场所的混合现实体验
第一节　异质空间:混合现实体验的根源………146
第二节　非“线性”读图:混合现实体验的兴趣取向………154
第三节　“在场”与时间:混合现实体验的“场”性特征………159

一、“在场”与非“在场”:数字公共艺术体验的自由
………160
二、“此在”:体验的瞬间………163
第四节　“沉浸”“遥在”:混合现实体验的主要方式
………166
一、“沉浸”式数字公共艺术:混合现实体验的主体
………167
二、设备条件:“沉浸”式体验的关键………172
三、“遥在”式数字公共艺术:“场”与“场”的跨越体验
………176

第五章　数字公共艺术混合现实体验的先在因素
第一节　混合现实体验的先在条件………184
一、文化环境:体验的“土壤”………184
二、图像经验:主、客体的统一………187
三、性格特征:关乎审美取向………190
四、心理期望:体验的出发点………191

五、时代影响:文化的反映………193
第二节　混合现实体验的先在动机………195
一、庆典集会:公众体验的“盛宴”………195
二、消遣娱乐:身心的愉悦………196
三、宣泄释放:压力的缓解………197
四、身份认同:体验的互动………198
第三节　混合现实体验的先在情绪………199
一、情绪类型:影响体验的结果………200
二、移情与认同:情境融入………201
三、情绪的成因:感知的体现………203

第六章　数字公共艺术“场”性的内在“张力”
第一节　“张力”说的由来………206
第二节　两极扩张、双向统一是张力的本质体现………209
第三节　动态产生张力………217
一、运动:产生张力………218
二、频闪:产生张力………222

第四节　静态图式内含运动倾向的张力………225
一、动感倾向内含张力………225
二、能动的知觉活动包含张力………228
三、“运动”图式包含张力………231
四、形状变形包含张力………234
第五节　“声”“光”“电”“水”“火”等环境产生张力………237

第七章　数字公共艺术的“气场”张力

第一节　“气场”作为学术语词解释艺术张力现象之可能………245
一、历史上繁芜驳杂的“气”论与艺术“气场”张力的关系………247
二、西学中用的“气”论………251
第二节　“气场”张力现象是“心物场”原理的客观反映………256
一、“气场”张力形成于心理场………259

二、“气场”张力源自物理场………261

第八章　数字公共艺术营造“诗意之场”

第一节　“诗意之场”的缺失:城市环境危机的现实性………277

一、城市的二元对立:征服、破坏与保护、建设………278

二、城市环境的消极面:文化缺失与审美危机………281

第二节　“诗意之场”的营造:城市环境审美的本然回归………284

一、环境改造的必然性:把握实现“诗意之场”的历史机遇………284

二、“诗意之场”理念的普适性:城市环境审美理想的理论依据………286

三、“诗意之场”的实现途径:城市环境艺术的主要表现方式和审美欣赏………289

第三节　“诗意之场”的理性营造:科学完善的城市公共环境规划………294
一、“诗意之场”的城市环境:功能设施与环境一体化的完美体现………296
二、“诗意之场”的城市环境:城市非凡文脉的反映………302
三、“诗意之场”的城市环境:环境规划决定城市的审美特色………304
四、“诗意之场”的精神“守护”:卓越的城市历史………307
五、“诗意之场”的城市环境:城市意蕴的集中体现………310
第四节　“诗意之场”的形成:环境间性营造城市意境………312
一、城市“环境间性”的缘起………313
二、环境间性呈现城市意境………319
第五节　“诗意之场”的当代性:数字公共艺术营造城

市意境………322
一、“诗意之场”当代性的反映:数字艺术的介入与艺术规律的转向………324
二、“诗意之场”当代性的展现:多种类数字公共艺术塑造城市环境………328

第九章　数字公共艺术营造“诗意之场”的设计案例赏析
第一节　数字化水景艺术体验………351
一、数控水景动态“雕塑”………351
二、数控投影成像创造水景体验影像空间………355
三、声控水景艺术营造互动体验空间………357
第二节　数字化灯光艺术沉浸式体验………359
一、Seminole 数字灯光秀………359
二、数字灯光雕塑………361
三、灯光投影艺术………364
四、数字化动态雕塑………366
第三节　数字增强现实体验………368

一、环绕投影………370
二、多感官动态景观………372

结　论………376
参考文献………382

绪　论

一、研究的对象、涵盖的内容、研究的方法、目的与意义

（一）研究对象

本研究借鉴了诺伯舒兹(又译为:诺伯格·舒尔兹或诺伯格·舒尔茨)(Christian Norberg-Schulz)“场所”理论的研究方法,旨在对数字公共艺术“场”性原理进行探究,但所涉及的“场”性内容和诺伯舒兹的“场所”理论有着很大的区别。鉴于数字公共艺术及其“场”性现象是一个问题的两个方面,对“场”性的研究离不开对数字公共艺术本身的探讨,只是重点不同而已。这里的“场”,既包括进行某种活动的真实现实场所,又包括以数字媒体为载体的虚拟现实“场所”;既包括与构成“场所”相关的物质要素和文化要素,又包括公众的欣赏体验与审美心理等方面。总的来说,对数字公共艺术的“场”性研究,就是围绕着与数字公共艺术及其“场”性现象密切联系的相关问题而进行的综合探

素。这里的“场”[①]主要包含以下几层含义：场所(place)、空间(space)、场(field)、媒体[②](media)、环境(environment)等方面。此外，“数字公共艺术”与“场”的关系，在某种情况下为同一内涵，如虚拟现实“场”、场的“遥在”等，表达的不仅是“场”的空间概念，而且其本身就是数字公共艺术。不仅如此，数字公共艺术介入公共“场所”中，其形式繁杂、多样，主要是以独立的数字影像装置艺术、数控水景艺术(水雕塑)、数控灯光艺术、数控焰火艺术、数字虚拟现实视频与装置混合艺术等艺术形式出现。诸如此类的数字艺术，“要区分两种情况：一种是将数码技术用于创造传统艺术作品的工具；另一种是致力于开发数码技术的媒体特性(交互性与参与性)。表面上看是数码的作品，可能完全是用传统技术创作的；表面上看是传统的作品，可能完全是用数码技术创作的。数码媒体的特点是允许进行多种操作、多种艺

---

① 在本研究中，涉及与数字公共艺术“场”性原理有关的内容大致如下：(1)“场”是空间这个形式背后的具体内容，涉及构成真实现实物理场所一切与艺术相关的要素。一方面，“场”等同于“空间”(space)；另一方面，“场”(place)作为空间中的具体区域，是盛纳艺术作品的“大箱子”，是由不同类别艺术所构成的实体“填充物”。(2) 指的是不同类型的数字公共媒体艺术(media)与“场”(place)有关的空间特性，它包括：“真实现实空间”“虚拟现实空间”“赛博空间”“遥在空间”等艺术形式在真实现实“场所”中所呈现出的多维异质空间混合现象。(3) 不同性质的数字公共媒体艺术(media)在特定的真实现实“场所”(place)中，既彼此独立，又相互统一，混合成完整的数字公共艺术作品，从而使整个“场所”被统合成数字公共艺术的“载体”。(4)《辞海》释义：“场”(field)：物理场，即相互作用场，物质存在的两种基本形态之一，存在于整个空间。例如：电磁场、引力场等。“场”有时也指空间区域本身，不一定是物质存在的形式，而有时是为了研究方便才引入的概念。本研究中所引考夫卡的非物质“心物场”概念当属此类，“心物场”所指的“心理场”(psychological field)、“物理场”(physical field)与数字公共艺术的“气场”密切相关。

② “场”，在此之所以被称为“媒体”，或“媒体”被称为“场”，是因为在某个特定的“场所”中，每一不同的数字媒体都具有“场”的特性。如电子视屏不仅能够播放虚拟现实“场”，而且媒体本身就是一个二维展“场”。除此之外，各类互动数字艺术往往也具有这样的特点，因此，许多不同的媒体以“场”的形式组合在“场所”内，构成一个大的展“场”，而大展“场”本身就具有“媒体”的功能。

术形式的无缝结合”[①]。在此,本研究主要指的是后一种:以数字化、动态化、交互性、虚拟现实以及“遥在”等为特征,并结合声、光、电、气、水、火等介质而呈现出的艺术形式。

（二）涵盖的内容

第一,不同的空间原理彰显数字公共艺术“场所”的异质混合空间特性。数字公共艺术“场所”的特性,不同于以往传统公共艺术的“场所”性,其形成是由于数字技术支撑下的特定“场所”异质混合空间嬗变的结果,是多种空间理论在数字空间技术上的应用和体现。“场”的多维混合空间性,是以“真实现实空间”“虚拟现实空间”“遥在空间”“音响空间”等为根据的不同艺术形式介入空间后的混合展示结果,是异质混合空间的本质体现。一方面,它以不同的空间艺术理论为指导,以种类驳杂的数字公共艺术相互间的配置为基础,目的在于展现数字艺术“场所”混合空间特性;另一方面,是为了显示混合空间现象的产生,不是简单对传统艺术表现形式的数字化堆砌,而是以不同的空间理论为依据,以场所空间作为结构与框架,并将种类不同、性质各异的空间艺术,按其功能、特性合理地配置在“场所”中,从而使得整个展“场”成为数字艺术作品存在与展览的场所。同时,也使“场所”本身成为数字公共艺术作品。因此,其蕴含的混合空间特性,是多种类数字艺术介入公共空间的结果,是信息时代传统“场所”特性嬗变的体现。

第二,人处在真实现实物理“场所”和虚拟现实“场所”的交叠中,对“场所”中不同种类的数字公共艺术所体现出的并置、重

① 黄鸣奋.新媒体与西方数码艺术理论[M].上海:学林出版社,2009:35.

叠、交替等现象进行异质混合空间体验。虽然,这一现象源自前数字公共艺术时代,但真正完成真实世界与虚拟世界动态化的无缝对接,还是在数字公共艺术时代。"场所"的混合现实[①]体验,是数字公共艺术独有的艺术体验方式,此类"场所"混合空间特性,区别于以往任何一种传统艺术。它之所以存在,一方面,是由于保留了传统公共空间艺术的某些特点;另一方面,多种类数字艺术形式介入公共空间,使得展示空间拥有丰富的艺术种类,表现手段多样,从而使公共"场所"演变成异质混合空间。同时,人们不得不面对这样一个事实:由于现代数字技术的发展,其蕴含在数字公共艺术中的美学规律和体验方式已逐渐发生嬗变,所出现的真实现实、虚拟现实、增强现实以及混合现实现象,成为这种美学嬗变和体验方式变化的反映。不仅如此,混合现实体验还揭示了沉浸式体验中的视、听、触、嗅、味五种感觉与真实世界的关系,并把时间中的"在场" "此在"现象与"线性""非线性"体验联系在一起,以至于使人对动态化数字公共艺术的体验,从真实现实到虚拟现实、从"沉浸"到"遥在"、从"在场"到"缺场"等不同方式的感受经历变成全方位的混合现实体验。虽然不同种类的数字公共艺术不一定会同时出现在同一个"场所"中,但至少是某一层面不同混合程度的反映,体现出数字公共艺术"场所"混合现实体验的独特性,是数字艺术接受方式的本质反映。

第三,在数字公共艺术"场"性全部的知觉范畴中,无论是真实现实,还是虚拟现实;无论是单体独立的数字影像装置艺术,

① 混合现实(Mixed Reality)体验是指对不同类型的现实体验,主要是指真实现实与虚拟现实彼此间的混合。

还是综合性的展览展示、娱乐表演、开幕式等大型公共艺术活动，其最终目的都是通过视觉张力来增强数字作品的表现性。而数字公共艺术张力的形成，主要表现在四个方面：首先，张力是以“对立统一”为前提的“两极扩张，双向统一”的视觉感知，它包含着与运动联系的基本性质和构成张力要素的动态性质；其次，张力隐藏在具有动力倾向的静态图式中，它通过人的知觉能动性与自身的艺术修养、唤醒意识等对静态图像张力进行认识；再次，不同形态的曲变是形成张力的驱动因素，表现出张力与应力曲变的内在联系；最后，材料性质及其物理力是导致数字公共艺术张力知觉形成的直接成因。数字公共艺术虽然形式多样、“场”境复杂，但不管以什么样的形式出现，都应该把表现性放在知觉范畴的重要位置，如是，则张力就会呈现出更为深刻的意义。

第四，认为“气场”即心物场。非物质的心物场张力反映的不仅是人的心理场自我诉求的扩张，而且也是环境场决定心理场张力来源的内因，因此心物场张力是心理场与环境场直观感悟的结果，具有非物质属性。不仅如此，数字公共艺术“气场”张力理论反映的是一个问题的两个方面：一方面，“气场”体现的是数字公共艺术的“场”性特征；另一方面，“张力”反映的则是数字公共艺术“场所”环境的表现性与影响力，故此，张力不仅是“两极扩张、双向统一”的体现，而且也是“场所”环境和艺术感染力的反映。此外，通过科学方法对“气场”与“张力”现象进行相关探析认为：“气场”是由各种物质元素构成的“物理气体”与非物质“心理气体”共振的自然现象，具有“稀散和凝聚”的扩张属性，即“两极扩张、双向统一”的张力现象。现代物理场也证明了等离子体之类的物质是构成“气场”的重要成分，从而为证明“气场”张力现象的存在提供了一定的科学依据。由于“气场”主要属于非物质的心理学的研究范畴，因此，真正能够解释数字公共艺术“气场”张力现象，并以科学实验依据为支撑的格式塔心理学最具权威性，表明用“心物场”理论去解释数字公共艺术的“气场”张力现象，显然最具科学性，反映出数字公共艺术作品、公众、公共场所环境、公众心理体验等诸要素之间所形成的完整的知觉场关系。

第五，本研究借用了本雅明艺术理论中的“光晕”(aura“韵味”)概念，以论证数字公共艺术“场”性的审美嬗变。由于“场”，即媒体(或称载体)，这个艺术赖以立命安身的基础，也是艺术分类学①的重要标准，因此，数字公共艺术及其“场”(媒体)被赋予新媒体艺术“光晕”(韵味)的含义，从而使传统艺术的“光晕”转向了新的数字艺术载体。“场所”中的数字公共艺术，必须通过自身所拥有的数字艺术的“光晕”魅力才能体现其价值，其“光晕”的自我指涉符号，不仅纯然显现为“动态”的“非在场”性、“复制”性，而且还表现为“仿像”“拟像”与“拟真”的“光晕”(韵味)特征。这些都是人类长期以来一直努力探寻的目标，它经历过模仿、复制和虚拟三个时期。无论是在自然经济时代，还是在近代工业化机械复制时代，人类从未停止过这样的追求步伐。然而，只有到了数字时代，这一追求才能够得以真正实现。正如鲍德

① 在艺术分类学上，“以构成艺术形象的物质材料和媒介为标准，把艺术分为造型艺术、音响艺术和语言艺术三类”(孙国林．艺术分类学初论[J]．河北师范大学学报，1988(2))，因此，决定不同艺术种类的因素主要取决于媒体和构成材料。如油画、水彩、水粉、国画等，无不如是。依此类推，数字公共艺术也毫不例外。

里亚所说的，从仿像、拟像直至拟真的发展过程，是一个从模仿到拟真的过程，困于过去的科技水平，人类一直未能实现这样的艺术目标，只有到了数字信息化阶段，与拟真相关的科学技术解决了拟真技术中的瓶颈问题，艺术作品的“光晕”才得以从原来的“此在”性、“唯一”性、“神圣”性的在场体验，步入“非在场”“复制性”“大众性”的体验，只不过，这样的“光晕”更加强调艺术的再创造，使人自身的逻辑创造世界更具创新性。

此外，这里所研究的数字公共艺术的“场”性问题，主要属于“真实现实空间”“虚拟现实空间”等数字视觉空间艺术原理范畴，与哲学、美学、社会学、心理学以及其他艺术门类等相关领域紧密联系，部分将涉及相应的计算机信息传达等交叉学科，但这些仅作为证明和支撑本研究主要学术观点的论证材料，而非本课题的研究对象。总体而言，数字公共艺术的“场”性原理，其本质属于数字视觉空间艺术而引起的视知觉思维的人文现象，它与新时期人们的审美、娱乐和日常生活紧密相连，所以，本研究也将涉及此类问题并进行探讨。

（三）研究的方法

本课题的研究将主要采用文献研究、案例分析和实际考察相结合的方法进行。虽然公共艺术这一概念从 20 世纪 30 年代就已产生，但以电脑多媒体技术介入真实现实与虚拟现实公共“场所”“空间”并具有现代意义上的数字公共艺术却只有 20 多年的历史，它伴随着计算机应用技术的普及而产生，虽然出现的时间较短，却发展迅速，乃至成为当今公共艺术领域重要的艺术新形式。首先，在文献研究中，数字公共艺术属于艺术与数字技术交叉形成的新的艺术形式，其学科交叉的性质依然为美术学，而数字技术的运用仅作为艺术表现手段服务于数字公共艺术领域，学科分类上并未因数字技术的介入而改变数字公共艺术属于美术学研究范畴的性质。近年来，众多从事数字艺术研究的人员对此进行了不懈的探索，并在该领域取得了许多可喜的研究成果，这为数字公共艺术的进一步研究奠定了重要基础。相关研究包括数字互动公共艺术综合类文献、数字多媒体艺术文献、装置艺术文献、数字建筑与景观艺术文献，数字化大型文体表演场景设计、环境布景文献，庆典会场文献以及与数字技术相结合的声、光、电等动态艺术文献。不仅如此，由于数字公共艺术属于跨学科的动态视觉艺术，不可避免地将涉及以数字技术为支撑的软、硬件操作基本原理，诸此仅作为本研究少量的辅助内容。此外，本研究还将涉及美学、心理学、社会学等领域并借鉴其研究成果。其次，在案例分析中，主要是在国内外成功的数字公共艺术实例的基础上，通过对具体案例的分析研究，为缜密科学的理论诠释提供具有说服力的例证。最后，在实际考察中，则根据现有的条件，通过切实可行的渠道对国内外优秀数字公共艺术作品，如世博会、大型文体开幕式、公共空间中的数字装置艺术等进行实地现场考察、现场研究，亲身体会数字公共艺术的“场所”氛围，这将有助于感受和了解数字公共艺术“场所”特性的真实情况。

（四）目的与意义

对数字公共艺术“场”性研究的目的，旨在揭示数字公共艺术及其“场所”环境中所出现的真实现实、虚拟现实、混合现实等知觉现象的基本原理，以及由于计算机多媒体技术介入公共空间后所形成的数字艺术与“场”性的审美嬗变。同时，也是为探素、发现和弄清数字公共艺术与“场”之间所形成的深层次的艺术规律，进行必要的归纳总结。本课题研究的意义不仅仅反映在普适性的数字艺术文化方面，更主要的还是体现在对“场”与数字公共艺术原理的研究中。从“用”“体”角度看，作为“用”，数字公共艺术几乎涵盖公共空间所有的领域。当数字公共艺术在面对文化发展、美化环境、节日庆典、文体活动、游戏娱乐、展览展示等方面的社会需求时，本研究成果能起到相应的理论指导作用。目前已有的案例广泛涉及，诸如奥运会开幕式、国庆阅兵式、世博会，各类博物馆、展览馆、游乐场，以及环境美化等。作为“体”，数字公共艺术与“场”是共存互生的关系，虽然数字公共艺术可以成为独立的艺术形态，但数字媒介是数字公共艺术呈现的基础，从而使之无法脱离对“场所”的依存。因此，把“场所”与数字公共艺术看成一个整体是数字公共艺术的显著特征，也是人类造物艺术的新形式之一，体现了人类新的审美思维。

二、本课题将探讨的几个主要问题

限于个人能力和客观条件，本研究不可能涉及数字公共艺术“场”性的所有问题，但是，作为一项系统的理论研究应当面对几个基本问题，以下是将要探讨的主要内容。

首先，是对数字公共艺术场所的异质混合空间的探索。这一问题是数字公共艺术的“场”性区别于传统艺术“场”性最大的特征，并在此基础上对数字公共艺术场所的混合现实体验、先在因素等方面加以研究。

其次，将针对“场”与数字公共艺术的张力原理进行分析，并就“气场”张力现象、“心物场”理论进行探索性的论证。

再次，借用本雅明艺术理论中的“光晕”概念，以论证数字公共艺术及其“场”性的审美嬗变。

最后，通过正反两方面的实际案例，论证数字化艺术对城市公共环境的全面介入，能够营造出“诗意之场”栖居环境。

三、对“场所”“空间”理论研究的回顾和分析

“场所”是空间的某一坐标区域，也是空间背后的具体内容，本研究在探索数字公共艺术的“场”性规律时，必然将场所与空间关系一同联系起来加以考虑，并作一个简要的梳理。鉴于任何一个新生事物的出现都不是偶然的，它必然与历史上曾经发生的类似事物有着某种千丝万缕的联系，数字公共艺术的“场”性原理也不例外。虽然数字公共艺术异质混合空间的形成，是信息时代的新生事物，但它同样不可能离开传统场所空间理论对其支持；即使这些传统理论与数字公共艺术的“场”性原理没有直接发生联系，但至少有着某种程度上的间接联系。作为数字公共艺术异质混合空间是计算机技术下的新生事物，它的出现主要归功于信息革命成果，然而，其形成依然离不开传统空间理论的支撑，因此，对历史上重要的空间理论的回顾和重新认识，将有助于本研究对场所异质混合空间的探索，并形成具有逻辑性的整体理论认识。

国外对于“场所”与“空间”理论的研究，始于人类早期对空间本原问题的探索，这一传统理论研究，历史悠久，蕴含丰富。关于空间与实体物质的关系，西方世界对此问题的解释最早始于古希腊。其中，首推以思想家德谟克利特（Democritus，约公元前 460—公元前 370）为代表的哲学流派所提出的具有划时代

意义的"虚空"空间理论。他认为宇宙的本源乃是原子与虚空，原子表现为具体的现实实在，是紧密坚固的微小粒子，是既不可从内、外碎裂，也不可分割的无空隙物质。"原子"是"存在"，"虚空"表现为原子"存在"的场所，即"空间"，所以"虚空"谓之"非存在"，作为"非存在"的空间与"存在"的原子实体具有无限性。与德谟克利特"虚空"观持相反论调的代表人物为哲学家亚里士多德，他认为空无一存的"虚空"空间是不存在的，空间表现为充满实体物质的场所，是一物质与他物质被包围的关系，"就是一切场所的总和，是具有方向和质的特性的力场的场"①。亚里士多德关于空间理论的学说，仅涉及原始实用空间，但对后人关于空间理论的进一步深化却起到了启迪作用。对此问题，即使到了16—17世纪，人们对空间仍凭直觉经验认识。艾萨克·牛顿(Isaac Newton，1643—1727)作为近代最伟大的科学家之一，却承袭了同时期人类关于空间与时间相对独立的普遍看法，并由此提出了"绝对空间"与"绝对时间"的观点。牛顿曾在《自然哲学的数学原理》中指出："绝对的空间，因其性质且无关于外物，恒为等的且不动的。"这是说，空间是绝对的，是与外物无关的，因而总是相同的和不动的，同时指出，"相对的空间为前者之度量或其动的一部分，而由其与其他物体之对待，吾人之感觉乃有以标示之，且寻常即视之为不动的空间"，"相对空的空间，即是绝对空间的一个可动的部分，这个可动部分的相对空间，依它相对于其他物体而在我头脑形成的感觉而定。更进一步说，绝对的空间是一空的箱子，空的容器。空间不是物质的特性、物质的存

① 冯晓伟. 浅论二十一世纪初居住环境[J]. 中外建筑，1999(1)：19-20.

在形式，而是物体占据的场所。”[①]可见，牛顿的绝对空间理论所体现出的场所概念，与亚里士多德的空间论在表述上并不一致。牛顿的“空间……是物体占据的场所”的观点，对所有以具体场所为依托的公共艺术具有现实指导价值，并对动态化的数字公共艺术“场所”也具有同样的现实作用。在现实空间中，占有具体“场”的数字公共艺术形态，同样以现实“场”作为其存在的前提。至于虚拟现实图像，仅通过数字公共艺术视屏载体对现实实体“场”的占有，也仍然是上述现实“场所”“空间”原理的反映。不仅如此，他还认为“全体的运动与其各部分运动之和相同，故全体的处所改变，与其各部的处所改变之和相同”，“处所即是空间之部分。空间是绝对的，而空间的部分是相对的。因此，空间的相对与绝对的关系，归根结底就是部分与整体的关系”[②]。数字化、动态化大型综合运动会、博览会、文艺表演等开幕式艺术中所出现的类似空间现象同样是这一原理的反映，也为人们认识和关注不同空间中的动态化数字公共艺术整体与局部的关系提供了理论依据。

牛顿的时空观曾博得部分哲学家的喝彩，如德国古典哲学的代表人物康德（Immanuel Kant，1724—1804）就认为：“空间时间是先天的感性直观形式。”[③]空间和时间是人的感观之外的先天存在，人的感性认识阶段必须依赖于这样的存在，并认为空间的“外感官”和时间的“内感官”均来自于外部世界的感觉，存在于空间中，而属于意识范畴的观念，则存在于时间中。故

① 李发美．牛顿时空观[J]．怀化师专学报（哲学版），1986(3)：35－39.
② 李发美．牛顿时空观[J]．怀化师专学报（哲学版），1986(3)：35－39.
③ 刘文英．评黑格尔的时空理论[J]．新疆大学学报（哲学社会科学版），1983(4)：18－26.

此,外在于客观世界的感觉映射入人的意识中,空间被认为是外部的前在条件。当然,康德的这些空间理论只是表明康德本人对于牛顿时空观的态度,其价值并没有超出牛顿的时空观范围。因此,它对数字公共艺术空间理论的指导也仅局限于牛顿时空观的范围内。与牛顿持相反观点的哲学家莱布尼茨(Gottfriend Wilhelm Von Leibniz,1646—1716)认为:"我把空间看作某种纯粹相对的东西,就像时间一样;看作一种并存的秩序,正如时间是一种接续的秩序一样。因为以可能性来说,空间标志着同时存在事物的一种秩序,只要这些事物一起存在,而不必涉及它们特殊的存在方式;当我们看到几件事物在一起时,我们就察觉到事物彼此之间的这种秩序。"对此,莱布尼茨将空间看作是一种"并存的秩序";把时间看作是"接续的秩序"。莱布尼茨还认为:"空间、时间本身不是如牛顿理论所言是绝对的、实在的存在。时空与物质及运动密不可分,离开了物质就无所谓空间,同样离开了物质的运动也就无所谓时间。"[①]在此,莱布尼茨对空间的认识,强调的是物质、运动存在与否及和空间的相互关系问题,他对空间的认识与牛顿"绝对空间"所持的角度并不一样。若将"并存的秩序"和"接续的秩序"放入数字公共艺术"场所"中加以考虑,同样会给出合理的答案。

继康德之后,德国另一位古典哲学家黑格尔(Georg Wilhelm Friedrich Hegel,1770—1831)综合了牛顿与莱布尼茨的空间观,认为"空间是外在于自身存在的无中介的漠然无别状态"[②],但是,这种虚无的"无别状态"并不能赋予"空间"这两个字

---

① 林成滔.莱布尼茨对真空的研究及其现代价值[J].科学之友,2009(21):65-66.

② 童明.空间神化[J].建筑师,2003(5):18-31.

以任何确凿可信的意义。黑格尔进一步指出："假如人们说空间是某种独立的实体性的东西，那么它必然是像一个箱子，即使其中一无所有，它也仍然不失为某种独立的特殊的东西。"他强调："空间总是充实的空间，决不能和充实于其中的东西分离开，时间犹如流逝的江河，一切东西都被置于其中，席卷而去。"实际上，"事物本身就是时间性的东西"，"正是现实事物本身的历程构成时间"①。黑格尔的空间观无疑是亚里士多德、莱布尼茨的空间理论和牛顿的"绝对空间"的综合，其理论价值对计算机空间技术和数字空间艺术的指导并没有超出前人所探索的范围。

上述科学巨擘的空间理论，早已成为人类空间科学具有普遍指导意义的方法论。虽然这些理论能够解析数字公共艺术场所形构建造的科学原理，但所起的作用大多还只是停留在宏观层面，并不能对数字公共艺术产生直接影响，如若为数字公共艺术的创造提供直接有效的指导，还必须回到与"场所"、"数字空间艺术"、"场所"环境、"网络(赛博)空间"、"遥在空间"等有直接关系的理论上。那些以特定"场所"为载体的地标式数字公共艺术，各类大型综合性公共活动开幕式、博览会、博物馆的数字展陈设计等均离不开这类理论的直接指导。

(一)"场所""数字空间艺术"概念与空间理论

数字公共艺术场所与数字艺术概念，在"空间艺术"层面上相互纠缠、混淆，往往具有相同的意思，均被称为"数字空间艺术"。这一现象也是数字公共艺术多维混合空间特性的真实反映。"场所"与数字艺术的结合，其结果为二者混合成统一的整

---

① 刘文英．评黑格尔的时空理论[J]．新疆大学学报(哲学社会科学版)，1983(4)：18－26.

体，从而模糊了场所与艺术作品的界线。一方面，不同的场所内容通过数字化动态影像作品得以呈现；另一方面，场所本身由不同种类的数字公共艺术作品序列构成。由于在真实现实场所中，数字艺术作品以真实现实或虚拟现实形式出现，因此被称为“真实现实空间艺术”“虚拟现实空间艺术”或“遥在空间艺术”等。导致这一特性形成的内因在于：其一，场所作为盛纳各类数字艺术品的“容器”，其本身的设计、营造就是一件数字公共艺术作品。无论建筑物有无包被，还是以天空和大地作为其存在的基本结构[①]，或将其周遭环境一同纳入理性的建构中，凡此与数字公共艺术紧密联系的一切环境要素都被视为数字公共艺术场所的局部或整体。其二，数字场所的设计营建，离不开各种科学空间理论对于数字艺术软、硬件的支撑，生成的数字艺术作品逐渐成为空间艺术的代名词。如虚拟空间艺术、遥在空间艺术、视频空间交互艺术等。这类空间艺术的产生和空间理论有着一定的联系。其中，与数字公共艺术“场”性关系较为紧密的有“欧氏空间”理论，这一理论对于如何解决实际空间、图形建构问题有着直接的作用。公元前 300 年左右，古希腊伟大的数学家欧几里得对几何学所做出的研究，诞生了“欧几里得空间”，简称为“欧氏空间”，也可以称为“平直空间”，这一成果影响至今，使人们对空间的认识有了几何学依据，后世人们称此空间为“欧几里得数学空间”或“欧几里得几何空间”，尤其是欧洲进入文艺复兴后，欧几里得的空间理论被广泛运用。如将之运用到绘画艺术、透视学领域，尤以意大利画家皮耶罗·德拉·费兰切斯卡[Pi-

① 诺伯舒兹.场所精神：迈向建筑现象学[M].施植明，译。台北：田园城市文化事业公司，1995:32.

nero Della Francesca，又译：皮埃罗·德拉·弗朗西斯科(1415—1492)］为代表的科学家，对透视学意义上的空间理论探索最为突出，这也为数字公共艺术运用透视学的方法去解决虚拟现实场境空间问题，有着直接的理论依据。到了 17 世纪，意大利天体物理学家伽利略对天体空间进行了不懈的探索，并认为空间是物体运动永恒的场所，通过实验构建了物体运动相对性和自由落体理论。至此，有别于传统的新的空间理论体系宣告诞生，形成了物质与空间相互依存的一体化观念。这一体系的确立，使得数字公共艺术场所中的某些现象得以被正确解释。如数字公共艺术场所中"底"与"图"的空间关系问题、物体的"动"与"静"在空间中运动相对性问题等。与欧几里得空间理论起类似作用的还有 17 世纪的法国哲学家笛卡尔的理论。笛卡尔曾对欧几里得等古希腊数学理论进行了全面研究，如《笛卡尔的数学观——兼评他对欧氏几何的反思》一文认为："在发展他的哲学体系时，提出由怀疑出发的理性方法，因此面对希腊数学进行了深刻的反思；与此同时，他对科学的兴趣使他产生了要寻找一种普遍适用的数学的强烈愿望……"[①]笛卡尔通过研究点与坐标之间的关系，使其对空间有了新的认识。他所创立的"解析几何"，使计算机空间技术对数字艺术的指导有了一定的理论依据。由此可见，数字公共艺术场所与数字艺术作品被统称为"数字空间艺术"，是其现实空间特性和多种空间理论支撑的结果。

① 袁向东.笛卡尔的数学观：兼评他对欧氏几何的反思[J].科学技术与辩证法，1994(2)：19－22.

（二）与"场"有关的"场所"环境研究

与"场"有关的"场所"环境研究始于现象学。"从笛卡儿、康德到黑格尔、胡塞尔，再到梅洛-庞蒂、海德格尔，直到诺伯舒兹将现象学内容运用在建筑研究中，经历了近 400 年……"其中海德格尔（Heidegger）与胡塞尔对诺伯舒兹的"场所"理论影响最为深刻。海德格尔"把建筑看作是万物所归属的领域，建筑就是真正的居住，建筑的意义就在于建筑是'提供了场所的物'，建筑形式的组合影响着城市空间"，"他认为现代城市的最大危机是越来越图案化、功能化的城市环境没有适居性"[①]。然而，对"场所"问题真正直接深刻研究的正是舒尔兹本人。

第二次世界大战以后，西方工业化国家盛行无个性的国际主义建筑设计，其理性、秩序的形式，远离了人类的温情环境，这股潮流虽能为人类带来大量简洁、廉价、实用的工业化住宅，但其无个性、千人一面的弊病却暴露无遗，此时的社会渴望建筑出现具有人情化、地域化特征的设计理念。为了顺应时代的发展需要，以挪威建筑设计师诺伯舒兹为代表的一批建筑设计师与理论家对此进行了长期的探索和不懈的努力。首先，诺伯舒兹提出了建筑风格的多元论，即"特性"说，他指出："一般而言，我们必须强调所有场所都具有特性，特性是既有世界中基本的模式。"[②]他认为，建筑不仅应具备实用功能，同时也应具备形式上的个性特点，只有那些功能与形式兼备的个性化建筑才具有"人情味"；其次，诺伯舒兹接受了德国哲学家胡塞尔的现象学理论。

① 陆志瑛．城市设计中的现象学思考[J]．山西建筑，2008(7)：54－55.

② 诺伯舒兹．场所精神：迈向建筑现象学[M]．施植明，译．台北：田园城市文化事业公司，1995.

现象学的实质在于反对无穷尽的理性分析，把直觉经验作为其理论的基本核心，因此，它强调个人的主观意识在现象学中的作用，认为只要人凭借直觉就能够从现象中发现事物的本质。现象学对于建筑学的指导并非直接指导，它只是一种方法论。诺伯舒兹以此研究方法探索人类生存环境，从而创立了建筑现象学。该理论的观点是，建筑应该被放在一个具体、现实的领域加以研究，建筑本身就是一个具体现象，因此对"场所"以及对隐藏在空间背后的"场所"进行研究，才能真正体现建筑所应有的价值。

诺伯舒兹对场所理论研究的意义在于，他把人们对场所的个性化、环境美化、环境改善的愿望提高到了一个切实的理论高度，增加了文明社会对之关注与重视，并尽其所能采取各种措施加以改善。在这些措施中，大量采用数字艺术介入公共空间，如数字装置艺术、数控光艺术、数控水景艺术、数控焰火艺术、数字视屏包被装饰等，使得这类数字公共艺术成为雅俗共赏的大众艺术，对公共环境的改善起到了很大的提升作用。

（三）中国堪舆文化对"场"的研究

除了上述西方学术界对"场"有着丰富的理论研究外，中国传统文化把"场"作为研究对象也有着悠久的历史，但主要与风水环境联系在一起，其中夹杂着浓厚的封建迷信色彩。与风水有关的理论最早可追溯到中国古代的堪舆文化。"风水，也叫堪舆。旧中国的一种迷信。认为住宅基地或坟地周围的风向水流等形势能招致住者或葬者一家的祸福。也指相宅、相墓之法。"①

① 辞海[M].上海：上海辞书出版社，1980：1527.

许慎释义:“堪,天道;舆,地道。”“‘堪舆’一词本即出自《淮南子》之《天文训》,所谓‘北斗之神有雌雄,十一月始于子,月徙一辰。雄左行,雌右行。五月合午谋刑,十一月合子谋德。太阴所居辰为厌日。厌日不可以举百事。堪舆徐行,雄以音知雌,故为奇辰’。‘堪舆’实指北斗星辰及其神名,斗柄的旋转有如天车徐行,雄雌之分乃为斗柄所在之辰与以阴阳对应而虚拟之奇辰,故有五月雄雌合于午为凶,十一月又重合于子为吉之说法。北斗为天帝之车,观天车斗柄所指而定方位吉凶,实为历代天官的职守。”①在此,“堪舆”成为古人择日办事的依据。堪舆与风水紧密联系,确切的年代已无法考证,但较早的记载可见“《汉书·扬雄传》:‘属堪舆以壁垒兮,梢夔? 而窟越狂。’孟康注曰:‘堪舆,神名,造《图宅书》者。’按三国时期孟康注解,‘堪舆’是造《图宅书》的神怪。这是最早指出‘堪舆’与风水有直接关联的一条史料,由于《图宅书》早已亡佚,但我们可以从《论衡·诘术》篇中提到的图宅术中找到一些信息,图宅术曰:‘宅有八术,以六甲之名,数而第之,第定名立,宫、商殊别。宅有五音,姓有五声。宅不宜其姓,姓与宅相贼,则疾病死亡,犯罪遇祸。’图宅术又曰:‘商家门不宜南向,征家门不宜北向。’从图宅术所述内容可以看出,它的确是记载住宅宜忌的风水术”②。可见,中国的堪舆思想实际上就是中国古代的“场所”环境理论,只不过堪舆思想其外延比“场所”理论来得更宽泛。由于在中国传统堪舆理论中掺杂着一些迷信成分,在西方现代科学和环境规划文化的冲击影响下,堪舆术逐渐退出了主流环境学的历史舞台。虽然在某些环境“场”

① 王育武.汉代式术与堪舆[J].华中建筑,2007(7):153-156.

② 焦海燕.汉代“堪舆”释义[J].安康学院学报,2010(1):85-87.

中还留有这类文化符号，有时也能够引起少数人对过去传统文化的怀念，但这也仅仅是历史文化“符号”的象征而已，与本研究所探索的数字公共艺术“场”性问题没有直接的联系。

（四）“网络（赛博）空间”“遥在空间”与拓扑理论

“网络空间”及其相关的“赛博空间”“遥在空间”等空间术语与“场”有着密切的联系，这仅仅是计算机运算和传输数据信息的方式和抽象的空间概念。此“空间”只是人们对数字传输方式的称谓，并不是真实具体“场”的表现。它通过一系列数字科技软、硬件设备的支持，最终将信息数据呈现为动态影像画面，或通过三维立体打印机打印出三维真实模型。在数字公共艺术“场所”混合空间中，数字动态影像成为重要的空间表达形式，因此才出现了以“空间”称谓的“网络空间艺术”“赛博空间艺术”“遥在空间艺术”等空间艺术的术语。然而，网络空间的出现与拓扑理论有着一定的联系。例如，至 19 世纪中期，对于空间的研究出现了新的研究方法，科学家们运用数学分析中的拓扑学方法，去研究几何图形在连续改变形状时的不变性质。拓扑学属于几何学的一个分支，到了 20 世纪迅速发展，其研究对象已成为现代数学普遍研究的内容。尤为重要的是拓扑学虽从图形研究演变而来，但它已从实体抽象成与之无关的点、线、面，并将此三者之间的关系运用到数字网络空间中，网络被拓扑为一个完整的信息结构体系，从而使之成为庞大的数字公共艺术通信空间。

以上对于数字公共艺术“场”有关的空间问题的研究，无论是德谟克利特的“虚空”论，还是牛顿的绝对时间、绝对空间论，其基本观点大多是从空间、时间与物质相分离的立场出发；或是把空间理解为可填满物质的“大箱子”,空间和时间只是结构与框架,也就是通常所说的“形式”,物质则是“内容”,是装进“形式”和“框架”中的“东西”。此类古典空间理论无论以哪一种学术流派出现,时间与空间的基本结构是不变的,它规定着每一事物与每一事件的时间和地点,决定着宇宙间万事万物永恒不变的时间和空间的特性。换言之,数字公共艺术的“场”性混合空间现象并没有脱离这类理论规律的指导,相反,隐藏在不同混合空间现象背后的数字公共艺术及其“场”性表征,都能找到与自己相符的理论依据。进一步说,空间和时间只是一切事物、事件的表演舞台,而事物、事件只是充当表演者,视时空为背景或表演场所,演员可变但舞台不可变,演员与舞台始终是一个相互独立的关系。不过,古典空间理论所能解决的场所空间现象仅局限于传统的时空领域,而不能解决数字公共艺术及其“场”性的所有问题。只有当爱因斯坦的相对论出现之后,人们关于时间与空间的观点才开始发生革命性的转变。爱因斯坦彻底否定了牛顿的时空观,并建立了“狭义相对论”。他认为:当运动物体的速度接近光速时,运动物体的长度会变短,时间会膨胀,故此,空间与时间的关系是相对的,而非绝对的;物体的存在方式不但是三维的,而且是四维的。除此之外,为证实狭义相对论中引力问题和非惯性问题,爱因斯坦又提出了广义相对论。他认为:引力场客观上是一个弯曲的时空,其原因在于物质的存在可导致空间的时间发生弯曲。虽然相对论与数字公共艺术“场”的混合空间性并没有直接的联系,但其本质在于打破了人们千古不变的时空观,并为空间、时间与物质的划分提供了方法论。爱因斯坦认为:“空间和时间内部都可以做详细的划分,空间和时间可以是并质的，即可以各自划分为不同的特性，也就是说，空间也好，时间也好，都不是连续的、均衡的。”[①]这就为数字公共艺术在同一个场所同一个空间中所出现的异质混合空间提供了依据。“为什么不是呢？因为世界上所发生事件的关系是多种类的。爱因斯坦认为牛顿的绝对时空观念没有真实地描述世界宇宙状态，因为空间、时间、物质或事件是在时空背景下发生的，并不存在这样被割裂了的背景，所谓空间和时间可以被置换成事物或事件之间各种性质不同的关系，换句话说，物理事物各个部分之间的邻接关系，或者说，事物或事件之间的次序关系是多种多样的。”[②]这就表明了数字公共艺术在同一个场所空间中，完全可存在着多维度混合空间。科学进步告诉人们，真理具有相对性，随着科技的发展，绝对的真理在不同的空间、不同的维度、不同的层面上进行讨论往往会变成谬论。过去，在传统公共艺术“场所”中谈论混合空间问题并不成立，但到了数字时代，这一问题却成为事物发展的必然。爱因斯坦的贡献不仅在于相对论，而且还在于告诉人们，对于客观事物应从构成事物要素的层次和不同的维度去思考。

就空间结构而言，空间的不同层次是由其构成要素的数量决定的。例如，在相对论出现之前，人们认为构成空间的秩序是点—线—面—体(三维)的关系，三维产生立体空间。相对论出现之后，由于把时间因素考虑进去，在特定的情况下空间才被证

① 尚杰.空间的哲学：福柯的“异托邦”概念[J].同济大学学报(社会科学版)，2005(3)：18-24.

② 尚杰.空间的哲学：福柯的“异托邦”概念[J].同济大学学报(社会科学版)，2005(3)：18-24.

实是四维的。无论是三维空间还是四维空间,考虑其正确与否应从相同的层次、相同的语境、相同的时代和相同的空间去考虑。一旦违背了这样的原则,人们便会与新生事物相对抗。凡高作为后期印象派的代表人物,其作品的形式与内涵已超出了 19 世纪人们对于绘画的理解和欣赏,是绘画的形式、风格跨越时代具有超前意识并且不能被当时人所接受的例证。毕加索早期的代表作《亚威农少女》,是典型的立体主义绘画作品,其绘画理念旨在用二维平面去表现四维空间,作品采用的是类似矩形条块分明的小块空间组合。一方面,其形式与黎曼回环矩阵和黎曼曲面空间[①]在数学原理上似乎有着某种内在的联系,表明不同类似矩形条块之间的连接方式和组合关系;另一方面,又与爱因斯坦的空间理论有着某种维度上的联系。作品中的人物不仅可以看到其正面、侧面、顶面,还可以用条块分割的方式将人体背面的形态,用跨越空间的方式并列表现出来,这就是四维立体。用这种多维度的方式去研究和表现绘画,体现了立体派绘画的多维空间时代特征。可是,像这样一件旷世杰作在当时并不能被人理解。然而,爱因斯坦相对论的出现证明并打破了这一规律。“物质、事件是由它们的形状、形式以及物质和事件构成要素之间不同的连接、排列关系及连接顺序决定的。”“在不同历史时代,人类可能是在不同的空间维度思考问题,人们很难从

① 德国数学家黎曼(1826—1866)创立了新的非欧几何学“黎曼回环矩阵和黎曼曲面”,即“黎曼空间”。[邓明立,阎晨光.黎曼的几何思想萌芽[J].自然科学史研究,2006(1):66-75]黎曼解决的是球形空间难题,为爱因斯坦的广义相对论提供了数学理论基础。值得说明的是,表面上黎曼回环矩阵理论与毕加索的立体主义属于两个不同的学术领域,二者间并没有直接的联系,但从文化发展的互渗性、影响性、相似性以及趋同性上看,同时代人对空间观念突破性认识的追求往往是一致的,只是学科领域的不同,从而形成不同的表达方式。

较低维度空间想象较高维度空间学……”[①]这就为本研究引出所要探索的数字公共艺术“场”的混合空间性问题提供了科学的依据。实际上，这一问题本身就是指在同一个场所空间里，同时存在着不同层次、不同维度的空间现象，存在着不同的历时性与共时性的现象，存在着虚拟与现实等不同的混合图像知觉。如果从时空、图像角度来思考这一问题的话，那么同一个“场”中，不同的“层次与维度”问题才能够被真正理解。

从上述对以哲学为命题而引发的对于数字公共艺术“场所”空间理论的探索、回顾与梳理得知，人类经过数千年的不懈努力，从哲学与数理角度出发，获取了大量抽象的演绎和以现实验证为依据的普遍真理。这些以数理研究为出发点的多视角的空间理论，具有普适性的指导意义，也回答了关于空间的本源问题，空间、时间、运动问题，以及空间与物质关系的问题等，其中绝大部分依然适用于对数字公共艺术“场所”的建构，以及对某些具体特殊空间概念的认识和理解。然而，数字公共艺术“场”的混合空间性非同于传统意义上公共艺术所具有的全部特征。由于数字化手段介入空间，致使数字公共艺术“场”的混合空间性拥有自己鲜明的异质空间的特性，如真实现实空间、虚拟现实空间等。不可否认，数字公共艺术混合空间特性的形成，在许多情况下，用传统媒介营造空间依旧主导着公共艺术，混合空间特性仍然包含这类空间的存在方式，但其形式和特性已发生了巨大的变化。在空间原理上，传统空间理论也大多能与日常具体的“场所”内容直接发生关系。不过，在现实呈现上，某些抽象的

① 尚杰.空间的哲学：福柯的“异托邦”概念[J].同济大学学报(社会科学版)，2005(3)：18－24.

空间形式并非通过感官可直接知觉之，因此，要回答诸如数字公共艺术“场所”“空间”问题，在立足于具体空间理论的同时，还必须从多种类数字艺术介入“场所”“空间”出发，将“现实场空间”“虚拟场空间”“音响空间”等与人发生直接关系的“场”性要素综合加以考虑，如此，才是认识数字公共艺术“场所”“空间”的关键。

四、公共艺术、数字公共艺术的概念与范畴

“数字公共艺术”属于“公共艺术”范畴，是一个比较宽泛的概念。上世纪 80 年代所提出的“环境艺术”“公共艺术”等概念，是相对于架上纯艺术或画廊、博物馆艺术而言的艺术，“如今时代的发展变迁需要我们再重新深入研究和探讨今天公共艺术的指向和概念，以界定它的新特征和新作用。”①因此，本研究有必要对此问题作一个梳理和论证。从汇总的研究资料来看，学术界对公共艺术作为一个文化概念，有国内和国外观点，具体如下：

（一）国内主要观点

1. 以政治体制来划分

这类观点认为，公共艺术公共性的本质特征在于其领域内涵的权属问题。公共艺术的形成是一个近代现象，它伴随着民主政治的兴起而产生，在民主政治体制之前的社会形态，多由封建皇权制度统治，领域的权属只能归于私人。即使一些具有公共性质的广场、会所等领地，由于其领域的私有性，仍不具备公

① 袁运甫.公共艺术的决择建言[J].美术观察，2005(1):20.

共性质。公共领域是指那些在民主政治体制下具有公共性质的社会公共场所，在这个场所中由不同身份、不同职业、不同种族、不同年龄且社会地位"平等的人"所组成，他们通过民主程序和法定义务并用相应的成就来证明和实现自己的价值。可见，"公共艺术"一词的出现，必然与现代民主体制相对应。相反，即使那些具有公共功能的领域场所，在隶属皇权统治时期，也必然会打上私人的历史烙印。①

2. 以作品展呈、公众参与等四个方面来划分

如《城市公共艺术》一书认为，公共艺术的基本概念应突出表现在四个方面。

(1) 设立于公共场所，提供并任由社会公众自由介入、参与和观赏的艺术。

(2) 艺术作品(包括由多样介质构成的艺术性景观、设施和其他公开展示的艺术形式)具有普遍的公共精神——关怀和尊重社会公共利益和情感，标示和反映社会公众意志及精神理想。

(3) 艺术品的遴选、展示方式及其运作机制体现其公共性。

(4) 艺术品在此作为社会公共资源……供社会公众共同享有。②

3. 泛化的公共艺术

这类观点持有者认为，公共艺术"在其形态上至少包括以下几个层面的内容：其一，指生态性的城市景观，如都市的以各种绿色植物及山石、水流等造型要素所构成的一个城市的各种绿

---

① 包林. 艺术何以公共[J]. 装饰，2003(10)：6-7.

② 翁剑青. 城市公共艺术：一种与公众社会互动的艺术及其文化的阐释[M]. 南京：东南大学出版社，2004：17.

化景观；其二，相对永久性的，如一个城市中以各种材料、各种造型、各种功用组成的各类建筑物，以及与这些建筑物相关的各种外立面的装饰、辅助设施；其三，相对半永久性的，如以雕塑为主要内容，在城市公共空间设置的各种雕塑、绘画、装置等艺术作品，以及各种交通站牌、指路牌等；其四，流动性的，包含以商业性或公益目的制作，在城市公共空间中展示的各种广告、招贴、播放的音乐及各种演出活动或与艺术相关的各种行为”。①

（二）国外主要观点

将公共艺术作为一个专门的文化概念，从目前国外的相关资料来看尚没有形成完整的理论体系，相反与公共艺术理论相关的艺术设计类别如建筑、壁画、装置、雕塑、景观等艺术理论却海量散见于各自专业门类中，形成规模庞大的理论体系。“公共艺术”一词的出现并不是以一个艺术种类的面貌出现的，而仅仅是一个文化概念。首先，它最早诞生于20世纪60年代的美国，是伴随着美国国家艺术基金和公共服务管理局所推行的“艺术百分比”计划而出现的，其目的在于改善大众的文化与生活环境。其次，对公共艺术的直接定义一般以凯斯特的《艺术与美国的公共领域》一文中的观点为代表，他认为公共艺术必须具备三个特征，即“一、它是一种在法定艺术机构以外的实际空间中的艺术，即公共艺术必须走出美术馆和博物馆；二、它必须与观众相联系，即公共艺术要走进大街小巷、楼房车站和最广大的人民群众打成一片；三、公共赞助艺术创作”②。再次，从实践上来看，

① 林少雄.城市文化视野中的公共艺术[J].上海城市管理职业技术学院学报，2005(1):14－19.

② 钟远波.公共艺术的概念形成与历史沿革[J].艺术评论，2009(7):63－66.

国外公共艺术有组织地进行规模化创作，始于 20 世纪 20 年代的墨西哥壁画运动。然而，形成声势浩大的公共艺术潮流，则出现在 20 世纪 30 年代的美国。当时的美国政府为了拯救大萧条时期的国内经济，解决艺术家失业率问题，出台了一项推进本国文化艺术发展的措施，政府委托艺术家为城市社区改善文化环境作画，从而拉开了现代公共艺术运动的序幕。最后，从思想上来看，国外公共艺术的风靡与西方国家的政治体制有着直接的联系，如德国哲学家、社会学家哈贝马斯在其撰写的《公共领域的结构转型》一书中，对此问题有着深入的研究。哈贝马斯在书中论述了公共领域三种形态的演进，认为人类社会公共领域最早源自古希腊城邦公共领域，后经封建特权阶级的代表型公共领域发展，直至资产阶级的公共领域才最终形成具有民主性质的公共领域。在这一领域中，人们的交流与谈论的话题主要是以文学、艺术、公共领域和政治公共领域为主要内容，这实质上是确立了一种民主对话的交往模式，最终形成公众自由参政、议政的民主机制。只有在这样的公共场所和民主氛围里，公共艺术才具有形成与发展的土壤。由此可以看出，西方现代公共艺术的形成与社会民主制度有着天然的联系，其中，公众参与并体现艺术品的公共精神是公共艺术的显著特征。

（三）对数字公共艺术已有的认识

数字公共艺术最早起源于 20 世纪 80 年代中期的欧美少数国家，它是伴随着计算机应用技术服务于社会文化领域所产生的新生事物，作为一个当代文化概念出现，其历史仅为 20 多年，数字公共艺术就其艺术功能的属性而言，属于造型艺术范畴，它与传统公共艺术的区别在于，表现方式和表现手段必须借助于数字技术才能够实现。"动态表现""人机互动""虚拟现实""遥在"等方面的属性是其最为显著的特征,因此,数字公共艺术与传统静态公共艺术的差别实属划时代的文化现象。

目前国外学术界对"场所""空间"有关的数字公共艺术作品和理论的研究,多散见在"互动装置艺术""多媒体艺术""新媒体艺术""新媒体互动装置艺术"以及"影像艺术""光电艺术""水体艺术""焰火艺术"等领域。相关研究较为重要的有:肖恩·库比特的《数字美学》、约斯·德·穆尔所著的《赛博空间的奥德赛:走向虚拟本体论与人类学》、威廉·J. 米切尔所著的《比特之城:空间·场所·信息高速公路》《伊托邦:数字时代的城市生活》、迈克尔·海姆的《从界面到网络空间:虚拟实在的形而上学》、卡特琳· 格鲁所著的《艺术介入空间:都会里的艺术创作》、尼古拉·尼葛洛庞蒂所著的《数字化生存》、凯瑟琳·米勒所著的《组织传播》、奥利弗·格劳所著的《虚拟艺术》以及西皮尔·克莱默尔的《传媒、计算机、实在性:真实性表象和新传媒》等。在他们的研究中,或多或少地涉及和数字公共艺术相关的"场所""空间"问题。至于未能翻译成中文的欧、美发达国家学者的海量相关研究成果则更多。

国内较为著名的作品有:黄鸣奋的《新媒体与西方数码艺术理论》,作者在书中对数字艺术如何介入公共空间给予了相关的介绍和论证,并分析出各种数字多媒体艺术的特性;廖祥忠的《数字艺术论》,廖祥忠、栗文清、姜娟等合编的《重构美学:数字媒体艺术本性》,对多媒体艺术在空间中的审美特性给予了深入的研究;王利敏、吴学夫的《数字化与现代艺术》,用大量的数字公共艺术作品案例,向读者展示出数字公共艺术特有的魅力;李四达的《数字媒体艺术史》，对国内外数字多媒体艺术的发展历史赋予了客观的评述。张亚丽的《多媒体艺术设计》用具体的设计方法，着眼于向读者介绍如何设计数字艺术作品；刘自力的《新媒体带来的美学思考》、英伟的《景观装置艺术》、贾巍杨的《多媒体与建筑设计》等，都在不同的方面对数字公共艺术给予了论述。与公共艺术一样，对数字"公共艺术"一词的界定，目前学术界同样没有确切统一的称谓，然而同属于公共艺术范畴的数字公共艺术，通过运用数字技术手段去表现特定的公共景观、大型文体开幕式表演、数控水景艺术、数控光景艺术、数字装置艺术、数字动态雕塑，以及在网络虚拟公共"场所"中，由公众参与的"遥在"艺术、互动影像装置艺术等这类运用数字科技手段所呈现的艺术形式，在现实和虚拟公共场所中服务于大众社会，且符合公共艺术的普适性规律的艺术形式，均谓之为"数字公共艺术"。数字公共艺术作为一个文化概念，虽然其种类庞杂，但它凭借数字技术，以当代的艺术形式出现并通过某种文化活动进入社会某一公共空间，由此开辟了公共艺术的新领域，对公共艺术的新发展起到了革命性的推动作用。此外，在公共空间中，数字公共艺术以新媒体公共艺术、多媒体公共艺术以及信息公共艺术等称谓和表达方式出现在学术界，其表述的实质内容与数字公共艺术概念如出一辙。然而，对数字公共艺术概念的理解目前并没有形成统一的共识。有的教科书称之为"新媒体艺术"，如黄鸣奋《新媒体与西方数码艺术理论》；有的称之为 "多媒体艺术"，如张亚丽的《多媒体艺术设计》；有的称之为"信息艺术"，如清华大学美术学院信息设计系的建系称谓等。不仅如此，还有的称之为"影像装置艺术"，如谭铁志的《影像装置艺术媒介形态和语言特征的研究》；有属于某一传统艺术种类的数字化表现，如《新媒体语境下壁画艺术的数字化表达》等。数字公共艺术在艺术种类的表述上也各不相同，有互动装置艺术，如《互动装置艺术的创作方法的研究》《互动装置艺术的独特形式》；有非线性描述，如许江的《非线性叙事：新媒体艺术与媒体文化》；有数码艺术，如黄鸣奋的《数码艺术学》等。这些称谓在某种程度上兼具合理性与局限性。相反，本研究运用“数字公共艺术”一词，较之上述诸多概念的表述，无论是在内涵上还是在外延上，均更接近以数字动态艺术形式出现的艺术事实，如“新媒体公共艺术”一词的称谓并不准确。一方面，“新”与“旧”表现为事物在先后顺序上的替代关系，“新”表现为“初次出现的”，而“旧”则表现为“过时的”“陈旧的”；另一方面，“新”与“旧”也是相对的，是新事物替代旧事物的反映，是绝对的。今天一件事物的“新”将意味着明天该事物的“旧”。因此，“新媒体艺术”一词的表达只是相较于过去传统媒体的“旧”而言，若将来某一天又出现一种媒体，那么，今天的“新媒体”将变成旧媒体，到那时又如何称谓？再如“多媒体公共艺术”一词的定义也具有一定的局限性，“多媒体”的本意指的是“多种类媒体公共艺术”，只是一个泛称，它包括影视视屏媒体、音响设备、电子显示器以及各种传统媒体等。综上所述，通过对公共艺术和数字公共艺术认识的梳理，本研究所涉及的数字公共艺术概念在其范畴和界定上与公共艺术基本一致，但仍然具有一定的差异。不同之处主要在于数字公共艺术结合了数字科技手段，从而形成了新的非物质虚拟公共“场所”，具有“人机互动”“虚拟现实”“远程遥在”等特性，尤其是网络虚拟公共“场所”的出现，使数字公共艺术“场所”的概念有别于以往传统公共艺术，从而形成了新的艺术表现形式和表现方法，所涉及的范围广泛、表现手段驳杂，并丰富了原有的公共艺术表现形式。数字公共艺术虽然运用了数字科技手段，但其本质与公共艺术一样仍属于文化概念。由于目前国内外还没有统一标准的定义和诠释，公共艺术、数字公共艺术作为一种文化现象其外延具有较大的包容性，几乎大部分艺术家、设计师根据自己不同的理解，似乎都能够找到符合这一文化现象的合理解释。然而，无论解释的差异性有多大，本研究认为其基本核心均围绕着公众在公共"场所"的共同参与这一事实来展开，而"公共"性是其中最基本的要素。归纳起来表现在如下几个方面：

(1) 公共艺术、数字公共艺术的出现必然与民主政治体制[1]相联系，通过真实现实和虚拟现实公共"场所"去展示公共艺术。

(2) 将政府公共资金支持与私人募集、捐赠相结合，通过民主监督、民主管理体现民主参与精神。

(3) 数字公共艺术的展示方式不受室内外公共"场所"空间限制。公共展呈"场所"主要包括：现代公共博览会、公共活动开幕式、舞台表演、广场、体育场(馆)、博物馆、陈列馆、美术馆等，其艺术形式有：数字化人机互动装置艺术、遥在艺术、混合现实艺术等。

(4) 与室内外公共环境和广大民众日常生活紧密相连的，富含艺术独创性的一切公共设施，如数字公共景观艺术、数字雕塑化建筑艺术、数控水景艺术、数控焰火艺术等。

---

① 翁剑青. 城市公共艺术：一种与公众社会互动的艺术及其文化的阐释[M]. 南京：东南大学出版社，2004.

第一章　数字信息时代公共艺术及其“场”性之内涵

客观上各种类型的视觉艺术所呈现的艺术形象，均离不开艺术品“物”的本体内涵及其所依存的场所性质。“场”性规定着公共艺术的存在形式、存在方式以及发展趋势。传统手工技艺时期，公共艺术多以“物”化造型呈现于真实现实的物理场所中，人类所从事的一切与之相关的活动也借此展开。进入数字信息时代，由于公共艺术及其“场”性发生了深刻的变化，以至传统静态公共艺术和与之相适应的真实现实“场所”正朝着动态化、虚拟化的“场”性方向转变。正如尼古拉·尼葛洛庞蒂(Nicolas Negroponte)所说：“数字技术可以成为带领人们走向伟大的世界共荣与和谐的自然力量。”“很明显，人类科技的发展把我们推入今天这样一个数字化的生存状态，仅就与审美有极大关联的艺术创作和消费来说，数字技术革命已经对传统的艺术本体观念产生了势不可挡的强烈冲击，并对建立在纯粹映象、纯粹文本、纯粹客体或其他形式之上的,包括戏剧、电影、音乐、文学、建筑表现手法等在内的传统美学观念和审美理论形成解构之势,而伴随着数字革命产生的新媒体及其提供的赛博空间不仅在这个强大的数字化革命洪流中扮演着重要角色,而且同时为我们的美学研究带来了新的思考空间和研究领域。”[①]为此,有必要对数字公共艺术及其“场”性关系做出相应的理论分析。若要弄清数字信息时代公共艺术及其“场”性转向的本质问题,一方面要对数字公共艺术“场” 性内涵做出客观辨析;另一方面必须要明晰传统公共艺术和数字公共艺术的内涵属性及其彼此区别。

第一节　数字公共艺术“场”性内涵之辨析

任何形式的公共艺术都必须依赖于“场”或“场所”而存在,“场”决定着公共艺术的存在方式、表现手段、传播途径和审美取向等。要弄清数字信息时代公共艺术及其“场”性的转向问题,有必要对数字公共艺术“场”性及其相关问题进行确切的辨析。毫无疑问,“场”性与“场所”性密切相关,但又有所区别,这不仅仅是由于二者的内涵与外延不同所致,更是由于数字技术使得传统的“场所”性质发生了巨大变化,致使拥有不同“场”性特征的艺术出现了极大的差异。处在数字信息条件下的公共艺术及其“场”性,不仅囊括了传统公共艺术时代的“场所”内涵,而且还增添了新的含义。主要涉及以下几个方面:

① 刘自力.新媒体带来的美学思考[J].文史哲,2004(5):13-19.

第一，“场”在某些情况下，不仅等同于“场所”(place)，而且还具有“空间”(space)的含义。“场”作为真实现实空间中的具体“区域”，起到盛纳艺术作品“大箱子”的作用(实体“填充物”可由不同种类的艺术构成)。如果将真实现实公共空间中某一位置称为“公共场所”，且置放艺术作品的话，那么，这个“公共场所”就是真实现实空间中的“场所”，它有别于计算机虚拟现实意义上的非物质性“场所”。客观真实现实“场所”，不仅表现为几何坐标定位的确切位置，而且也是空间中的具体地点，是空间中的空间。因此，“场所”具有真实现实三维立体的内在物理规定性。传统时代的公共艺术均凭借此类“场所”确定自己的身份，并以固定的展示方式置于公共空间中。静止不动、恒久稳定是其显著特征。而在数字信息时代，多种不同类型的公共艺术往往混合共存于同一“场所”中展现，以营造某种特殊气氛，如节日庆典、奥运会、世界博览会等大型公共活动的开幕式。由于每一种类型的公共艺术及其所依存的场所都具有自身的空间特性，若在相同时间共时混合于同一场所，那么，必然会出现异质空间混合现象。诸如，设若将传统静态公共艺术、数字动态雕塑艺术、激光投影增强现实艺术、虚拟现实空间艺术、遥在空间艺术、赛博空间艺术等众多性质不同的数字艺术，同时混合于真实现实物理场所中，就会产生多维、异质空间混合现实现象。不仅如此，性质各异的公共艺术作品处在同一“场所”(place)中，既彼此独立，又相互统一，从而使整个“场所”被统合成数字艺术载体。此时，“场所”变成了艺术作品，艺术作品则是“场所”的构成因子，彼此渗透，相互交织。

第二，数字公共艺术之“场”，即是“媒体”。每个不同的数字媒体都具有“场”的特性,数字化虚拟现实必须通过媒体“场”才能呈现。如,电子视屏不仅能够播放虚拟现实“场”景,而且媒体本身就是一个展“场”。不同的媒体以个体“场”的形式组合构成了大型的活动“场所”,而大的“场所”本体就起着“媒体”的功能。进一步而言,虚拟公共艺术赖以存在的媒体“场”,本质上由计算机存储器和网络虚拟空间构成,其内容显示由电子视屏播放界面呈现。薄片状,近似于平面纸张①的电子显示屏就是“场所”。计算机存储器与电子显示屏是一切镜像机器所摄取影像内容的盛纳体和显示体,它不仅是真实现实物理世界镜像显示事物的“场所”和呈现平台,而且也是艺术家创作的虚拟现实影像的呈现“场所”与展呈载体。显然,电子显示屏就是数字媒体公共艺术存在的“场所”。在此,有两个问题必须要廓清:其一,电子显示屏本身是真实现实的产物,其功能与纸张、画布等物理材料并无二致,均用于承载虚拟现实景物。纸张、画布是用植物纤维制成的静态实物媒体,用于描摹虚拟现实的景物,并以静态画面呈现,因此,是虚拟现实景物安身的静态“场所”。电子显示屏则是以金属、网线、液晶及其各种电子软、硬件材料构成的媒体平台,在电力驱动下显示动态虚拟现实场景,因此画面是运动的,非静止的。一方面,电子显示屏可起到与平面纸张、画布同等的作用(在纸张、画布中表现静态虚拟现实图像);另一方面,

① “点”“线”“面”是构成物象的基本要素(康定斯基.康定斯基论点线面[M].罗世平,等译.北京:中国人民大学出版社,2003.),“点”表现为几何学上的坐标位置;“线”是点连续移动的轨迹;“面”则为“线”的密集平移。然而,在真实现实物理世界中并不存在绝对的“面”,所有薄片状的物质形态实际上都具有一定深度的三维立体,如纸张、薄膜、锡箔等。由于纸张较薄,人们通常习惯于称之为“平面”。在此,把电子显示屏比作“纸张”,仅为了强调其类似于平面纸张的媒体功能。

具有显示动态影像，存储、容纳影像资料的功能。所以，从这一意义上说，电子显示屏本体就是媒体“场”(media)。其二，完全有理由把显示屏中所涉及的影像存在场景称为“场所”。此类镜像非物质“场所”，主要在于它能够起到类似于真实现实“场所”的作用，确切地说是将之类比、视同为真实现实“场所”。如“1992 年凡高电视组织了第一个实况交互性电视项目‘虚拟广场’，它从 10 月 9 日起通过卫星广播 100 天，有 1.5 万余人参与，20 万人观看。这个国际性项目称为‘广场’，是由于组织者戴维斯认为电视今后会变成散步、交谈的场所；称为‘虚拟’，原因在于广场本身是虚拟的、非物质性的，只需通过电话线就可进入。未曾谋面的用户拨号接入之后，可以分别弹奏数码乐器或调度虚拟演员，从而进行协作演出”①。可见，显示屏中所出现的内容是虚拟现实的体现。其“场所”影像无论有多么真实，都是虚拟现实“场所”的镜像反映，观众完全能够理解和接受这样的虚拟现实“场所”，即使艺术家杜撰出神话般远离真实现实的虚拟“场所”，人们也能乐于接受并欣赏这样的影像“欺骗”，这就使得传统公共艺术及其“场所”，由物理真实现实向数字化虚拟现实“场所”转化成为时代的必然选择，数字化虚拟现实公共艺术由此诞生。可见，数字媒体“场所”的确能起到支撑非物质虚拟现实公共艺术的作用，毕竟虚拟“场所”也是“场所”，同样也具备“场所”的属性。显然，真实现实“场所”与数字化虚拟现实“场所”存在着合理的内在互通性。尽管上述分析有着凿然的合理性，但在实际运用中，如果将电子显示屏本体所具有的非物质

① 黄鸣奋.论数码艺术的非物质性[J].厦门理工学院学报，2012(2)：94－98.

"容纳""承载"属性也称为"场所"的话,那么并不符合"场所"一词的使用习惯,多少有些生硬。如若使用内涵小、外延大的"场"性一词,显然要比用"场所"来得更加贴切。因此,处在数字技术条件下,将具有"场所"属性的电子显示屏媒体及其屏幕中所呈现的非物质虚拟现实"场所"影像,统称为"场"而不直接称为"场所",显然要更加贴切、合理,也符合"'场'与电子'媒体'(media)有着直接的联系"的事实。

第三,"场",即"场所环境"。挪威建筑学理论家诺伯舒兹关于城市场所环境的本质指出:"很显然不只是抽象的区位(Location)而已。我们所指的是由具有物质的本质、形态、质感及颜色的具体的物所组成的一个整体。这些物的统合决定了一种'环境的特性',亦即场所的本质。"[①]这段话表明,城市作为人类居住的场所并非是空无一物的荒地,而是与人类所创造的人化的生存环境密不可分。"环境最具体的说法是场所。"[②]环境决定着场所的性质、品位与精神。数字艺术介入城市公共环境,导致传统公共艺术规律发生了颠覆性的转向,使城市环境焕发出盎然的数字艺术气息。数字公共艺术对城市场所环境的介入,使得城市出现了新的不同于以往的建构手段和审美形式,营造出的优美环境赋有当代数字艺术的审美性,其特有的动态化、智能化、拟真、拟像等艺术属性,有别于传统静态艺术,从而导致当代城市环境艺术规律发生了新的转向。

---

① 诺伯舒兹.场所精神:迈向建筑现象学[M].施植明,译.台北:田园城市文化事业公司,1995.

② 诺伯舒兹.场所精神:迈向建筑现象学[M].施植明,译.台北:田园城市文化事业公司,1995.

第四，“场”，即“心物场”(Psychological Field and Physical Field)，可表现为某种程度的心理状态。如考夫卡的“心物场”原理、诺伯舒兹的“场所”现象学以及“气场”论等当属此类。“场”，不仅涉及空间环境中具体的物质形式，而且还包括看不见的非物质心理因素，如环境氛围、心境情绪、思想感情等。当外界环境刺激人的感官后便会使人产生心理上的变化，特定场所中众人的情绪振荡便会形成“气场”。作为美化城市环境的数字公共艺术，离不开格式塔心理学对之设计理念的指导，其中，“心物场”理论就是格式塔心理学的重要组成部分。考夫卡认为，世界是心物的，经验世界与物理世界不一样。观察者知觉现实的观念称作心理场(psychological field)，被知觉的现实称作物理场(Physical Field)。①

第五，“场”在汉语词典中有着多种释义，但与本研究有关的解释主要有：①“平坦的空地”，原“多指农家翻晒粮食及脱粒的地方”②。后人们将这一与“场”性有关联的用法一直延伸到艺术领域。如将跳舞的“地方”称为“舞场”；“演出中因场景变化或人物上下场而划分的段落：三幕五场”③；或作画过程中“在场”所使用的材料，如“纸张”“画布”；大地艺术的“地景场域”；建筑艺术的存在“场所”；数字媒体“屏幕”等与“场”的属性相联系的“媒体”。②与电子屏幕相关的数字媒体。如“电视接收机中，电子束对一幅画面的奇数行或偶数行完成一次隔行扫描，叫作一场。

① 库尔特·考夫卡.格式塔心理学原理[M].李维，译.北京：北京大学出版社，2010.
② 汉典，http://www.zdic.net/z/17/js/573A.htm
③ 汉典，http://www.zdic.net/z/17/js/573A.htm

奇数场和偶数场合为一帧完整画面"[①]。可见,"场"与电子"媒体"(Media)有着直接的联系,是数字媒体艺术赖以存在的基础。③"场"还可释义为"物质存在的一种特殊形式"(Field)。"'场'指物理场,即相互作用场,物质存在的两种基本形态之一,存在于整个空间。例如:电磁场、引力场等。'场'有时也指空间区域本身,不一定是物质存在的形式,而是有时为了研究方便才引入的概念。"[②]

总之,上述几个方面基本涵盖了与数字公共艺术"场"性相关的内涵宏旨。由此可以证明,一切与数字公共艺术有关的构成要素均离不开"场"或"场所"而存在,"场"的性质决定着不同类型数字公共艺术的存在方式、表现手段、传播途径、存储收藏和审美取向。

第二节　传统公共艺术的内涵属性

尽管数字公共艺术是计算机信息时代的新生事物,有着全然不同于传统公共艺术的科技特质,然而,当涉及公共性、艺术规律及其形式原理等问题时,数字公共艺术与传统公共艺术并未因此而相互割裂,相反,却有着紧密的内在联系。二者的区别主要在于,计算机科技对艺术生产介入后所产生的艺术新现象。如此来说,要澄清这一问题,对传统公共艺术内涵不得不有一个清晰的认识。

① 现代汉语词典[M]. 北京:商务印书馆,1984:124.
② 辞海[M]. 上海:上海辞书出版社,1980:525.

“公共艺术不是一种艺术样式，事实上，公共艺术可以采用丰富的艺术形式来实现，诸如建筑、雕塑、绘画、摄影、书法、水体、园林景观小品、公共设施；它还可以是地景艺术、装置艺术、影像艺术、高科技艺术、行为艺术、表演艺术等。对公共艺术来说，重要的不是表现形式，而是价值观。针对当代中国的具体情景，我们认为，公共艺术是促使存在于公共空间的诸多艺术方式能够在当代文化的意义上与社会公众发生关系的一种观念方式，它是体现公共空间民主、开放、交流、共享的一种精神和态度。”①其内涵主要涉及公共艺术的权属关系、公共艺术的政治化倾向、公共艺术的“场所”与“物”、公共艺术的表达与体验，以及公共艺术的场所精神与地域文化等方面。

“公共艺术”(Public Art)作为一种艺术概念出现在中国的艺术界，始于 20 世纪 90 年代，虽为舶来品，但经过 20 多年的发展，现已成为社会上耳熟能详的专门术语。尽管一些从业者对之久已掌握且驾轻就熟，但熟练并不等于真正通晓其内涵。当初，国人运用这一概念的动机是为了改进城市的居住环境，加快城市公共文化建设，提升城市的对外宣传形象，试图借鉴西方国家以往的成功经验以解决国内问题，从而实现与国际接轨的目的。与此相应的是，一些专家学者也从欧美当代文艺理论中找到了具有说服力的文献资料，最终使“公共艺术”在中国的艺术界成为流行语词。这一艺术概念“正如袁运甫先生所说的：‘预示着我国公共文化艺术的建设事业迎来了前所未有的时机。’公共艺术在我国的进一步发展则是‘与转型时期中国的社会公共

① 孙振华. 公共艺术的观念[J]. 艺术评论，2009(7)：48－53.

领域逐渐开辟和市民社会的逐步育成有密切关系'"[①]。然而,随着公共艺术这一概念的广泛使用和涉及范围的无限扩大,人们对其基本内涵的理解反而变得十分驳杂、模糊,为此,现对之作相应的探析。

第一,公共艺术的权属关系。即公共性和参与性。这一问题不单单表现为公民的审美价值取向,更重要的是在于公民如何取得公共艺术的参与权,或是说,公民是否能够获得公共空间的权力分配问题。公共性的出现,不只是使得传统公共空间权力分配发生了部分位移,而是如何对公民参与意识的唤醒,如何促使全社会对提升公民自身艺术素养的关注。虽然,公共性具有普适价值,然而,由于不同的国度限于自身复杂的国情,对其诠释并非千篇一律。在中国,公共性问题有其自身特点:一方面,公众作为社会公有财产的主人,其主体性地位得到了凸显,实现了对公共权力的支配;另一方面,由于公民自身的艺术素养尚处在发展中,公共空间中由艺术精英们创作的公共艺术作品客观上对公民艺术素质的提升起到了启蒙、引导和教育的作用。当然,公民能否真正参与公共艺术的创作活动中,只有通过具体的艺术项目才能够得以体现。公众与艺术家以创作项目为交流契机,使创作活动成为双方参与交流的平台,沟通彼此不同的意见,以达到信任、了解、选择、影响的目的。这种参与是建立在平等对话基础上的合作,彼此间的对话是以说理的方式交换不同的分歧。不过,公共艺术无论怎样彰显自身的公共性,其构思、创作过程仍然是艺术家的私人行为。艺术家作为创作的主体和

① 陈高明,董雅.公共艺术的场所精神与地缘文化:以天津为例[J].文艺争鸣,2010(8):66-68.

具体创意的实施者，创作理念必然是他个人艺术主张的反映，艺术家的专业修养、审美意识、生活观念、价值取向等各个构成要素，无不打上个人的烙印，因此是小我意识的客观映照。然而，由于公共艺术具有广泛的社会影响力，艺术家必须承担起社会的责任。作品一旦完成，如果对某一环节处理不当，便会造成负面、消极的社会影响。通常，公共艺术所依据的社会评价体系，多要求艺术家小我的个性嗜好必须服从于大众的社会审美价值取向，因此，艺术家能否虚心接受公众意见是作品成功的关键。如此来说，艺术家有时必须要淡化个人的艺术偏好，收敛逼人的恣意锋芒，直至完全泯灭与公众思想主旨不相符的细枝末节。当然，艺术家在与公众互动交流中所表现出的二律背反现象，并不等于艺术家完全处于被动消极的从属地位，或者只能听命于他人。相反，公共艺术的公共性更多地要求艺术家必须担负起社会所赋予的审美启蒙、审美引导、审美欣赏等社会责任。因此，关键是艺术家对设计创意既不能固执己见，也不能无原则地妥协、迁就，而是应当胸有成竹地据理力争，旗帜鲜明、理直气壮地坚持自己的艺术观点，通过必要的实例调研、方案论证、设计分析等创作程序，有的放矢地进行审美宣传，从而达到说服、启发、引导的目的。不可否认，艺术家的辛劳之作常常会遭到公众的无情批判和尖锐指责，继而不得不一次次地修改，甚至会被完全推翻，这在业内已是寻常之事。艺术家作为公共艺术创作的执行者、承担者，必须要满足公众的合理化要求，虚心听取公众正确务实的建议。艺术家只有本着引导公众、提高公众审美欣赏能力的宗旨，作品才能体现出社会的真、善、美。尤其值得强调的是，公众与艺术作品互动后，不仅能够检验出作品的艺术价值，更重要的还在于能够直接反馈公众的审美体验和艺术感受，其结果将是验证公共艺术作品是否成功的关键。除此之外，公共性和参与性是否能够真正公平、合理地体现出来，公共艺术招标项目是否存在着徇私舞弊、行贿收贿等腐败现象，将严肃考验着政府监管部门的公信力。

第二，公共艺术的政治化倾向。即公共艺术的政治化、社会化。公共艺术从来就没有离不开过政治，艺术的政治化倾向乃是政治社会化的具体体现。首先，“从整个社会的角度看，政治社会化是一个灌输、教育、传播的过程，它主要是当政者的一种针对全体社会成员的有目的的政治行为，它必须通过各种社会教育机构、社会的各个组成部分来进行，社会化的目的是获得政治系统的有效运作、巩固和延续有利的社会环境”①。从历史上看，艺术向来就有充当政治宣传工具之功能，为了帮助政府实现所制定的政策、路线、方针等，公共艺术必然会以强有力的艺术形式贯彻政府的政策意图，以实现其社会化政治目标。其次，艺术的政治化强调公共艺术服务于民时，必然会进行一定的行政干预。虽然，公共艺术提倡公民的平等参与，公平分享公共空间的权力支配，这似乎与行政干预相矛盾，但其实有着合理的一面。公共艺术讲的是公民的民主参与，但个人的自由参与并不等于无政府主义的自由盲动，它必然是在政府领导和监管下有规划、有步骤地社会化运作。现实也是如此，中西方无一例外。因此，公共艺术时刻都离不开政府的全方位支持，可以说，在很大程度上它是政府集合民意的反映。如“美国在 1965 年成立

① 高洪涛.政治文化论[M].北京：中国广播电视出版社，1990：48.

'国家艺术基金会',它的宗旨之一就是'向美国民众普及艺术';与此同时,美国当代艺术面向人民大众的另一个办法是'艺术百分比'计划,即通过立法,规定任何建筑项目的百分之一的投资必须用于雕塑或环境艺术。西方世界其他发达国家的情况也大致如此"①。对此,有专家认为:"鉴于近半个多世纪以来国际上对于艺术的社会化建设的历程,我们认识到公共艺术是一种在政府的文化政策和财政支持下所实现的社会艺术,或进一步说,公共艺术的文化旨意及价值核心是为了使更多公民能够接近和享有艺术,并且凭借艺术的共享和传播而造福社会公众、化育公民的心性和文化精神。"②由此来看,尽管公共艺术带有艺术政治化属性,但这并不影响其所拥有的公共性,也不意味着公共艺术丧失了自身的独立性,显然,这种艺术的政治化现象乃是其重要内涵之一。最后,艺术的社会化表现为艺术能够走出私人艺术和精英艺术所设定的范围,直接面向全社会服务于广大人民群众,即艺术的社会化是关于艺术如何亲近公众、惠泽于民的问题。公共艺术之所以区别于私有艺术和精英艺术,就在于它是一种公开、自由和交流的艺术,它必须拥有满足群众喜闻乐见的基本社会需要。公共艺术不仅是艺术家个人艺术灵感的反映,更是公众的社会思想、民主政治、生活情趣的体现。对此,鲁道夫·阿恩海姆认为:"在我们这个时代,由于艺术受到过高的赞誉,以至妨碍了它去完成自己最重要的功能。这种过高的珍爱使它远离了日常生活:有时因为艺术家的狂喜而被'流放'(如辗转于买主的手),有时又因为对于它的肃然起敬而被'囚禁'于宝

---

① 孙振华.公共艺术的观念[J].艺术评论,2009(7):48-53.

② 翁剑青.公共艺术的社会方式与文化反思[J].雕塑,2008(4):72-73.

库中。学校和博物馆(尤其是在我国)为克服艺术的这种‘孤立’状态已做了大量工作,使艺术品变得更为熟悉和接近。但这些艺术品并非艺术的全部,它们只不过是整个艺术领域中的少数几个高峰。为了使艺术重新成为人类生存必不可少的部分,我们有把艺术品看作是人类更普遍的活动——为生活的一切方面创造出可见的形式——中的最明显的最成功的结果和事例。现在已经没有可能再把美术看成整个艺术王国的主宰者,把绘画和雕塑看成这个王国的贵族,而把其他所谓的实用艺术、建筑和各种各样的设计统统斥之为‘不纯’或是‘介于艺术与实用事物之间’,从而把它划到这个金字塔的最底层。”①阿恩海姆的观点表明,现代社会所谓的纯艺术正由过去贵族化的“珍爱”走向民间,成为大众的欣赏品,以往地位显赫的绘画、雕塑等纯艺术,现今已进入居民社区、绿地公园、硬质广场、购物中心等公共场所中,和“实用艺术”一样地位平等,均发挥着艺术社会化的作用。值得强调的是,艺术的社会化核心内容不仅关乎美化环境、城市象征、对外宣传等社会精神文明问题,而且还关系到具体的艺术表现形式如何实施、如何强化其社会属性等。由于这类艺术将自身本体创意置于突出地位,并以公众评判的方式作为艺术价值存在的重要指标,从而导致其思想内容、展现形式、表达方式和形式语言等方面,成为衡量艺术是否具有社会公共性的标准。

第三,公共艺术强调“场所”与“物”的存在关系。公共艺术作品以“物”的形式呈现,使真实现实空间中特定的场所成为其存在的前提,并使场所具有一定的文化属性。诺伯舒兹认为,场

---

① 阿恩海姆.视觉思维:审美直觉心理学[M].滕守尧,译.北京:光明日报出版社,1986:425.

所“是由具有物质的本质、形态、质感及颜色的具体的物所组成的一个整体”①，是“有人、动物、花、树和森林、石头、土壤、木材以及水、城镇、道路、房子、门、窗户和家具”②等要素的综合体。安德烈则提出了与场所相同意义的“‘场地’(site)这个概念，即只有当雕塑与具体的场地有机结合时，其空间才具有实际的意义”③。其实，所有种类的静态公共艺术，在“场所”与“物”的对应存在中，都面临着“场所”与“物” 的有机结合问题。一种现象是：“场所”与“物”之间的关系明确而具体，“场所”在空间中有着确切的坐标位置，其范围并非漫无边际。“物”以“场所”为背景，“场所”则为“物”提供依存点，这种结合实际上反映的是“正形”与“负形”“图”与“底”的关系。另一现象则是：“场所”与“物”错杂、交织混成一体，难分彼此。环境景观作为公共艺术，其场所与所表达的主体艺术形式占有较大空间，且场所与艺术主体并没有明确的界线，场所是环境艺术表现的主体，也是存在的地点，即场所就是环境，景观即是场所。诸如，上海黄浦江外滩观光区、南京秦淮河风光带、苏州环金鸡湖景观等无不如是。具体来说，南京外秦淮河景观工程，由不同主题景观构成，沿河绵延数十公里。风光带里的主体艺术造型、景观构筑体逶迤于河的东岸，使艺术造型与河岸构筑景观互相交错，浑然一体，视觉上很难将之区分、剥离，从而使“场所”与“物”形成了完整的艺术统

---

① 诺伯舒兹.场所精神：迈向建筑现象学[M].施植明，译.台北：田园城市文化事业公司，1995：8.

② 诺伯舒兹.场所精神：迈向建筑现象学[M].施植明，译.台北：田园城市文化事业公司，1995：6.

③ 何桂彦.物·场地·剧场·公共空间：谈极少主义对西方当代公共雕塑的影响[J].艺术评论，2009(7)：54-58.

一体。上述这两种现象,无论哪一类都强调了“场所”与“物”的存在关系。

第四,公共艺术的表达与体验。公共艺术强调“物”的“在场”表达。首先,“物”的在场表达,着重物理空间中用以塑造公共艺术作品材料的真实现实性。一方面,公共艺术虽然珍视三维空间中的立体“物”,但也不排斥二维平面的构成“物”,它关心的只是“物” 的存在形式是以何种材料作为其表达的构成主旨。物的材质、肌理、韧性、属性等因素往往决定着公共艺术是否具有在场表达功能。如玻璃易碎破损的物理特性并不适合用来构造广场中的人机互动式公共艺术,只有选择那些适合于公共场所互动需要的建造材料,才具有“物”的使用价值。人与物的互动,因物的真实现实性,可使人的视、听、触、嗅、味等五感身临其境地知觉到物华工巧的材质美,从而使“人”与“景”形成“心”与“物” 的“对话”。另一方面,公共艺术常常运用日常生活中的既成“物”来表达寻常人家的生活理念,此类既成物之所以能够成为公共艺术品,就在于日常出现在人们身边富有“物” 性的生活用品与人类接触密切,人移情其上,或已成为情感化了的寄托体,此时,物的本身功能已经不再重要,重要的是物已超出了本身所应有的使用功能而成为人的精神寄托体,使“物”成为“在场”的精神象征。进一步而论,传统静态公共艺术“物”的在场表达,之所以有着虚拟影像不可替代的知觉感受,就在于公共艺术强调“物”的现实存在。公共艺术作品只有通过其真实现实场所的在场“物”感,才能够知觉其物料的知觉特性。“在场”体验是公共艺术真实现实的物理实体特性所规定的内在审美要求。“视”“听”“触”“嗅”“味”五种知觉体验唯有“在场”才可实现。

"在场"离不开场所，场所是公共艺术"在场"解读的必要条件；"在场"也离不开时间，时间则体现出"在场"欣赏线性秩序的存在方式。不仅如此，以金属、塑料、石材、玻璃等物质构建的公共艺术作品，不但保留了"在场"体验的知性特征，而且还强化了人对物性的视觉感受。换言之，公共艺术的审美性之所以强调公众的"在场"体验，是因为体验环境对公共艺术欣赏有着直观的心理影响。如公共物质性"场所"能够为"在场"欣赏者提供和煦芳香、悠闲舒适的体验环境。这种真实现实的物理环境，不仅可以拉近公众与艺术作品之间的距离，而且还能够使人获取五种知觉感知的心理需求。如"在场"视觉审视真实现实的三维空间与光影变化、听觉体会声波振动带来的悠扬旋律、触觉感悟物料表皮质地的绝妙纹理、嗅觉品味环境的迷人芬芳、味觉品尝物性酸甜苦咸的余韵回甘等等。若公众远离公共欣赏环境，躲在私人清静的斗室中，默然地独自欣赏艺术佳作的微妙，如此感受，绝非等同于体验公共场所热烈、喧闹、情绪高昂、别有洞天的在场公众互动。

其次，"在场"体验是线性的、不可逆的，其魅力在于"在场"时间的真实现实不可逆转。一切过往美好、温润的"在场"体验，只能作为回忆永久定格在沉睡的记忆里。这是公共艺术存在的原因，也是人们痴迷于传统公共艺术"在场"欣赏的理由。梅洛-庞蒂说："如果时间性类似于一条河流，那么时间从过去流向现在和将来。现在是过去的结果，将来是现在的结果。"[①]它表明艺术体验是按照时间次第排列着，同时也应验了"时间性是内在意

① 莫里斯·梅洛-庞蒂．知觉现象学[M]．姜志辉，译．北京：商务印书馆，2001：514．

义的形式"[1]的观念。因此,人们对所有事物的观赏都是以场所为根据的"在场"线性有序体验。故此,"在场"对于体验公共艺术作品来说有着真实现实的特殊感受。

最后,"在场"体验能够吸纳公共艺术中所注入的知性生命。公共艺术作品虽然是艺术家心灵工巧的产物,然而,在标新立异、求新求变的思维模式下,它没有也不可能脱离"在场"的体验与接受。"在场"欣赏时,作品造型随着光影微妙的投射、变化,观众悠然雅德的审视而舒缓体验着对象,解读作品外部形态与内在空间轮换交流的时空信息,此刻,人们全然聚焦于作品,不断汲取注入作品活力的审美养料。不知不觉中时间悄然飞逝,似乎唯有"在场"默然的沉思才能点燃寂静的思想火花。"在场"的审美体验能将艺术家的辛劳之作,用时间与空间的集合方式化为作品展呈的聚集场所,使公众直面开阔的公共空间静静品味、欣赏才俊奇思的绝妙。可见,公共艺术所强调的"物"的在场表达,"在场"体验是公共艺术审美欣赏的基本方式。

第五,公共艺术的场所精神与地域文化。文化是"人类在社会历史发展过程中所创造的物质财富和精神财富的总和"。有时也特指"同一个历史时期的不依分布地点为转移的遗迹、遗物的综合体"[2]。据此释义,场所精神实质上就是与地域文化、风土人情密切联系的文化现象,有什么样的地域文化就有什么样的场所精神。

首先,诺伯舒兹认为:"'场所精神'(Genius Loci)是罗马人的想法。根据古罗马人的信仰,每一种'独立的'本体都有自己

① 莫里斯·梅洛-庞蒂.知觉现象学[M].姜志辉,译.北京:商务印书馆,2001:514.
② 现代汉语词典[M].北京:商务印书馆,1978:1204.

的灵魂(Genius),守护神灵(Guaraian Spirit)这种灵魂赋予人和场所生命,自生至死伴随人和场所,同时决定了他们的特性和本质。”[①]在此,“每一种‘独立的’本体都有自己的灵魂”,显然带有“万物有灵论”的论调。诺伯舒兹想表达的“守护神灵”,实际上是指人们对“场所”具有某种心理上的“认同感”“安全感”和“慰藉感”,这便是诺伯舒兹所谓的“场所精神”。毋庸置疑,纵然诺伯舒兹不提出“场所精神”这一概念,人们依然会采用与此概念相类似的语词去表达自己的观点。追本溯源,其理念肇始于人类自身的生存环境,栖居场所始终存在着“认同”“安全”和 “慰藉”的因素,特别是人类处在幼年阶段,不但要与自然灾害抗争,而且还要与狂野猛兽、鳞介异族生死搏斗,生存场所是否安全显得至关重要。即使到了文明社会,这种对场所的“庇护”“认同”感依旧存在,只不过此“庇护”“认同”,更多的是强调对自身所处环境文化的认同,所以说地域文化能够形成“场所精神”。

其次,地域文化的形成是一个自然发展的历史过程,具有强烈的场所自我选择性、认同性和保护性。本土文化和外来文化的每一次交流、碰撞都属于自然发展的一部分。地域性并不等于封闭性,在与外来文化不间断的交融中,任何形式的地域文化都会面临着借鉴选择、消化吸收与独立发展的局面,最终的结果无论以何种答案呈现都归属地域文化,只不过这种地域文化赋有新的内涵而已,但“场所精神”则屹立不灭。诺伯舒兹曾在《场所精神:迈向建筑现象学》一书中举例说:“布拉格的建筑是世界性的,然而并未因此而丧失其地方性的特色。仿罗马式、歌德

① 诺伯舒兹.场所精神:迈向建筑现象学[M].施植明,译.台北:田园城市文化事业公司,1995:18.

式、文艺复兴式、巴洛克式、青年派(Jugend)和立体派的建筑物相处在一起,好像都是从同一个主题所变化而来的。中世纪的和古典的造型经过转化以表达相同的地方性特性,来自斯拉夫东部、德国北部、法国西部和拉丁南部的装饰主题,在布拉格被融合成一个独特的综合体。使这种过程成为可能的独媒正是场所精神,正如我们所言,是基于对大地与苍穹的特殊感受。在布拉格古典式建筑变成是浪漫的,而浪漫式建筑吸收了古典的特性,赋予大地一种特殊而超现实的特性。二者都变成是宇宙式,并非由于抽象秩序的感觉,而是心灵的渴望。布拉格很显然是一处伟大的交会场所(Meeting Place),集结了各种意义。""……综观历史,波西米亚因而成为一处交会场所以及人种混杂的'岛屿',并且有自己清晰的认同性。这个国家的双重本性是该国有非常特殊的特性的主要原因。一个人种混杂的岛屿,总是在适当的土地上保存其根源,一处交会场所则广受整个欧洲文化的影响。当外来的输入来到波西米亚总是被加以转换,证明了该地人民和场所精神的力量。"①诺伯舒兹的上述论证表明,尽管布拉格的建筑形式受西欧多国建筑风格的影响,带有西欧多元建筑文化的属性,但由于波西米亚的本土文化对外来文化具有强大的选择性整合、同化能力,外来文化在本土文化面前总能够被"加以转换",本地文化并未因此失去自身特色。这种本土建筑文化之所以不会被外来文化同化、兼并的原因,就在于本土整体文化具有强烈的场所自我选择性、认同性和自我保护性。这是地域文化的自我基因力量,也是"场所精神"开放、发展的体现。

① 诺伯舒兹.场所精神:迈向建筑现象学[M].施植明,译.台北:田园城市文化事业公司,1995:83-85.

由此来看,无论是选择性,还是认同性,地域文化在长期的进化过程中,都会自我保护性地形成鲜明的个性特征,因此具有独特性和地域性,世界文化多元化的形成就是这种区域差异所带来的直接结果。公共艺术作为城市文化的组成部分,不仅其表达的内容是所属地域风土人情、思想文化的反映,而且其创作内容、表现手法也必然会带有地域文化的痕迹。可以说,地域文化或者场所精神是影响、形成和决定公共艺术符号力量的最终因素。

最后,当代社会城市万状,由个性独特、不同形态的地域、场所构筑的城市意象,其背后蕴含着复杂的历史文化和深刻的人文涵义。公共艺术作为城市文化象征和对外宣传符号,必然承载着地域文化和场所精神的内涵。当公众面对公共艺术作品与之进行情感"交流"、互动"对话"时,便会从城市舒展的历史画卷里,欣然知晓其漫长演进过程中曾发生过的重大历史事件、人文典故、时代变迁等相关知识,从中体悟到城市的文化内涵,吸纳不朽的精神力量,使城市的场所精神化育成永恒的历史记忆牢牢镌刻在人们内心的"精神丰碑"中。地域文化的形成乃是人类社会漫长进化的结果,也是地域历史演进过程中所积淀的文明精华。与地域文化紧密联系的场所精神,离不开所在区域的宗教、科学、历史事件、环境建筑、民俗民风等地域文化诸要素的攒蹙累积。故此,地域文化决定场所精神。

总之,传统公共艺术的内涵主要体现在:公共艺术的权属关系、公共艺术的政治化倾向、公共艺术的"场所"与"物"、公共艺术的表达与体验,以及公共艺术的场所精神与地域文化等方面。在权属关系方面,公共艺术的重点主要体现在公众的参与权上,其中,公民如何取得对公共空间权力的分配是这一问题的核心。在政治化倾向方面,一方面,强调统治阶层对公共艺术话语权的控制;另一方面,社会化表明公共艺术是在统治阶层控制下民众所享有的一定程度的民主参与。在“场所”与“物”相互性方面,公共艺术强调二者的存在关系。由于公共艺术作品以“物”的形式呈现,从而使特定的存在场所具有一定的文化属性。在传播途径与接受欣赏方面,公共艺术以“物”的“在场”表达传递着文化信息,人们可通过“五感”在场“线性”体验公共艺术品的奇思绝妙。除此之外,公共艺术尤为重视地域文化与场所精神之间的关系。场所精神的塑造离不开地域文化,地域文化是场所精神形成的必要条件,因此,有什么样的地域文化,就有什么样的场所精神。

第三节　数字公共艺术的内涵属性

诞生于计算机时代的数字公共艺术,其内涵蕴藏着新艺术的创造契机和新的审美形式。与传统公共艺术一样,数字公共艺术“并非是一种艺术样式”[①],但它却可以采用丰富的数字艺术形式和不同的数字媒体“场”[②]来实现艺术的新创造。诸如智能建筑、地景景观、互动装置、幻影成像、网络遥在、灯光光景、水景喷泉、焰火表演等。在艺术分类学上,虽然数字公共艺术与传统

① 孙振华.公共艺术的观念[J].艺术评论,2009(7):48-53.

② 在此特指数字公共艺术所依存的计算机媒体,如大型电子屏幕或屏幕化建筑表皮等。

公共艺术并无本质差异,但在艺术表达上却离不开科技的支撑。数字公共艺术所拥有的“智能交互”“虚拟现实”和“远程遥在”等数字技术使之全然不同于传统静态公共艺术。由于数字信息技术介入传统公共艺术领域,从而使艺术品“物”的本体和与之存在的场所性质发生了颠覆性转向,如公共艺术由“默然静态”变为“智能动态”、由“真实现实”变为“虚拟现实”、由“此在”欣赏变为“遥在”体验等,不一而足。显而易见,诸如此类的艺术特征与非物质性便是数字公共艺术的内涵及其本质属性之所在。为了使数字化、智能化的公共艺术形式区别于传统静态公共艺术,本研究将把数字公共艺术作为数字信息时代的艺术新形式进行专门研究。由于数字公共艺术所涉及的“智能交互”“虚拟现实”“远程遥在”等本质属性问题,将在本书有关章节中作为重点进行详细分析,故本节不再赘述,而是把主要着眼点放在与数字公共艺术内涵紧密联系的“非物质性”及其“隐身主体”“间性”等问题上。

一、数字公共艺术的非物质性

非物质性不仅是数字公共艺术及其“场”性的本质反映,而且也是区别于传统公共艺术内涵的根本体现。虽然,艺术的物质性与非物质性并非是鉴别数字艺术与传统艺术的唯一标准,但却是重要的判断指标之一。传统文化时期艺术[①]无不以确切的物质形态呈现于消费社会,判断其是否具备非物质属性,主要是以艺术的技能、方法、理念等一些口传心授的技艺要素作为评

---

① 特指前计算机时代的物质性艺术。

价标准。然而，到了电子信息时代，数字艺术的非物质性便被赋予了新的内涵，要义如下：

第一，ASCII 生成非物质性数字公共艺术与非物质性媒体“场”。毫无疑问，计算机编程技术的成熟发展是导致数字媒体艺术出现的前提，所有优秀复杂的图形语言均离不开编程技术中标准信息交换码的准确使用。20 世纪 60 年代，ASCII(American Standard Code for Information Interchange)在美国问世，昭示着人类已进入计算机信息交换标准码时代，由此，数字图形技术应运而生。一方面，用计算机标准信息交换代码编写的图形生成编码有着确切的非物质属性，将之应用于公共艺术领域，使网络化数字公共艺术赋有非物质性；另一方面，也显示出艺术的非物质性媒体“场”全然不同于传统物性媒体“场”。如数字影像艺术多以可感知的真实现实物理世界的本真内容作为复制对象，并运用计算机电信号将底层程序编码(二进制的 0 与 1)转化为表层可呈现的图像。尽管数字媒体“场”是由电子元部件、显示器、网络线等多种真实现实物性材料构成的复合体，但它必须与非物质的计算机编程结合才能呈现视像。当然，计算机编程仅为某种非物质性的符号代码，并不具有物质性，其功能是为计算机获取视像所采取的运算方式，因此数字公共艺术所依存的媒体“场”，是经计算机数据控制而形成的非物质性的光电图式反映。进一步而论，数字公共艺术视像“场所”的非物质性还包括两种情况：其一，影视机器所摄取的视像内容呈现为非物质性的镜像反射，类似于水中倒影。日常网络媒体组织的交互式电视节目，采取的互动方式大多属于此类，以达到吸引观众的目的。其二，与再现性真实现实的物性“场所”有着本质区别的表现性视像类数字公共艺术，往往采取的则是以表现的方式去创造虚拟“场所”，参与者多以匿名隐身方式共同完成某件艺术作品。然而，毋庸置疑的是，不管是前者还是后者，数字公共艺术以非物质“场所”作为创作平台，运用计算机编程、代码、指令等作为艺术作品的构成要素均具有鲜明的非物质性。

第二，数字公共艺术文本的非物质性。文字作为传统纸媒体时代传递信息的视觉符号，其物性体现是以油墨、纸张等物质材料为营造手段。油墨、纸张为可触、可感、可嗅的物性载体，文字只是物质符号化的视觉呈现，其形态性质、字、图均为物质符号化后可传递的视觉信息形式。然而，以计算机编程为造型手段的数字公共艺术文本，其字体呈现只是将电子数据讯号转化成可视的字母视觉形式，文本仍是电子讯号的性质并没改变，因此是非物质性的反映。

第三，数字公共艺术观念的非物质性促使新艺术的诞生。观念即是某种非物质的思想意识，在人类文明史上，曾经发生过科技思想影响艺术并使艺术观念发生重大转向的客观事实。如“摄影将古典时代以来奉为圭臬的模仿再现原则及其技巧彻底祛魅了。在摄影面前，画家十年磨一剑的写实功力不费吹灰之力便可由照相机记录下来。于是，写实模仿不再是一个神秘而又难以把握的技巧。在摄影这一巨大冲击面前，我们看到现代主义艺术家迫不得已另辟蹊径，走上了一条完全不同于摄影的反模仿、反写实的抽象主义路径”①。当人类进入20世纪60年代，科技影响艺术并使艺术观念发生颠覆性转向再次成为事实。

① 周宪.视觉文化的转向[M].北京：北京大学出版社，2008：151.

电视录像和流行文化、先锋派艺术、媒体传播等方面相互交融时，标志着多媒体艺术的诞生。在视像媒体艺术领域，韩国的白南准被称为“视频艺术之父”。“作为音乐家和作曲家的白南准曾在首尔和东京接受过良好的教育，20 世纪 50 年代后期，他因受乔治·凯奇的音乐观念影响将白南准引入了电视视像领域。作为电子音乐作曲家，白南准决心通过视像效果来增强其音乐作品的感染力。”“1965 年以来，有记录显示，白南准能够熟练操作摄像机，直到 1970 年，他在与日本电子工程师舒亚· 阿贝(Shuya Abe)合作后，才发展了视频合成。这种视频合成其原理在于电视接收器能根据节目的形式、色彩和动态直接做出相应的内容改变。”[①]实际上，在白南准的视频艺术尚未问世之前，西方物质性艺术正在陷入困境，人们迫切需要艺术能以一种全新的观念和形式登上历史舞台。视频艺术的价值在于，艺术从此能以非物质的观念与电子硬件结合，创造出了一种全新的科技与艺术相结合的艺术种类。这一艺术形式为之后所出现的非物质性计算机艺术奠定了发展基础。

第四，数字公共艺术作为“过程艺术”具有非物质性。赋有“过程”特质的表演类数字公共艺术，内含计算机技术与电子传播的非物质属性。“过程”指的是“表演过程”，“过程性”是“表演艺术”固有的内在特性。表演类数字公共艺术作为“过程艺术”，所呈现的动感画面是计算机软、硬件及其编码技术驱动数字运算的结果，其传播过程具有非物质性。就过程艺术的本质特性而言，此在“表演”的瞬间意味着时间的流逝，表演的结果便是

---

① SCHEPS M. 20th Century Art Museum Ludwig Cologn [M]. Published Cologn: TASCHEN, 1996:546.

"过程"的结束。当然,几乎所有的表演艺术皆为"过程"的线性反映,由起始到结束,表现为"点"的延展与扩张,即表演的线性过程就是表演(点)的时间序列累积(线)的结果,表演类数字公共艺术也不例外。进一步而论,广义上所有表演艺术均可称为过程艺术,而狭义上的过程艺术,特指那些通过表演以表达自己艺术主张的艺术形式,或是那些注重传播思想理念的行为艺术。诸如"撕书""文化动物""重生"等艺术主题便属此类。"撕书"所要表达的内容,旨在揭示书籍材料对读者"五感"所产生的心理影响。该件由塑料薄膜包封的书艺作品,是美国视像设计师罗伯特·阿伯顿(Robert Appleton)所设计的一系列实验性作品之一。作者利用巡回学术演讲之机,来华亲自表演撕书的全过程。所撕纸书实体均由材质各异的纸张装订而成,而非影像虚拟现实作品。书体依篇章内容不同择材而装。撕之,可解析纸的材质对阅读听觉所造成的心理影响。纸质的差异会发出不同的翻书声,左右着人的阅读审美心态,使人产生不同的思绪联想。"文化动物"表现的是西方文明对当代中国文化的"入侵",导致国民产生强烈的忧患情绪,艺术家试图通过直观视觉图像以宣泄人们的这种焦虑与不满。"1993 年,从美国回来的徐冰实施了《文化动物》的行为,就在王府井大街的一间画廊里,印有拉丁字母的公猪与印有汉字'天书'的母猪现场交配,一度被认为是'西方文化对中国文化的强奸',这一行为无形中呼应了当时流行的萨义德'东方主义'中关于殖民地文化身份的探讨,也使他的作品陷入了政治与经济的争执。"①"重生"则将刚宰杀的水牛

① 徐冰的《文化动物》[EB/OL]. (2012 - 07 - 02). http://collection.sina.com.cn/ddys/20120702/114073272.shtml.

置于大庭广众之下，表演者从牛腹中爬出，以此比喻生命的“重生”。上述艺术表演均彰显了各自的艺术魅力，同时也在一定程度上形成了不同的视觉冲击。这类艺术表演仅仅是真实现实物质性“过程艺术”的反映，与之相比，数字公共艺术的“过程表演”则体现为非物质性。如以数字媒体艺术先驱罗伊·阿斯科特(Roy Ascott)为代表的艺术家，凭借远程信息交互技术，创作完成了多部“过程艺术”数字公共艺术作品。此类作品并非由艺术家个人独立完成，而是通过互联网，由分散于不同国家和地区的参与者合力创作所为，接受者往往就是参与者、创作者。这一过程始终处在变化、流动的不确定状态中。2012 年第九届上海双年展，阿斯科特主创的《西游记》互动式媒体艺术共有 50 位作者参与。阿斯科特说：“这 50 位作者 25 位来自中国，另外 25 位在世界各地。”参与者“在创作中必然会带有一些其原有的特点，但是这并不是必需的，因为这个角色的身份是由我们的作者赋予它的。所以作者都是通过自己对角色的理解来创作。所以在故事创作过程中，有许多不能预知的可能、惊喜发生。故事中，他或是会像寓言一样讲述一个道理，也可能只是一个玩笑。而其中，我认为这部故事的创作过程才是我们应该特别关注的，因为 50 位作者通过网络的互动彼此交流，不同文化的人会传递同一个故事不同的态度。通过 50 个人的创作，故事本身的内涵也会得到极大的丰富。那么作为观众，去阅读这样的故事同样是非常有意思的。我觉得，这个过程更是一种休闲一种乐趣。另外，待 50 位作者创作完成后，我们也不会对其创作出的作品做整合或者是编辑等等。我们会像档案一样原原本本地保存与呈现。最重要的是，我们最终会将作品呈现在网络上，或者以博客的形式,因为这样观众就能够与之继续互动,做出评论甚至继续创作,使得作品永远鲜活”①。50位作者参与的媒体“场”本身具有非物质的虚拟性,所有互动活动或谓之“艺术作品”的视觉影像均是非物质电子符号集成的结果。艺术家们参与这一活动,只需通过身份验证便可进入创作“现场”,隐身其后。参与者一旦获得作品所分配的表演角色,便可尽情自由发挥。可见,“过程艺术”以表演形式栖身于网络交流系统中,参与者可不间断地与此系统交流,其过程性便是非物质性的反映。

二、数字公共艺术以非物质“材料”构形创作、储藏传播

数字公共艺术与计算机技术支持下的虚拟现实存在着必然联系,正因如此,数字公共艺术及其媒体“场”有着确切的非物质性。数字公共艺术不可能类似于传统物化公共艺术那样,以真实现实静止不动的物质形式存在,它只有依附于数字媒体平台,其创作活动才可展开。尽管如此,某些情况下公共艺术作品依然呈现出现实实体形态,一旦需要可借助于数字打印设备将其输出,使之转换成物化的现实作品。但无论怎样,非物质性是数字公共艺术构形创作、储藏传播的主要特征。

首先,数字公共艺术是以非物质“材料”(二进制的0与1)构形的。按照艺术分类学的标准,现有艺术种类名称的来源多以材料类型作为划分的根据,艺术名称的出处均与相应的物质构成成分密不可分。材料不仅为艺术种类的划分提供了构形的物质条件,而且也为艺术家凭材料物性寻找相应的创作方法提供

① 奚亮.新媒体艺术之父罗伊·阿斯科特带来别样孙悟空[EB/OL].(2012-10-15).http://news.artron.net/20130522/n272613_2.html.

了依据。如油彩以表现力强而著称。画家以画布为创作“场”(媒体),运用矿物、植物颜料并混合油性接合剂,绘制图形于画布(“场”,媒体)上,且可反复琢磨,长时间塑造艺术形象,被称为油画。水彩以特种棉纸作为视觉形象的传播“场”(媒体)。水彩画离不开水的使用,“水”是颜料与纸张的接合剂,画者笔蘸水融颜料,运笔绘于纸上。轻盈、流畅、通透、明亮等物理特性是水彩画的优势,但不易反复修改。油画与纸本绘画相较,二者皆因媒体特性与绘制材料不同,使得艺术家必须根据不同的材料物性择法而作,以使画种优势最大化。与传统物性艺术相比,数字公共艺术的创作“场”(媒介)与构形“材料”已发生了革命性变化。数字公共艺术无论以何种艺术形态呈现,其基本构形方式均以非物质性的二进制数字编码形式出现。观感上所呈现的视觉形态无论怎样真实,皆为虚拟现实非物质性的反映,视屏“场”中的图像必然可望而不可即。不仅如此,数字公共艺术还可以利用互联网信息技术去处理极其复杂的超现实特技难题,并极大地节约人力资源;还可以使传统条件下许多不可能完成的疑难特技,经计算机处理后便可实现。由此可见,非物质数字指代符号不仅是数字公共艺术创作“场”和艺术作品的构形“材料”,而且也是对传统物质性公共艺术创作“场”与构形“材料”的彻底颠覆。

其次,数字公共艺术作为动态化、过程性的非物质艺术,打破了原有的物质性艺术的创作与欣赏规律。数字公共艺术创作活动利用非物质公共虚拟“场”,使得创作活动和欣赏行为能够融合在同一过程中,从而改变了传统物质性艺术创作与接受相分离的事实,其实质体现在一定创作动机支配下的非物质性虚拟社会公共艺术活动。尽管计算机硬件作为现实物质存在，但其创作元素、叙事形象、二进制数字运算等方面则属于非物质的虚拟范畴，所以，数字公共艺术构形创作具有典型的非物质性。此外，由于数字公共艺术远离了传统物化材料的塑形手段，其艺术创作与接受，已由过去单向静态的心理互动转变为“人”“机”交互，或“人”“机”“场”的创作互动。

最后，数字公共艺术作品以非物质形式作为储藏与传播手段。艺术史上许多优秀的物质性艺术珍品都曾遇到过不同程度的展陈、运输、储藏等方面的难题，只有极少部分作品能够幸存至今，成为人类宝贵的文化财富。相较于那些以口传心授为特征的表演艺术，因表演者与艺术技艺不可分离，使得这类艺术的保存方法与流传方式，须以师徒间的口传心授才能得以世代相传。然而，进入计算机时代，以非物质性和编码信息传播为特征的数字公共艺术，其收藏与传播方式有了革命性改变，它既不同于传统物性艺术，也不同于言传身教的表演艺术，而是超越传统物性载体和具体传授分类方式，利用数字化存储设备将其盛纳于电子“博物馆”中。它不仅挑战了传统博物馆的贮藏局限，而且也为新型博物馆的展览手段带来了形式多样、灵活多变的新机遇。除此之外，与之相应的艺术传播方式也发生了巨大变化。传统传播方式主要分为动态的“在场”表演和静态展示两大类。前者必须以艺术表演者的“在场”演出为前提才能实现艺术作品传播的社会价值，后者只需要艺术作品通过物质性载体的“在场”展陈即可。然而，进入数字信息时代，艺术传播却出现了新的变化。其一，由于数字媒体能为艺术家的动态表演提供“离场”条件，使原有的“在场”表演，通过遥在技术便能使作品与表演者相分离，从而实现传播的目的；其二，艺术家所要关心的是怎样才能使作品创意具有感染力，而不需特别介意作品传播的在场存在方式。所以，具有非物质属性的数字公共艺术，其传播的核心价值之一主要体现在艺术创意上。

三、数字公共艺术存在"场"的非物质"虚拟主体"与"主体间性"

数字公共艺术不仅以计算机媒体作为自己存在的"物"性载体，而且还依据这样的载体为艺术参与者创造出了非物质性的虚拟公共"场所"。在此"场所"中，参与者们多以虚拟主体隐身身份进行互动交往。"虚拟主体"，即真实世界行为承担者的概念指代，是物理世界主体自身处在互联网离场状态下的隐身交往者。一方面，虚拟主体只有在满足数字化特定的非物质环境条件下才能充当主体实践者和行为受动者的角色；另一方面，虚拟主体也能够隐身于自创的虚拟"场"中扮演其中的行为承担者，适时出现在不同的交往"场所"中。如此来说，虚拟主体的存在必须以隐身度来衡量其虚拟程度。首先，虚拟主体是真实世界交往者在网络中的行为延伸。虚拟主体出现在非物质性的赛博"场所"中从事艺术活动，其实名身份指代与真实物理世界完全一致，反映出交往者的互动行为只是真实世界交往行为在虚拟"场所"中的延展。其次，虚拟主体以网络隐身者的匿名符号作为真实身份指代。目前的电脑互联网、流媒体等信息交互平台中，所涉及的交互参与者名称大多如此。再次，虚拟主体以隐身者的指代符号出现在自己或他人所创设的虚拟平台中，按需可随时变更已有的匿名指代，以便形成虚拟主体与设想角色间的自由交往，幻化出肉身主体与虚拟主体之间没有任何逻辑关系的纯粹拟真世界。最后，肉身真实主体以隐身交往的方式所形成的虚拟主体间的关系，是虚拟"主体间性"(intersubjectivity)的体现。

就"主体间性"而言，实质上反映的是人类社会作为自我主体与他者之间所形成的某种交往关系，由胡塞尔率先提出，他认为："在自我与经验世界意识之间的本质结构中，自我与他者是互为依存的，是自我与他人共同建构的。这一概念对于消弭启蒙主义以来的主体与客体二分的主体性哲学提供了锐利的武器，从而将哲学回归到人的'生活世界'。"[①]除此之外，梅洛-庞蒂、海德格尔、哈贝马斯等人均对这一理论建构做出过重要贡献。其中以哈贝马斯的《交往行为理论》尤为突出。哈贝马斯在这部书的开篇中明确指出："在交往行为中，互动本身从一开始甚至就取决于参与者相互之间能否在主体间性层面上对他们与世界的关联共同做出有效的评价。"[②]很显然，哈贝马斯认为，人与人之间的社会联系和对世界的看法，需要主体间的行为互动才能得出结论。小我间个体的差异，表明你就是你，我就是我，我会知觉别人的存在，同样，别人也会意识到反向的自我，每个个体都有独立的性格，唯有互动交往才能对彼此共同的关联做出合理的选择。交往是人与人之间关系的体现，交往的主体可以选择真实现实"场所"面对面的直接交往，也可借助于媒体虚设的"场所"间接交往。数字公共艺术赖以存在的媒体平台，是

① 蔡熙. 关于文化间性的理论思考[J]. 大连大学学报，2009(1)：80－84.

② 尤尔根·哈贝马斯. 交往行为理论：第一卷[M]. 曹卫东，译. 上海：上海人民出版社，2004：6.

参与者交往的虚拟“场所”。当艺术家与参与者不断地在线互动时，艺术影响力便以媒体“场”特有的展示互动形式向社会传播，使虚设的公共场所成为维系人们交往关系的平台，数字化的公共传播速度也因此超过了传统传播方式。不过，在虚拟场所平台上建立起的虚拟主体间性与现实主体间性之间的关系有所不同，虚拟主体间性表现为隐身者之间的交往关系。隐身符号在肉身实体之间可能存在着对等的指代，但在绝大多数情况下，这样的虚拟符号与现实主体并不一致，即使借助于虚拟他者验证，也无法得到有效证明。对数字公共艺术来说，即使如此，也不影响交往。只要虚拟主体相互间在虚拟场所中能够形成良好的关系即可，参与者的真实身份如何并不重要，也无须验证，除非虚拟主体之间有向现实交往转换的愿望。因此，虚拟主体间性全然不同于真实现实的肉身物理世界。当然，人们在赛博空间中进行虚拟交往，多数情况下并不知道对方的处所、性别、职业等真实信息，但这并不妨碍相互间的交往合作，若条件成熟且彼此又有继续交往的愿望，可适时显身浮出虚拟“场”，成为真实物理世界的交往者。除此之外，虚拟主体在赛博公共“场”中从事着艺术活动，还可以多重身份根据需要，不断变换隐身化名，随心所欲地扮演着各种虚拟角色。不仅如此，虚拟主体身份可随时转换，有时是作品的创造参与者，有时则是观赏接受者，或是混合身份的扮演者。由此可见，虚拟主体以不在场的隐身指代从事着艺术活动，既是传统公共艺术的物化“场”性向数字化非物质公共虚拟“场”性转向的客观事实之一，又是数字公共艺术内涵的本质体现。

综上所述，通过对数字信息时代公共艺术及其“场”性内涵的分析得知，无论是传统公共艺术还是数字公共艺术，均不是一种艺术样式，公共艺术可采用各种丰富的艺术形式以满足人们的精神文明需要，使处在真实现实或虚拟现实场所中的艺术能与公众产生某种联系，以体现公共空间的民主开放、互动参与、接受欣赏等价值观。由于数字技术已广泛应用于公共艺术领域，使得具有数字化属性的公共艺术区别于以往传统公共艺术，从而使数字公共艺术及其“场”性拥有不同于传统艺术的内涵。数字公共艺术的内涵不仅表现在与之相关的非物质性媒体“场”、非物质性艺术文本等方面，而且还表现在作为过程艺术所具有的非物质属性；不仅表现在二进制的 0 与 1 作为构形创作、储藏传播等方面所具有的非物质“材料”特性，而且还表现在虚拟现实、智能交互、远程遥在等方面。除此之外，非物质性“场所”、非物质性“虚拟主体”，以及由此所形成的虚拟“主体间性”等都是数字公共艺术及其“场”性内涵的本质体现。

第二章　数字公共艺术及其“场”性的审美转向

数字信息时代,公共艺术及其“场”性之审美方式正发生着深刻的转向,这是不以人的意志为转移的客观存在。当今社会正处在信息内爆的发展时期,人们越来越依赖于各种数字媒介的传递,数字虚拟符号有着真实现实无法取代的地位。在某些情况下,虚拟世界和真实世界之间的界限变得模糊不清,消解了二者之间的差异。由于“场”是媒体(或称载体)这个艺术赖以立命安身的基础,也是艺术分类学的重要标准,因此,数字公共艺术之“场”[①]正被赋予新媒体的含义,从而使传统艺术的审美方式转向了新的数字艺术媒体。在此,本章借用瓦尔特·本雅明(Walter Benjamin)针对机械复制时代,艺术复制品产生的审美新形势而潜心思考时所使用的“光晕”(Aura)语词为导向,对数

① “场”在此指的是“场所”“媒体”两种意思。若指体验作品的地点,释意为“场所”;若是指艺术分类学上的艺术种类和表现方式,则为“媒体”。

字公共艺术所出现的审美新现象进行理论分析。

“光晕”一词,以艺术理论术语的形式首现于本雅明所写的《迎向灵光消逝的年代》一书。本雅明认为“光晕”(或称“灵光”)是绘画艺术的本质特征,但随着机械复制时代的到来,机械复制品绘画艺术“场”的“光晕”已经逝去,印刷术和摄影作为艺术的复制手段是造成艺术“光晕”消失的最直接原因。本雅明创造“光晕”一词的目的在于解释艺术理论中的审美问题,这一理论后被人们逐渐接受并被翻译成中文传入我国。如《西方形式美学》的作者认为:“本杰明把艺术品这种原初的、不可复制的特质称为‘韵味’(‘Aura’,又译‘气韵’‘意韵’),认为‘在对艺术作品的机械复制时代凋谢的东西就是艺术品的韵味’。”①《二十世纪西方文论研究》一书认为:“所谓‘光晕’意味着艺术作品在时间和空间上独一无二的存在,它总是蕴含着‘原作’的在场。‘光晕’使艺术作品对于‘复制品’和‘批量产品’保持着它的权威性和神圣性。与‘光晕’相关联的原作的在场使艺术作品成为不可复制的东西,从而赋予它以某种‘崇拜价值’和‘收藏价值’。这使得传统艺术作品具有‘拜物性’,即它只供少数有教养或有财富者享用,成为少数人的特权。”②可是,到了机械复制时代,“艺术作品由于技术的发展,从印刷术到摄影术,再到电影影像术,传统艺术作品可以大量复制传播,因此,传统艺术作品的‘光晕’(唯一性,神秘性)就丧失了,启蒙现代性对于传统的‘前现代性’首先进行了技术上的解构,‘祛魅’,紧接着就是审美上的‘祛

---

① 赵宪章.西方形式美学[M].上海:上海人民出版社,1996:484.

② 郭宏安,章国锋,王逢振.二十世纪西方文论研究[M].北京:中国社会科学出版社,1997:252.

魅'，打破了传统艺术作品的'唯一性'和'神秘性'，让艺术作品成了每一个人都能够轻而易举地得到的'近处之物'、平常之物，可以不断观赏的东西，因而就具有了'展览价值'，具有了大众性、民主性、世俗化的性质，当然就从传统时代的宗教性对象、贵族性对象转变为政治性对象、大众化对象。"[①]艺术"场"的特性也随之发生了变化，艺术作品由原来的"此在"性、"唯一"性、"神圣"性的在场体验，变成了"非在场""复制性""大众性"的体验。正因如此，比机械复制能力更强的数字复制手段，不仅保留了传统机械复制的特点，而且还远甚于之。数字公共艺术之所以不同于传统公共艺术，就在于它所拥有的艺术之"场"不同于以往公共艺术之"场"。前数字时代的艺术之"场"，以静态的空间形式呈现于视觉感官，而数字公共艺术之"场"则以动态的三维、四维，甚至多维混合空间形式诉诸人的感官视觉，从而形成了不同时代的艺术"光晕"。例如：

(1) 传统时代表现为观众体验的"在场性"、作品的"唯一性"、物料的"韵味"性、宗教的"神圣性"。

(2) 机械复制时代表现为作品的"大众性""普及性""去神性"。

(3) 数字时代表现为观众体验的"虚拟现实性""远程遥在性""混合现实性"以及仿像、拟像的"非物质性"等。

不仅如此，数字艺术作品仍保留了机械复制时代艺术的某些特点，但具有完全不同于以往时代的艺术特征，因此，数字公共艺术"场"的审美"光晕"必然以特有的方式呈现。当今人类生活在一个由仿像、拟像与拟真构成的社会，似乎一切事物均变得

---

① 张玉能.关于本雅明的"Aura"一词中译的思索[J].外国文学研究，2007(5)：151-161.

真假难辨。如同鲍德里亚所指出的那样:“假的比真的更真实。”早在19世纪,奥斯卡·王尔德(Oscar wilde,1854—1900)就曾说过:“是生活模仿了艺术,而不是艺术模仿了生活,因为艺术发展到一定阶段,它必定为生活提供其理想的模式。”毫无疑问,王尔德当年的断言正是目前数字公共艺术的真实写照。就数字公共艺术中所涉及的公共领域的含义而言,哈贝马斯当年所讨论的启蒙时代的公共领域与当今的公共空间已不完全是同一个概念,启蒙时代的艺术仅仅停留在仿像的第一秩序阶段,那时,理性主义思想刚刚在欧洲兴起,即使到了20世纪中叶,仿像仍停留在第二秩序阶段,公共领域的基本性质并没有因此而改变。然而,在当今的仿像、拟像与拟真时代,传统的公共领域概念已被彻底颠覆。1967年,麦克卢汉(Marshal Mcluhan)就曾提出:“城市除了对旅游者而言仍是一个文化幽灵(Cultural ghost)外,将不复存在。”[①]麦克卢汉虽然只是比喻,但客观上西方发达国家的城乡之间的差异,因信息社会的到来,已变得十分模糊,从而使得城乡变成一体化。网络空间消解了城市公共场所的传统模式,数字公共艺术“光晕”的出现正是信息时代发展的必然。

第一节 审美的嬗变:艺术“光晕”的转向

视觉艺术史的进程表明,无论人类文明处在什么样的社会历史发展时期,视觉艺术嬗变的每一步总是与科技进步紧密相

---

① 威廉·J.米切尔.伊托邦:数字时代的城市生活[M].吴启迪,乔非,俞晓,译.上海:上海世纪出版集团,2005:1.

连。换句话说，人类历史上每一次重大的科技变革，必然会导致艺术形式的改变。在西方，“古希腊时代，口传文化的传统及其多样性，塑造了希腊文化的基本面貌，并以一种垄断教育的方式阻碍了神职的发展。罗马帝国发展出一种书写的文化，基于这种文化，罗马帝国的法律——官僚体制建立起来，它可以有效地控制遥远的广大地区。中世纪以后，出现了印刷文化，这种文化挑战官僚体制的控制，既激发了理性主义的产生，又促进了个性主义的发展。自文艺复兴到启蒙运动，我们都可以清晰地看见印刷文化的深刻影响”①。在东方，中国商朝甲骨文就已出现，直到秦统一六国后，文字才得以规范书写，但传播手段仍维持在简策制度中，而绘画仍旧是秦统一之前的壁画形式。如“王逸《楚辞章句》为《天问》所作的序中提到：‘楚有先王之庙及公卿祠堂，图画天地山川、神灵、琦玮，及古圣贤、怪物行事’”②。自汉代纸张发明之后，纸书盛行，视觉文化便进入一个新的历史转折期。到了唐宋年间，印刷术出现，中华文化便迅速普及于民间，这一时期不仅孕育了肤廓体，而且也确定了现代书籍形态的基本构形。虽然，早期人类科技发展的速度缓慢，远不及现代瞬息万变，但它依然对艺术形式的变革起着明显的促进作用。正如法国作家夏尔·佩吉(Charles Peguy)指出的那样：“自耶稣基督时代以来世界的变化远没有最近 30 年之大。”③欧洲自文艺复兴之后，尤其是步入工业革命后期，科技进一步迅速发展，照相机的

① 周宪.视觉文化的转向[M].北京：北京大学出版社，2008：143.

② 王伯敏.中国绘画史[M].上海：上海人民美术出版社，1982：25.

③ 罗伯特·休斯.新艺术的震撼[M].刘萍君，汪晴，张禾，译.上海：上海人民美术出版社，1989：1.

发明，不仅使得古老的绘画艺术逐渐丧失其客观记录的功能，而且，艺术媒体与场所审美之间的关系，正以新的“光晕”方式转变。本雅明说：“什么是‘灵光’？时空的奇异纠缠：遥远之物的独一显现，虽远，犹如近在眼前。静歇在夏日正午，沿着地平线那方山的弧线，或顺着投影在观者身上的一截树枝，直到‘此时此刻’成为显像的一部分——这就是在呼吸那远山、那树枝的灵光。”[①]在这里，“灵光”就是“光晕”，只是译法不同，它反映的是“此时此刻”的“在场”性，表达出人与知觉对象是一种直接对话的关系，一旦撇开直接“在场”的唯一因素，“光晕”便会消失，这也表明对传统艺术的体验，只能表现为场所的“在场”性、“唯一”性。显然，机械复制的艺术品缺乏这样的“唯一”性和“在场”性。正如本雅明指出的那样：“即使是最完美的复制也总是少了一样东西：那就是艺术作品的‘此时此地’——独一无二地现身于它所在之地——就是这独一的存在，且唯一有这独一的存在，决定了它的整个历史。”进一步而论，艺术品在其价值体现上，具有审美“光晕”的原作性，时间和历史的不可复制性，因此，“一件事物的真实性是指其包含而原本可递转的一切成分，从物质方面的时间历程到它的历史见证力都属之”[②]。本雅明在其另一部著作《机械复制时代的艺术：在文化工业时代哀悼“灵光”消逝》一书中再次提到“光晕”一词，所表达的含义与早期的所指大体一致，并认为“光晕”能够进一步更深层次地表达“唯一”和“在场”的含

① 瓦尔特·本雅明.迎向灵光消逝的年代[M].许绮玲，林志明，译.桂林：广西师范大学出版社，2004：34－35.

② 瓦尔特·本雅明.迎向灵光消逝的年代[M].许绮玲，林志明，译.桂林：广西师范大学出版社，2004：61.

义，就是在宗教仪式中的作用。“艺术作品最初仍归属于整个传统关系，这点即表现在崇拜仪式中……最早的艺术作品是为了崇拜仪式而产生的，起先是用于魔法仪式，后用于宗教仪式。然而，艺术作品一旦不再具有任何仪式的功能便只得失去它的‘灵光’，这一点具有决定性的重要意义。换言之，‘真实’艺术作品的独一性价值是筑基于仪式之上，而最初原有的实用价值也表现在仪式中。”[①]由于宗教崇拜之故，使得狂热膜拜中的人们对神充满了无限的虔诚和敬意，在神面前，人们不敢有丝毫的虚伪与不恭，使得宗教膜拜物笼罩在遥不可及、崇高和神圣的“光晕”中。即便圣物就在眼前，然而，宗教的庄严性和神圣感仍然使人感到无限的恭卑而不可接近圣物的“光晕”，就像人们看见“那树枝的灵光”可望而不可即一样。这种感受只有在宗教仪式的“在场”才能够体会到，机械复制的“场”景远不具备这样的神圣性和真实感。本雅明剖析了机械复制时代，绘画艺术因受复制技术的冲击而失去“唯一性”“本真性”的“光晕”。他同时也指出人类已进入一个大众化欣赏艺术的时代，虽然原有的艺术审美“光晕”已消逝，但新的艺术形式却诞生了，尤其是电影艺术的出现，昭示着艺术“光晕”的转向。他说：“这些技术借着样品的多量化，使得大量的现象取代了每一事件仅此一回的现象。复制物可以在任何情况下都成为视与听的对象，因而赋予了复制品一种现时性。这两项过程对递转之真实造成重大冲击，亦即对传统造成冲击，而相对于传统的正是目前人类所经历的危机以及当前的变革状态。这些过程又与现今发生的群众运动息息相

① 瓦尔特·本雅明. 迎向灵光消逝的年代[M]. 许绮玲，林志明，译. 桂林：广西师范大学出版社，2004：65.

关。最有效的原动力就是电影。但是即使以最正面的形式来考量,且确实是以此在考量,如果忽略了电影的毁灭性与导泻性,也就是忽略了文化遗产中传统元素之清除的话,也就无法掌握电影的社会意义了。”机械复制的优势在于:“一方面,机械复制品较不依赖原作。比如摄影可以将原作中不为人眼所察的面向突显出来,这些面向除非是靠镜头摆设于前,自由取得不同角度的视点,否则便难以呈现出来;有了放大局部或放慢速度等步骤,才能迄及一切自然视观所忽略的真实层面。另一方面,机械技术可以将复制品传送到原作可能永远到不了的地方。摄影与唱片尤其是能使作品与观者或听者更为亲近。”①从历史上看,类似这种艺术媒体与场所审美“光晕”的转向,古有先例,它不仅体现在机械复制时代,而且早先以祭仪形式出现的图像,就带有这样的特点,远古的祭仪图像是经过漫长的演变最终才成为独立的艺术品。本雅明认为:“起初祭仪价值的绝对优势使艺术品先是被视为魔术工具,到后来才在某种程度上被认定为艺术品;同理,今天展演价值的绝对优势给作品带来了全新的功能。”②由此可见,机械复制时代艺术“光晕”的转向,不仅具有大众性,而且也已从原先的“唯一”性和“此在”的“在场”静观、欣赏绘画物料的包浆、韵味,转化为离场的“展览价值”。正如费尔巴哈所指出的那样:“现时代认为符号比符号所表示的事物更重要,复制物比原作更重要,再现比现实更重要,现象比本质更重要……对这

① 瓦尔特·本雅明.迎向灵光消逝的年代[M].许绮玲,林志明,译.桂林:广西师范大学出版社,2004:61-62.

② 瓦尔特·本雅明.迎向灵光消逝的年代[M].许绮玲,林志明,译.桂林:广西师范大学出版社,2004:66.

个时代来说,唯有幻象是神圣的,真实却是世俗的。不止于此,由于真相降低而幻象上升,世俗性就被相应地加以提升了,以至于最高的幻象变成了最高的世俗性。”[①]毫无疑问,电脑的出现导致了以世俗性、大众性为视觉特征的数字公共艺术登上了历史舞台,从而也使得艺术媒体与场所审美“光晕”再一次发生更深刻的转变,因为计算机是虚拟现实艺术的代表。借助于计算机,人们的艺术想象空间和实现手段已变得极大丰富。公共艺术再也不拘泥于传统的物质造型,而是引入数字技术,使视觉对象的塑造、组合、虚幻、变异、拟态、拟像、翻新等手段的可能性成为现实。各种计算机软、硬件以及专门开发的辅助程序,为数字公共艺术的创新提供了强有力的技术支撑,使体验的“在场”变成了遥在的“非在场”。进一步说,早在达利所处的超现实艺术时代,人们思维中超现实梦境般的虚幻景象,必须借助于艺术家手绘物料才能够实现。然而,步入信息时代,人们利用计算机技术便可轻易地化解过去人能够幻想却难以制作的窘境。从图形的合成、变异、嫁接直到虚拟现实场景,计算机数字化虚拟现实把人们的视觉感受和审美评价引入一个全新的领域,无疑,电脑是人脑的延伸。计算机能够刻画各种荒诞的场境,能够代替绘制某些人工难以企及的复杂图像。尤其是数字公共艺术所提供的五种知觉感知场境体验,传统艺术形式根本无法全部具备。例如,嗅觉体验必须拥有相应的虚拟现实空间及所需设备,数控程序才能按需释放气味,所释放出的气味要与场境中的情景动作一致,离开了真实现实“场”境的实物虚拟,嗅觉根本无法体验。触觉是皮肤接

① 马克·波斯特.信息方式:后结构主义与社会语境[M].范静哗,译.北京:商务印书馆,2000:13.

触性感官，人只有通过与感知对象直接发生触碰才能够知觉到对象的纹理、冷热和舒适，如震颤、闪电、雪花、雨水、浓雾等。数字公共艺术正是通过所设置的虚拟环境，将感知对象直接与人体触觉发生联系，使人能够真实地把握对象。为此，人们有理由认为，传统艺术将欣赏主体与客观现实世界所建立起来的“光晕”美学观，在数字技术的冲击下，已发生了深刻的转向。它彻底动摇了旧有艺术所建立起来的美学秩序和创作法则，并为传统艺术“场”的“光晕”向数字公共艺术“场”的“光晕”转向提供了新的发展途径。如果说传统视觉艺术“媒体”与“场所”的审美“光晕”表现为“唯一”“此在”“祭仪”以及物质材料“韵味”的静观等特性的话，那么，数字公共艺术“仿像、拟像与拟真”就是其“媒体”与“场所”的审美“光晕”所在，只不过不同于传统的“仿像、拟像”的内涵罢了。

换言之，“光晕”这一概念的最初来源，其本身就是本雅明个人对于艺术含义的理解，人们对“光晕”的释义也不尽相同，不过总体上与本雅明的观点并不相悖。若将上述几个方面加以仔细解析的话，它所表现出的审美方式由原来体验原作“在场”的直接性、即时性转变为“缺场”的间接性，或者表现为“在场”与“缺场”同时并存的混合特征。虚拟“场所”的出现使得数字公共艺术场所的含义已不同于以往现实“场所”的概念。“由于实现了接近零秒化的高速信息通讯，时间因素被忽略，使我们能够明确地看到两地‘场’与‘场’之间的关系。”[①]拟真可以表现为完全的人造环境，也可能表现为镜像现实真实复制，它的出现使得数字公共艺术“媒体”与“场所”的审美“光晕”文化变得复杂。可见，

① 山本圭吾．场的哲学：随时随地通讯的艺术[M]．曹驰尧，荣晓佳，译．长沙：湖南大学出版社，2005：4.

动态化拟真作为数字公共艺术“媒体”与“场所”“光晕”的重要特征，明显有别于以往传统视觉艺术。正如弗兰克·巴奥卡(Frank Biocca)所认为的：“虚拟现实在我们面前展现为一种媒体未来的景观，它改变了我们交流的方式，改变了我们有关交流的思考方式。关于那种我们可望而不可即的媒体有许多说法：电脑模拟、人造现实、虚拟环境、扩展的现实、赛博空间等等。随着技术的未来展现出来，很可能会有更多的术语被创造出来。但是，谜一样的概念虚拟现实始终支配着话语。它通过赋予一个目标——创造虚拟现实——而规定了技术的未来。虚拟现实并不是一种技术，它是一个目的地。”①既然，数字公共艺术的“光晕”集中表现为“媒体”与“场所”的拟真、虚拟现实与真实现实的多元性，那么其价值体现必然与数字公共艺术所具有的社会文化使命息息相关，一方面它借助于计算机的拟像、仿像等手段实现，另一方面又通过具体的数字艺术作品在社会不同领域的运用而得以体现。因此，数字公共艺术“媒体”“场所”的审美“光晕”，是由第一秩序的自然仿造和第二秩序的机械复制生产，向第三秩序的数字拟真转向的结果。

第二节　仿像、拟像：数字公共艺术“光晕”的体现

仿像、拟像和拟真是数字公共艺术“场”②的“光晕”特性。数字仿像的属性在于，“没有原本可以无限复制的形象，它没有再

① 周宪.视觉文化的转向[M].北京：北京大学出版社，2008：163.

② “场”：在此为“媒体”“场所”的统称。

现性符号的指定所指，纯然是一个自我指涉符号的自足世界”[①]。对原有指涉符号的模拟，表现为真实现实模拟和虚拟现实模拟。法国哲学家鲍德里亚在《象征交换与死亡》一书中将仿像分为三种秩序：第一秩序指的是从文艺复兴时期至早期工业革命阶段的仿像，其主要特征为仿造；第二秩序是工业革命中后期，以生产为特征的技术拟像，它反映出人类自身的创造力已完全脱离早期对原始物的仿冒，已进入人类自身创造的逻辑仿像世界；第三秩序是以数字技术为前提的拟像与拟真。这类拟像主要综合了前二者所有的拟仿像特征，运用计算机程序完美地虚拟出现实物的存在，鲍德里亚称之为“过度真实的”(I'hyperreel)。“过度真实”已消除了与“存有物”之间的差异。这种由人类创造的“过度真实”符号是在人类自身的封闭符号系统中建立起的独有符号结构，它远离真实世界并且不以外在的现实世界作为自身的参考。

仿像真正的审美“光晕”本质在于，依据理念中可能成为再现性的摹本作为纯粹的自我指涉符号世界，掩盖现实世界，幻象虚拟现实，从而创造出一个自我模拟世界。正如鲍德里亚所认为的“拟仿物从来都不是隐藏起真相的东西；它隐藏起的是‘从来就没有所谓真相’的那个真相。拟仿物本身，即为真实”[②]。鲍德里亚所揭示的仿像规律在于，现代社会已进入了数字化社会的仿像阶段，视觉秩序与符号不再是现实的表征，而是由人在人的思维世界中，依据自身的发展规律创造出一个以人为中心的新符号与新秩序，其发展甚至与现实断裂，尤其在设计领域更为明显。在仿像阶段，人们通过多样化的电子媒介和互联网表达

① 周宪.视觉文化的转向[M].北京：北京大学出版社，2008：165.

② 尚·布希亚.拟仿物与拟像[M].洪凌，译.台北：时报文化出版企业公司，1998：13.

自己的艺术观念。数字公共艺术正是利用诸多的媒体平台随心所欲地自由展现艺术与现实的关系。应该说明的是,仿像并非是数字时代独有的产物,古典时期就已有之,只不过那时对自然景象的仿像仅处在一个初级阶段(如镜像模拟就属于仿像的一种)。到了工业化时代,尤其是现代主义设计,摄影与印刷技术的广泛运用,使得机械复制成为一种普遍传播的途径,此时的仿、拟像才逐渐演变成为表达艺术家思想和情感的主要手段。视觉艺术领域所出现的种种带有表现主义倾向的艺术流派便最能反映这一现象,如超现实主义就是其中的代表。计算机的出现,使得仿像的形式又有了新的突破,艺术家创作的形象不仅能够被不断复制,而且还可以进行形象的自我拟、仿像与复制。换言之,在仿像的前提下,知觉对象为了形象的传播,可依照形象的自身逻辑而创造出新的形象。数字化仿像就如同达利的超现实主义绘画一样,是利用虚拟的视觉符号,表现出与现实无直接关系,似梦幻一般的超现实物像。“今天,整个系统在不确定性中摇摆,现实的一切均已被符号的超现实性和模拟的超现实性所吸纳了。如今,控制着社会生活的不是现实原则,而是模拟原则。”[①]在数字视觉技术时代,传统的仿像与当代的仿像有着本质的差异。与传统仿像不同的是,数字化仿像更强调的是策划在先原则,即拟像。设计师通过预先完成的设计方案,后借助于计算机的数字化制作,最终生成相应的作品,从而变成拟像。而古典模仿则更多地偏重于采用镜像式复制,即先有一个物自在体的摹本,然后再描绘出一个接近于现实的图像。数字仿像注重

① 周宪.视觉文化的转向[M].北京:北京大学出版社,2008:164.

于人的主观世界的超现实幻象表达，并且由计算机制作生成的作品明显带有数字化软件的痕迹，也就是电脑“韵味”。这种“韵味”显然区别于传统绘制材料所形成的笔、墨、颜料的雅韵，无疑，它表明这就是数字艺术“光晕”的体现。不仅如此，此类现象几乎均反映在所有借助于计算机技术生成的作品中，无论是二维平面，还是三维立体空间，均带有这样的数字化“光晕”特征。与此相应的是，不管是在现实既存物中，或是在虚拟公共场所中，数字公共艺术作品无不以典型的仿、拟特征，展呈于公共“场”域中，其透过计算机传播媒介，映射出绚丽的时代审美特征。

设若回溯历史，人们就会发现在鲍德里亚所划分的三种秩序中，第一秩序的仿像被分为两部分。其一，仿像是代表阶级地位的符号等级被僭越。处于早期阶段的文艺复兴，封建社会正处在被新兴资产阶级解构的历史阶段，代表等级地位符号的能指与所指只有被突破，社会生产力才能真正被解放。其次，仿像代表着资本主义早期生产对自然的模仿。艺术领域所崇尚的古典主义风格的回归表明绘画仍然把模仿、记录自然界、社会生活的属性放在首要位置。科学领域则以实验科学为主导的理性主义精神对自然界不断地探索和追问，试图将研究成果用于工业生产。而在工业生产领域，仿造是这一时期的重要特征。鲍德里亚认为，在文艺复兴时期，仿制品和自然模仿一同出现，形成了人类对自然的模仿，之后便进入生产。他说：“在教学和宫殿中，仿大理石适合各种形式，模仿各种材料：天鹅绒窗帘、木饰、丰满的内体。”正是这种人工的新的混合物质，“成为其他物质的一般等价物，成为其他所有物质的镜子。”[①]在艺术领域，第一秩序的仿像并没有丧失艺术“场”性体验，作为“在场”和“唯一性”、“光晕”的特征。一方面，仿像也是艺术家作为个人行为对于自然界、人类社会现象的模拟，具有镜像复制的特征。另一方面，仿像的第二秩序便进入人所创造的拟像与仿像变异的逻辑世界中。在这个秩序里，人类撇开了对自然的模仿，构建出自身创造体系的秩序世界，这是人类真正走进创造世界的反映。而机器复制世界，更进一步说明了人的自身创造力。正如《象征交换与死亡》一书中所指出的那样：“第二级拟像则通过吸收表象或清除真实（怎么说都行），简化了这个问题——总之，它建立了一种没有形象、没有回声、没有镜子、没有表象的现实：这正是劳动，正是机器，正是戏剧幻觉原则根本对立的整个工业生产系统。”可见，“工业生产最重要的质性特征就是创造自然界没有的东西”[②]。鲍德里亚还认为：“新一代符号和物体伴随着工业革命而出现，这是一些没有种姓传统的符号，它们从没经历地位限制，因此永远不需要被仿造，它们一下子就被大规模生产。它们的独特性和来源的问题不复存在：它们来源于技术，它们只在工业拟像的维度中才有意义。”[③]与第一秩序不同的是，第二秩序已从仿像阶段步入拟像阶段，拟像的“本质不是仿制，而是新的物质重组”，在视觉图像领域中，照相机的出现，使得绘画失去了模仿

① 张一兵.拟像、拟真与内爆的布尔乔亚世界：鲍德里亚《象征交换与死亡》研究[J].江苏社会科学，2008(6)：32－38.

② 张一兵.拟像、拟真与内爆的布尔乔亚世界：鲍德里亚《象征交换与死亡》研究[J].江苏社会科学，2008(6)：32－38.

③ 张一兵.拟像、拟真与内爆的布尔乔亚世界：鲍德里亚《象征交换与死亡》研究[J].江苏社会科学，2008(6)：32－38.

自然的意义，因此，绘画拟像开始出现。当人类进入拟像、仿像第三秩序时，数字艺术才真正露出其“场”的“光晕”特性。与数字拟真相比，第一、第二秩序时期的艺术仿像和拟像，并没有使艺术“场”的“光晕”本质发生变化，这一时期艺术虽然也出现资本主义工业化时期拟像的某些超现实特点，但那只是传统意义上艺术风格形式的变化。传统艺术“场”的“光晕”以静态的“在场”性、“唯一”性的本质没有发生质的变化，而使艺术“光晕”本质真正发生嬗变的只有拟真时代的数字艺术。

在拟真世界里，由于拟真比真实更“真实”，人已很难区分真实与虚拟“场”的界限，以致形成超现实的伪现实，如上海世博会上许多展馆利用数字拟真手段布展便是很生动的例子。在石油馆中，巨大的4D全景拟真影像艺术，向观影的公众播放《石油梦想》科普知识，为了使观众有身临其境之感，每位参观者都戴着可看3D影像的特制眼镜坐在“可实时感受振动、升降、喷风、拍打、下雨、频闪、烟雾、雪花、吹泡泡等特效”场境中。[①] 影像作品中侏罗纪时期的地壳运动使得动物们瞬间从悬崖峭壁坠入地壳裂缝，鳄鱼迎面扑来，并联动影像动态同步座椅使之随景晃动。蛇似乎就在人的脚下穿梭。伴有花香、雨水的现场，使人能真切地嗅到花的馨香，沐到雨的滋润。4D拟真影像公共艺术原理是由在场环境中的银幕、投影机、座椅、多声道环绕立体声、主机播放器等构成，座椅与电脑连接并控制座椅的运动模式，随着影像内容的发展，电脑会与影像动态同步调节椅子的振动模式。水汽、雪花、香味由安装在椅子和天花板上的控制器控制，并与影像内容同步喷

① 孙瑞. 浅谈自动化技术在4D电影中的应用[J]. 黑龙江科技信息，2007(4)：37.

放，使在场的观众能够真实地沉浸在视、听、触、嗅、味五种感觉中。

图 2-1　2010 年上海世博会英国馆“种子圣殿”夜景

场境的五感使得二维平面与三维空间同混于一场，从而使真实与虚拟混淆。那么这些场境中的内容究竟哪些是真实的模仿，哪些又是无摹本的拟真虚幻呢？在鲍德里亚看来：“拟真为没有本体的代码，是说拟真的本质是一种没有实质性领土、某种成为参照系的本体，或者实体。它的形成来自于‘没有本源的真实’所堆砌起来的生成模式。如果说，原来的常识逻辑是领土产生地图，而现在则是地图生成领土。说穿了，代码生成存在。”① 很显然，《石油梦想》中有关远古时代石油的形成过程只是人们根据科学研究幻想出来的场境。这样的场境现实中根本没有现

① 张一兵. 拟像、拟真与内爆的布尔乔亚世界：鲍德里亚《象征交换与死亡》研究[J]. 江苏社会科学，2008(6)：32-38.

场既成的摹本，场境中的一切内容都是由“地图”生成“领土”，也就是说场中的一切只是科幻拟真，其艺术“场”的“光晕”审美价值正在于此。数字公共艺术的拟真“对真实的精细复制不是从真实本身开始，而是从另一种复制性开始……在拟真中，真实被从非真实中重新调制出来，它比真实更真实。现在，‘真实是在母体、记忆库的指挥仓中产生的，有了这些，真实就可以次地生产出来’。这个更真实，并非真是意指拟真物会比真实更真实，而是说，拟真占据了已经死亡了的真实的空位，并且比没有从来出场的真实更成功地成为存在的本体论牵引。”因此，这种真实便带有超级真实的性质，而“这个超级真实正是超级现实伪世界的虚假本质”[①]。

由于再现和复制含有不同阶段和不同性质，它必然与仿造的拟像有关。处于工业化时期第二秩序中异质的规模化复制，与工业化、科学化的复制生产规律一致，因此，明显带有逻辑循环的特征。数字艺术时代，一切指涉物似乎都已消失，原有传统艺术中的再现仿佛都已“液态化”(Uneliquidation)，数字公共艺术中的拟真世界不再提倡拥有古典艺术中的再现认识论，相反，它所富含五种感觉拟真“光晕”的艺术审美特征，正是人们长期以来一直追求的知觉目标。如哈维对仿像的本质和功能所作的分析时认为：“生产和复制这些形象的材料即使本身并非唾手可得，却也使自身成了创新的焦点——形象复制得越好，制造形象的大众市场就可能越大。这本身就成了一个重要问题，它把我们更加明确地带向思考后现代主义中‘仿像’的作用。说‘仿像’

① 张一兵．拟像、拟真与内爆的布尔乔亚世界：鲍德里亚《象征交换与死亡》研究[J]．江苏社会科学，2008(6)：32－38.

是指这种近乎完美的复制状态，以至于原物与复制品之间的差异变得几乎不可能辨认出来。假使有各种现代技术，作为仿像的形象生产就相对容易。在身份日益要依赖于形象的范围内，这意味着连续的和重复的身份复制(个人的、企业的、机构的和政治的)，成了一种非常真实的可能性和问题。我们肯定可以把它在政治领域里所起到的作用，看作是形象制造者和媒介在塑造政治身份中担负了更为强有力的角色。但是，有很多更加明确的领域，仿像在其中具有一种被强化了的作用。运用现代建筑材料可以使复制古代建筑达到很精确的地步，以至于真实性或原物都可能受到怀疑。股东和其他艺术品的制造完全成为可能，这使高级赝品成了艺术收藏行业中的一个严重问题。因此，我们不仅有能力折中地和同时地在电视屏幕上堆积来自过去或其他场所的各种形象，甚至也能以人造的环境、事件、表演和类似的东西而把这些形象转变为物质仿像，它们在很多方面都难以同原物区分开来。仿拟变得真实而真实具备了仿拟物的很多特质之时，文化形式方面所出现的情形就是我们将返回到它们那里的问题。”[①]可见，哈维在回答仿像的本质和功能时，集中强调了仿、拟物“创新的焦点”。但他同时也表现出对于仿拟像的担忧。因为“人造的环境、事件、表演和类似的东西……在很多方面都难以同原物区分开来”，这种现象很可能会引起文化性质发生变化，即以模仿为荣的文化价值观。不可否认，仿像在不同的商业环境中具有不同的价值，然而作为数字公共艺术，仿像的“光晕”价值绝非等同于简单的机械复制，仿像必须赋予摹本以

① 周宪.视觉文化的转向[M].北京：北京大学出版社，2008：166.

新的含义和形式，若仅仅是原物全然的机械镜像呈现，其价值不过是赝品而已，或许复制物有些商业价值，但绝无数字艺术“光晕”的审美价值。仿像虽不注重原创，但并不等于没有原创，相反，仿像之所以内含“光晕”的审美价值，就在于它被重新赋予的新的创造含义，而不是模仿他人的设计创意。

2010年上海世博会英国馆的“种子圣殿”便是一例。该作品在本届世博会上以独特的设计创意博得了人们的广泛赞誉，作品的建筑外观是由60 858根数控LED透明光纤棒构成的圆角立方体“蒲公英”，犹如幻觉与奇境的仿像。这件作品不仅具有如鲍德里亚所指涉的第一秩序以自然物为摹本的仿像，而且还具有第三秩序以数字技术为保证的数控光雕塑特征。日光里，透明的光纤棒内含有植物种子，伴随着江风轻轻摇曳，光线透过光纤棒照亮“种子圣殿”室内，圣殿内部以起伏的流线曲形与外部形成遥相呼应的统一设计风格。入夜，数控LED发光棒点亮整座建筑，远远望去数字化的“蒲公英”，以理性纯粹的光“场”漫射出迷人的“光晕”。在计算机的控制下，LED光纤棒不时变换着“蒲公英”律动的符号。光影绚丽，闪烁跃动，好似流光溢彩的科幻场境。“种子圣殿”周遭的外部环境，用几何设计元素仿像“折纸”，寓意“种子圣殿”好似“环境纸张”精心包装的心仪之物，并视之为大不列颠王国赠给世博会的珍贵礼物，旨在为唤起人们保护植物物种的意识，从而达到保护环境的宣传目的。毫无疑问，展馆的创意、形态以及周围场所的配套造型具有强烈的艺术张力。一方面整个设计是仿像的产物，另一方面又是设计师根据建筑自身所拥有的秩序规律臆造出的一个仿真的逻辑体，在这个逻辑体内，观众可以想象流线型的曲线是“蝴蝶”展翅，或是“水晶宫”，然而，不管属于何物,其实这些想象都是人们在自身创造的逻辑世界中所建立起的幻想而已,是人类对之赋予的自我观念,而这个人为的意识产物,可以通过机械复制手段,使意念在先的图纸衍生或复制出无数个类似物。再如 2010 上海世博会中国国家馆中的《清明上河图》属于既存物仿像的代表,作品运用数字动画手段使原有的摹本被赋予具有现代动态特征的自我模拟世界,使之成为一件具有艺术"光晕"审美价值的数字公共艺术作品。闪亮的灯光、流动的行人以及缓缓行进的人马商队,构成了一个现代版供人观赏的虚拟"场"境。观众之所以对拟仿《清明上河图》认可,是因为拟仿艺术品被赋予了新的"光晕"审美内涵。虽然作品的外表和图式仍是原作的视觉符号,但视觉感知的画内环境却增加了全新的数字虚拟语言,这才是作品能成为数字公共艺术并富含艺术"场""光晕"审美价值而被人们接受之所在。上述二例,尽管仿、拟物的内容、表现手法上有所不同,但都不同程度地体现了仿、拟的再创造性。正是由于艺术家能够对当代的人、事、物不断认识、感悟和新发现,才使其能以崭新的艺术手段对已经存在和耳熟能详的事物、事件重新定位,并借助旧的视觉符号去表现作者新的艺术语言。"按照索绪尔和罗兰·巴特的阐释,'符号'之所以能在现实中解决问题,除了其自身所具有的表层的被大众所熟知的通俗性、公众性和沟通性的特质外,还应具有其语境中深层的上下文关系。一件优秀的艺术品,就是一个成功的文化符号。独特'模仿'的视角就是其独特存在的文化价值。一系列表层排列有序的公众化符号和深层内在的语境、上下文的逻辑关系是构建艺术品自身的具有图像学意义的认知体系。'仿像时代'对于模仿对象的选择,提炼与模仿乃至超常的放大,应该说也是一种创造。任何一种语言形态的创造，既是艺术家的需要，又是观赏者的需求，也是时代的需要。”[①]由此可见，仿像艺术“场”的“光晕”审美价值在于重新发现和重新创造。

综上所述，由于“媒体”与“场所”这个艺术赖以存在根基的改变，使数字公共艺术得以产生，正因为如此，数字公共艺术及其“场”被赋予了新的媒体艺术“场”的“光晕”审美价值，从而使传统公共艺术“场”的审美价值转向了新的数字公共艺术载体。数字公共艺术“光晕”的审美价值所拥有的自我指涉符号，不仅显现为纯然的动态“非在场”性、“复制”性，而且还表现为仿像、拟像“场”的“光晕”审美特征。此乃人类长期以来一直努力探寻的目标，它经历过模仿、复制和虚拟三个时期。无论是在远古的自然经济时代、古典时代，还是在工业化机械复制时代，人类从未停止过这样的追求步伐。然而，只是到了数字时代，这一追求才得以真正实现。正如鲍德里亚所说的，从仿像、拟像直至拟真的发展过程，是一个从模仿到拟真的过程：“(1) 它是某个壮丽真实的投影。(2) 它遮盖了壮丽的真实，并异质它的本体。(3) 它让这个壮丽的真实化为乌有。(4) 它和所谓的真实一点关系都没有，它是自身最纯粹的拟仿物。”[②]囿于过去的科技水平，人类一直未能实现这样的艺术目标，只有到了数字信息化阶段，与拟真相关的科学技术解决了拟真技术中的瓶颈问题，人类才得以步入数字公共艺术“场”的“光晕”审美时代，只不过，这样的“光晕”更加强调艺术的再创造，使人自身世界的逻辑创造更加具有创新性。

---

① 郭雅希．中国“仿像时代”的“符号”[J]．雕塑，2009(1)：56－57．

② 尚·布希亚．拟仿物与拟像[M]．洪凌，译．台北：时报文化出版企业公司，1998：23．

第三章　数字公共艺术场所的异质混合空间

异质混合空间①指的是:不同类型的数字公共艺术所拥有的空间特性共时并置于同一个“场所”而呈现出的异质混合空间现象(图3-1);也是数字公共艺术区别于传统公共艺术“空间”属性的重要特征之一。“场”在此表现为“场所”,“空间”则指的是空间艺术和空间环境,它以真实现实场所空间架构为基础,综合“真实现实空间”“虚拟现实空间”“赛博空间”“遥在空间”“音响空间”等不同空间形式为表征的多种类艺术,混合介入同一个公共“场所”中,使处在不同性质空间中的数字艺术,既彼此独立,又相互融混;使“场所”本体既成为完整的艺术作品,又成为承载不同艺术形式的媒体。多维混合空间所呈现出的增强现实

① “异质混合空间”,由“异质空间”和“混合空间”两个词构成。“异质空间”一词最早由法国哲学家福柯提出并使用。早在1967年,福柯在巴黎一次建筑家小型聚会上作了一个题为《异托邦:他者的空间》的演讲,在演讲中福柯使用了该词。“混合空间”(Mixed Reality),参见:黄鸣奋.新媒体与西方数码艺术理论[M].上海:学林出版社,2009.

(Augmented Reality)与媒体交互，使得这种多类型、多层次、多形式的混合"空间"数字艺术处在共存互动的环境中。所以，对于数字公共艺术场所异质混合空间的探索，本质上是对不同种类的空间艺术特性，在同一"场所"中混合关系的探索；是不同数字空间艺术形式的混合体现，其独特的异质混合空间艺术魅力也由此诞生。

图 3-1　2004 年雅典奥运会开幕式，由不同空间特性的数字艺术介入展演现场，使得知觉"场"呈现出异质混合空间现象

第一节　异质空间：不同的数字艺术介入公共场所

客观上，不同空间特性的数字艺术介入公共场所，是导致数字公共艺术场所异质混合空间形成的直接原因。总体上，混合

空间分为真实现实空间和虚拟现实空间两大类。多种类艺术介入公共场所(图 3 - 2),主要包括传统绘画、雕塑艺术,单体独立数字动态雕塑、数字机械交互装置艺术,数控灯光艺术、数控焰火艺术,数控水体艺术、数字虚拟现实视频与装置混合艺术,数字音响艺术等种类。不仅如此,数字公共艺术还在上述艺术种类的基础上,采用远程"遥在"手段,使之成为遥在艺术(图 3 - 3),或与多媒体视频影像交互艺术、便捷式图像处理器等一同构成种类多样、形式丰富、多维混合的"场所"意境。对所有综合性公共活动而言,靠单一的艺术种类和少数艺术手法,已不能满足现代大型公共"场所"对艺术形象及其感染力塑造的需要,尤其是类似于场面宏大的奥运会开幕式等,更是需要多种类艺术间的混合协作,才能形成宏大壮观的艺术"气场"。因此,在这类公共场

图 3 - 2　2011 年阿斯塔纳亚冬会开幕式,由多种类数字艺术介入演出现场,从而使整个呈现"场"本身混合成为一件数字公共空间艺术作品

图 3-3　多媒体遥在视频影像交互艺术，在异质空间中

所中，艺术的呈现形式必然以多种类混合的方式介入空间，以便能营造出气势恢宏的场面。混合空间的艺术种类与形式包括真实现实“空间”、虚拟现实“空间”、音响空间等。诸类艺术使得公共“场所”中的艺术“空间”呈现出多层次、多维度的异质混合空间特性。

一、真实现实的场所“空间”属性

真实现实的“场所”空间是数字公共艺术存在的基础和基本前提，也是某一地理位置、事件发生地点及其构造要素的集中体现。诺伯·舒兹认为：“很显然不只是抽象的区位(Location)而已。我们所指的是由具有物质的本质、形态、质感及颜色的具体的物所组成的一个整体。这些物的总合决定了一种‘环境的特性’,亦即场所的本质。”[①]公共场所“暗示构成一个场所的元素,三向度的组织……”这只是共性,若不对特定“场所”加以甄别区分,仅仅符合普适性原理,必然表现为无差别性。“在日常经验中从本能的三向度整体所抽离出来的空间可称为‘具体空间’。事实上具体的人类行为并未在一个均质的等向性空间发生,而是在品质差异性中表现出来……”[②]诺伯舒兹还认为:“场所是关于环境的一个具体的表述。我们经常说行为和事件发生(Take Place,直译为占据场所)。事实上,离开了地点性,任何事情的发生都是没有意义的。场所是存在的不可或缺的组成部分,是具有特性和氛围的,因而场所是定性的、‘整体’的现象。简约其中的任何一部分,都将改变它的具体本质。”[③]从以上描述可以得知,一方面,真实现实“场所”是一个具有一定地域范围的空间概念,是空间背后由物质材料构成的具体环境内容,空间在此与场所的概念具有等同重要的意义;另一方面,“场所”是由特性和氛围构成的整体现象。

公共“场所”分为外部和内部,就外部空间而言,虽然空间表现为一定的广延性,但由于具体环境的构成,它必然限于某一范围内,“‘路径’‘边界’和‘地区’这些概念,暗示构成人在空间中有方向感基准的一些元素。波多盖西(Paolo Portoghesi)最后定义空间为‘场所系统’,暗示空间概念在具体的情境中有其根源,

① 诺伯舒兹.场所精神:迈向建筑现象学[M].施植明,译.台北:田园城市文化事业公司,1995:8.

② 诺伯舒兹.场所精神:迈向建筑现象学[M].施植明,译.台北:田园城市文化事业公司,1995:8.

③ 张彤.整体地区建筑[M].南京:东南大学出版社,2003.

虽然空间能以数学方式加以描述”[①]。这一特性表明无论是建筑艺术还是数字公共艺术，都是由一定范围的区域所界定。作为数字公共艺术的场所内部空间，显然有别于建筑内部空间。建筑物是由构建材料包被而成的实体，其内部空间是用来盛纳物质的容器。数字公共艺术通常以物的实体形式将建筑物内部空间作为呈现场所。虽然数字公共艺术有着自己鲜明的特征，但它的存在方式仍然脱离不了对以建筑环境为依托的内、外空间的依赖。因此，“外部与内部的关系是具体空间的主要观点，暗示空间有各种程度的扩展与包被”[②]。

简而言之，真实现实“场所”无论在外部空间上，还是在内部空间上，都使得数字公共艺术保留着传统意义上“场所”的物性特质。在数字化技术条件下，使得真实现实“场所”的构成呈现出不同程度的丰富性与复杂性。尽管构成物性场所的成分，多由不同形式的非物质艺术要素组合而成，但真实现实场所“空间”作为“具有物质的本质、形态、质感及颜色的具体的物所组成的一个整体”的事实不可否认。

二、真实现实的场所“空间”结构

真实现实场所“空间”结构与数字技术结合，决定着数字公共艺术场所的存在方式。大千世界任何有形存在之物都有其结构，场所“空间”也不例外。自然场所的空间关系，以天空和大地

① 诺伯舒兹．场所精神：迈向建筑现象学[M]．施植明，译．台北：田园城市文化事业公司，1995：8.

② 诺伯舒兹．场所精神：迈向建筑现象学[M]．施植明，译．台北：田园城市文化事业公司，1995：8.

作为其存在的基本结构，大地的广延性为特定区域的“场”提供了无限的延展空间。人为场所以秩序和理性的建构思维营造出围合与包被的“场”。围合的“场所”分为完全围合和部分围合，绝大多数情况下，部分围合多为广场等露天聚散地，而建筑则成为包被的“集结场”，属于完全围合场所。诺伯舒兹(又译为：诺伯格·舒尔茨)认为：“人为场所具有上述的‘集结’、‘焦点’的功能。换言之，人‘吸收’环境，并使建筑物或物在其中形成焦点。”

场所具有清晰的空间特性，是由“建筑物借着固着大地、耸向苍穹，与环境产生关联，最后人为环境包括了人造物或‘物’，成为内部的焦点，强调聚落集结的功能”。“场所是空间这个‘形式’背后的‘内容’。”[①]显然，在此“场所”与“空间”具有平行的含义。从构成框架上看，“场所”具有鲜明的结构特征。诺伯舒兹认为：“产生场所结构必须以此‘地 景’与‘聚落’来描述的结论，并以‘空间’和‘特性’的分类加以分析。因此‘空间’暗示构成一个场所的元素，三向度的组织，‘特性’一般指的是‘气氛’，是任何场所中最丰富的特质。”而所谓的地景分为自然地景与人造地景两大部类。自然地景由各种地形、山脉、河流连续的扩展所界定。人造地景则表现为人的生产、生活、社会活动。场所的营建与构造是由一系列复杂的构成要素所组成，其中包括建筑物、街道、广场、道路、车站、码头、桥梁等城市基本建设以及为之配套服务的文化设施、人文景观等。其中数字公共艺术作为聚落中的重要组成部分与所处外环境的人造景观形成主体与背景的关系(图 3－4、图 3－5)。

---

① 陈育霞.诺伯格·舒尔茨的场所和场所精神理论及其批判[J].长安大学学报(建筑与环境科学版)，2003(4)：30－33.

图 3-4 广东省电视塔采用数控光艺术设计，现已成为广州市地标式建筑物①

图 3-5 采用数控光艺术手段设计建筑物外观

① 诺伯舒兹. 场所精神：迈向建筑现象学[M]. 施植明，译. 台北：田园城市文化事业公司，1995：16.

此类结构具有一定的象征性，一旦这种结构关系真正建立起来，“场”将立刻显示出强大的张力与传播力。

在大型的庆典活动与开幕式中，主体艺术的结构、形式、内容与其周遭环境相互映照可成为视觉焦点。以此为中心，空间中各种视觉组织要素构成以节奏律动向四周传播，形成蔚为壮观、波澜起伏的意象“场”景。很显然，其传播途径是沿着水平或垂直，即大地与苍穹的方向前进。集中性、方向性与节奏性是此类艺术展呈的显著特质。规模较小的地景场所，如市民广场，硬质地面结合错落起伏的地表景观，有组织的几何形态符合广场的构造特质，也符合普通地形的基本结构。原有的地形也许会包被成规则的几何形态，曲线转化成直线，直线细分为网格状。标准化的国际主义设计原则，使现代化的场所环境似乎更能满足人对某种秩序和韵律的美感需求。数字艺术介入空间有限的市民广场，使得本来宁静、不为感观知觉的空间变得互动，显得生机勃勃，使冷漠有限的现代场所成为充满无限生命律动的“场”。总体结构上，地表、天空、水平面在人造地景边界中多为类似。简单的结构并不能真正反映出“场所”的个性特质，或是营造“场”的环境气氛。实际上真正能够反映真实现实的场所“空间”结构，这一特性要素的内因在于：其一，有组织构成数字公共艺术的个性化造型及其相关知觉现象。不同特性的“场所”应根据不同的需要，通过个性化造型营造具体气氛。例如，科普展呈“场”中的数字装置艺术必须是互动的，应体现场所的沉浸性，其展示“场”通过声、光、电的联动，营造出真实的沉浸环境，从而使寓教于乐的场所气氛得以增加。其二，造型、材料和场所“空间”结构合为一体，彼此难分。为了满足“场所”中典型性、个性化特质的展呈需要，与其说场所“空间”结构必须经过特殊材料和造型才能体现，毋宁说因二者融混，材料和造型本身就是场所结构。虽然数字公共艺术中的某些场景，经由计算机虚拟现实制作便可呈现，但在现实真实场景中，具体的结构、造型往往不得不通过一定材料特性的展示才能彰显其艺术感染力。如数控水体艺术中的喷泉、雾化气团等就属此类。当这类物质与光艺术结合在一起时，便自然形成场所“空间”结构。现场氛围经等离子体光、电渲染，可幻化出美轮美奂的诗画意境，以此满足场所展呈视觉特效的需要。即使是属于某类虚拟现实全息三维幻影呈像艺术，其展呈平台的场所结构依然需要某种特质材料的支撑，才能够反映展呈空间与展呈内容的真实。此外，“场所”结构，在视觉呈现上还需与整体环境协调一致，如地景、聚落、区域以及建筑物等。具体表现为：(1) 自然场所：自然空间、地景、区域等。(2) 人造场所：景观、聚落、广场、街道、水景、建筑物(体育场、舞台)等。若将数字公共艺术“场所”的种类加以进一步细分的话，还可分为室外“场所”系统和室内“场所”系统。室外“场所”系统包括广场、车站、码头、街道、体育场等。室内“场所”系统包括舞台、博物馆、陈列馆、游乐中心、体育馆、展览馆等。不仅如此，“场所以这些名词加以命名。暗示着场所被视为是真实的‘存在之物’亦即‘实存的’(Substantive)原始字义。而空间则是一种关系系统，并由介词所表示。在日常生活中，我们很少只谈及‘空间’，而是以物在上或下，在前或在后，或都是在此……之中，在…… 范围内，在……之上，由……到……，沿着……，紧邻……来表达”[①]。诺伯舒兹这段话表明：场所空间结构与物的

① 诺伯舒兹.场所精神：迈向建筑现象学[M].施植明，译.台北：田园城市文化事业公司，1995:16.

关系极为紧密，没有离开空间的物，也没有物可以离开空间，空间是物的空间。正如黑格尔所指出的那样：“空间总是充实的空间，决不能和充实于其中的东西分离开。”莱布尼茨也认为：“时空与物质及运动密不可分，离开了物质就无所谓空间，同样离开了物质的运动也就无所谓时间。”由此得知：数字公共艺术现实场所空间结构与构成要素的数字化介入，决定着“场所”真实现实的空间特性。一方面，它以物理真实现实的“场所”及其“构成物”作为其展呈平台；另一方面，智能手段使得传统公共艺术由传统静态形式向数字化、动态化方向转化，从而使得真实现实“场所”及其“构成物”成为“场所”多维混合“空间”不可分割的组成部分，只不过数字公共艺术的虚拟现实空间有着自己的特性罢了。

三、虚拟现实的“场所”“空间”属性

人类已步入网络空间时代，虚拟现实图像及其虚拟“场所”中的虚拟“空间”是网络时代的主要内容，由虚拟现实图像“空间”和虚拟真实现实“空间”构成。“读图”是信息时代人们认识事物现象与本质最为重要的方式，网络空间则成为传播图像最重要的途径之一，因此，数字图像与网络空间是构成数字公共艺术“场所”多维混合空间的主体。海德格尔说：“倘我们沉思现代，我们就是在追问现代的世界图像。”这正“意味人的表象活动把世界把握为‘图像’”[①]。“说到图像一词，我们首先想到的是关于某物的画像。据此，世界图像大约就是关于存在者整体的

① 马丁·海德格尔. 林中路[M]. 孙周兴，译. 上海：上海译文出版社，2008:278.

一幅图画了。但实际上，世界图像的意思要多得多。”①“世界图像”一词具有对世界本质把握的含义，海德格尔从图像的角度来诠释事物的内在关系，并坚持认为世界已进入“读图”时代。当今世界由于数字信息业的高速发展，使图像的制作与传播变得十分便利，影视图像、照片、网络、手机、图书、杂志、报纸、宣传广告等各种媒介无不以图像的方式占据着整个人类的各个角落。“图像凭着它的感官直接性、形象具体性以及作用于视觉等特点，很快便博得人们的青睐，成为人们接受信息、消遣娱乐，甚至认识世界的主要方式。”②无疑，图像以倍加的文字功能传递着信息。从这个意义出发，人类已经进入了读图时代，虚拟现实图像对“空间”的介入已是时代的必然。由此得知，“场所”空间多维混合性的形成，很大程度上取决于虚拟现实图像和虚拟真实现实“空间”画面意境的建构。从“空间”角度来看，虚拟空间作为空间的一种特殊形式，在数字信息时代到来之前就已经存在。就像奥利弗·格劳于《虚拟艺术》中所指出的那样，“在许多时候，虚拟现实被认为是一种全新的现象……这一现象并非是伴随着计算机辅助虚拟现实技术的发明而第一次出现”。然而，真正具有完全意义上的虚拟空间是从计算机诞生以后，它必须借助于数字符号才具有这样的特性。虚拟空间从现象学的角度出发，通过人的视觉感官可以真实地知觉到场所中的三维时空景物。一方面，数字技术水平的高低是制约虚拟真实程度的关键；另一方面，虚拟场景的设计有赖于设计师的个人文化修养，用

① 马丁·海德格尔.林中路[M].孙周兴，译.上海：上海译文出版社，2008：278.

② 赵炎秋.在理解世界与把握世界中的图像与语言[J].理论与创作，2008(1)：119－120.

户、仿真技术，以及虚拟场景中的道具、人物造型等综合要素，能否协同建立起一个有效的虚拟在场沉浸感。在此，有必要对虚拟现实、虚拟空间与虚拟真实现实空间做一个比较。

虚拟现实、虚拟空间与虚拟真实现实空间三者的关系密切。虚拟现实、虚拟空间实际上是一个意思。虚拟现实艺术的出现，使人们能够真实地欣赏到三维虚拟物象以图像的方式存在，继而可以感知虚拟空间的存在，但虚拟空间有着多种不同的理解方式。一般来说，第一类虚拟空间与虚拟现实结伴而生的虚拟真实现实空间，是以虚拟场所为依托的空间知觉感受，它通过人造虚拟环境使人沉浸在虚拟真实现实空间中，如“全景画、环形电影，以及 CAVE 中的计算机艺术”①。再如：互动装置艺术《遨游太空》之类的虚拟空间，是通过特定设置的虚拟场所，参与者坐在太空飞船模拟器上，手握操纵杆，随着屏幕上虚拟宇宙环境的变化和模拟器的翻转、振动，参与者完全沉浸在太空虚拟真实现实空间中，这类虚拟空间也被称作“沉浸式虚拟空间”。第二类常说的虚拟空间，指的是非在场镜像反射摄影图片中的空间以及绘画摹拟空间。第三类虚拟空间则为：以电脑虚拟主机为代表的互联网技术。其原理在于：将一台计算机分成无数个“虚拟”主机，从而形成向外部空间无限延伸的人造宇宙，这就是网络虚拟空间。就虚拟现实来说：“按照约翰 · L. 卡斯蒂的观点……虚拟现实实现过程是：首先对真实世界物体 A 进行观测，然后转换成数字世界的数据流(过程 1)，最后在真实世界中，利用数据流确定的参数，生成具有光影、声音及质感等能被

① 奥利弗 · 格劳. 虚拟艺术[M]. 陈玲，等译. 北京：清华大学出版社，2007：4.

感知的感觉特性,使人获得与真实世界一致的感觉(过程2)。显而易见的是,虚拟现实的微妙之处就在于它试图从身体感官和知觉等感性层面进行仿真。这种仿真一方面强调了与真实世界的联系,同时还强调了这种联系是间接的,是通过数据流进行转换的,过程1并非必要。因此,虚拟现实在实际上可以不受现实世界的常识和因果律的制约而随意虚构,这正为虚拟空间的独特性提供了基于理性层面的科学理论支持。另一方面,这种仿真决定了它先天的重要特征,强调人自身感知的即席与沉浸(Immersion),但这远远不够,它同时还强调交互(Interaction)和想象(Imagination)。"①

可见,虚拟现实的形成是一个由影像记录器采集真实实景图像到计算机数字化处理转化的过程。

简而言之,镜像、影像、虚拟现实及其"场所""空间",既是虚拟现实、虚拟空间与虚拟真实现实空间特性的重要内容,也是网络空间时代,虚拟现实图像、虚拟"场所"中的主要内容。要弄清虚拟现实的"场所""空间"属性,必须了解镜像、影像、虚拟现实与"场所""空间"之间的联系,如此,才能理顺多维混合空间的逻辑关系。

四、虚拟现实的"场所""空间"结构

奥利弗·格劳(Oliver Grau)认为:"虚拟空间是一个硬件、软件元素结合而自动形成的幻象,是一个基于现实世界种种原

---

① 周均清,王乘,张勇传.虚拟空间设计与情景消费时代:一种另类空间及其产业的重新诠释[J].华中科技大学学报(城市科学版),2002(4):1-6.

则的虚拟图像机器。”[①]“正如评论家 Paul Virilio 所说：‘我们正进入一个世界，在那里将具有不是一个，而是两个现实：真实的和虚拟的。不是模拟（Simulation），而是替代（Substitution）。’”[②]在此，“世界”指的就是虚拟“场所”和虚拟“空间”。数字公共艺术虚拟“场所”“空间”结构主要呈现两大类：一类是以某一固定真实场所环境为依托的“孤岛式”展呈“场所”。这类展呈“场所”尤以包被建筑，如博物馆、展览馆、美术馆、体育馆（场）、影剧院等大型室内公共空间作为其展呈地点。另一类是将散落于世界各地不同地点的独立场所，通过互联网空间技术并用拓扑法将其连接起来，形成交互公共虚拟“场所”。前者多为影像装置艺术、互动装置艺术，后者则以互联网连接，使不同场所的参与者能够聚集在同一个虚拟“场所”中，共同互动参与某一项艺术活动。不仅如此，它还可通过遥在技术利用网络空间使得处在不同地点的用户共同完成某项使命。例如“夏洛特·戴维斯的《渗透》（*Osmose*）交互环境模拟系统（图 3－6），包括头盔显示器、三维计算机图形以及声音系统”[③]就具有代表性。《渗透》（*Osmose*）建立了一个虚拟“场所”，通过计算机用户界面，对幻想空间进行生动模拟，该装置利用偏光镜使人能够看到投射在大屏幕上不断变化的三维图像场景，交互时图像内容完全由观众自由创造，交互者移动网格方框内影像，由计算机识别。这套系统体现了交互者的自由意志，使观众能够在虚拟空间中得到体验和满足。

---

① 奥利弗·格劳．虚拟艺术[M]．陈玲，等译．北京：清华大学出版社，2007.

② 王利敏，吴学夫．数字化与现代艺术[M]．北京：中国广播电视出版社，2006：162.

③ 奥利弗·格劳．虚拟艺术[M]．陈玲，等译．北京：清华大学出版社，2007：142.

图 3-6　夏洛特·戴维斯的《渗透》(*Osmose*)多媒体视频影像交互沉浸式艺术

构成数字公共艺术虚拟现实"场所""空间"结构图像，仅仅是计算机呈现的幻象，无论是镜像空间，还是人为设计的虚幻空间都是如此。而对虚拟真实现实场境的物理空间建构，则与真实现实"空间"结构原理相同(在此不再赘述)。以图像方式呈现虚拟"场所""空间"结构多表现为：镜像捕获和人工虚拟幻觉影像。前者由摄影、摄像获取，是真实世界的反映，如同镜中之像。福柯称之为"异托邦"，它是介于真实与虚拟世界之间的影像。后者完全是由动画影像设计师和电脑程序编写工程师共同协作完成的人工虚拟幻觉视像。

不可否认，虚拟现实在很多时候被认为是数字时代的产物，其实这一现象古代就早已有之，只不过那时的虚拟现实空间没有数字时代的动画、音响合成效果罢了。最接近数字时代动感虚拟空间效果的是以动态影像媒介为特征的全景电影，当时这一全新的虚拟空间形式实现了人类从未有过的真实场景。那时的动感影像既不能与观众互动，也不能使观众借助于互联网与之对话互动。然而，“电影的虚拟现实和特殊本性渗入那些有意识反映的图像世界，最初的科学研究展现了他们的成果”①。科技成果使这一空间现象成为最直接的受益者，就如同第三次浪潮下的计算机革命一样，数字动态图像成为图像革命的转折点。过去的一个多世纪里，动态影像技术的发展历程，能够真实地反映出虚拟现实“场所”与“空间”的结构特性。而在此之前的19世纪末期，人类所发明的立体幻灯机便开始普及，这种使用16个幻灯片进行连续播放的动画手段，成为全新的虚拟图像。到了1900年，这一展播方式已经相对成熟，并在巴黎世界博览会上使用，成为具有混合空间特征的虚拟影像媒介。1921年美国人利用虚拟空间幻觉原理，将三维技术引入电影中，使观众戴上双色镜就能够坐在影院中观看具有空间和深度的投影图像。不过，直到上世纪80年代，真正具有虚拟空间结构特征的“虚拟现实”(Virtual Reality)一词的概念才被提出来。它最早是由美国人杰兰·拉尼尔(Jaron Lanier)在创造美国VPL公司时提出的。其理念是将图形学、图像处理、模式识别、网络技术通过人工智能等高性能电脑技术用于所涉及的领域，从而形成一个三维视觉并具有五感(视、听、触、嗅、味)的虚拟感觉“场”。当然，不管哪一种虚拟现实空间形式，都存在于虚拟现实图像“场”中，“场”与“场”之间的空间结构转换无一不表现为非线性，即人与

① 奥利弗·格劳. 虚拟艺术[M]. 陈玲，等译. 北京：清华大学出版社，2007：108.

机器通过界面交流连接点来完成，且形式多样。用户必须遵照相应的虚拟空间规则来使用，以便使预先设计的模拟结构和人的视觉产生交互。

从上述分析来看，虚拟现实的“场所”“空间”结构形式主要有：镜像反射、绘画模拟空间、机械镜像（摄影和摄像）、网络空间（赛博空间和遥在空间）四种。虚拟空间史表明，虽然这几种空间结构形式存在着由低级向高级发展的渐进过程，但在数字公共艺术多维混合空间中，却排斥这样的空间结构序列。根据数字公共艺术对“场所”“空间”的设计需要，多种类的虚拟空间形式，须依据“场所”的结构、属性、位置等因素，才能恰当地将之混合在同一个“场所”中，以便形成奇变魔幻的“场所”环境氛围。因此，为弄清数字公共艺术“场所”多维混合空间特性，对这几种虚拟空间结构形式的分析是问题之关键。

第二节　混合空间的构成：多种类数字空间艺术的并置

数字公共艺术展呈场所混合空间的形成，是由于多种类数字空间艺术并置进入同一场所而出现的空间特性，从而呈现出异质混合空间现象。其主要种类包括：镜像反射空间、电脑绘画模拟空间、数字影像复制空间、网络空间、遥在空间、音响空间、增强现实空间等。

一、镜像反射:虚拟空间

在数字公共艺术“场所”多维混合“空间”中,直接以镜像反射作为虚拟空间形式,是表现混合空间常见的艺术手法。这一虚拟空间表现形式,曾在一些大型运动会开幕式中反复出现。典型的实例有:2004 年雅典奥运会、2010 年的广州亚运会、2011 年阿斯塔纳亚冬会开幕式,以及 2015 年意大利米兰世界博览会等,都曾利用水、冰面镜像反射,镜像出大海、太空、人物、景物之间的关系,将开幕式现场的艺术氛围营造成“诗”一样的意境,给人留下了别具一格的视觉审美印象。

人类最早接触到的虚拟空间,源自水中倒影、冰面反射等自然界镜像。

人类与猿类同属灵长类动物,最初对镜像反射物的认识,二者之间并无本质的区别。动画片《猴子捞月》反映了这样的认识过程。希腊神话所描述的美少年那喀索斯见到自己水中的倒影(图3-7),便自恋起来,直至殒命的传说,便是这一现象的生动反映。在中国古代文明中,镜子有着漫长的历史,从大量出土的各类铜镜中便可得以证明。镜子虽为人们普通的梳妆用具,但是对于视觉虚拟空间来说,却是人类反观自身影像而最早发明的器具。由于镜子的光学物理反射特性,与人的关系仅能维持于一种“在场”空间的直接反射性成像,因此,“在场”是镜像的一大特征,它必须通过“在场”的人、物象与镜子的三者关系才能够得以体现。镜像空间的呈现既是虚拟的影像,又是真实场所空间的直接反映,镜子只是一件器具,它本身并不具有固定影像的功能,因而仅起维系真实空间与影像虚拟空间的作用。故此,

图 3-7　那喀索斯见到自己水中的倒影

镜中之像拥有“在场”暂时性和瞬间性的特征。

近代对于镜像空间原理的论述，以法国哲学家福柯最为著名。早在 1967 年，福柯出席巴黎一次建筑家小型聚会，其间，在题为《异托邦：他者的空间》的演讲中指出：“据我们所知，19 世纪很大程度是迷恋历史。……现在的时代也许首先是一个空间的时代，我们处在共时性的时代，我们处在一个并置的时代，一个远与近的时代，我相信，我们处于这样的时刻，我们对世界经验更多的是与由点与点的联结以及它们与我们自己的线索交织构成的网络相联系的，而不是与时间之中的漫长生命相联系的。”[①]这段话表明，当今世界已步入一个网络社会，各种异质空间并存的现象比比皆是，多维空间往往能够共时性地出现在同一个场所中并预言网络社会将是人类的发展方向。在这个演讲

① 汪行福. 空间哲学与空间政治：福柯异托邦理论的阐释与批判[J]. 天津社会科学，2009(3)：11-16.

中,福柯发明了一个新词“异托邦”(Heterotopies),这个词在构词法上与“乌托邦”(Utopies)很相近,“乌托邦”是一个不存在的理想场所,“异托邦”则不同,它是介于现实与虚拟之间而实际存在的现象。如自然界中广泛存在的镜像反射、水中倒影和视屏影像等。“他举了一个例子,本来反映在镜子里的影像是一个乌托邦的场所,即一个没有场所的场所;我照镜子时,看见我在镜子里,或者说,我看见自己处在我并不真实在场的地方,我在镜子里,在一个非实的空间里,像是有一个幽灵使我能看见自己的模样,这个不真实的空间允许我能看见自己出现在我并不真实在场的地方,这就是镜子的乌托邦。”福柯同时认为:“它也是一个‘异托邦’,因为镜子毕竟是真实存在的,镜子里的我在镜子平面上占据了一个位置,或者说它使我在镜子里有一种折返的效果。正是由于有了镜子,我能在镜子里看见自己,我才发现我能出现在自己并不真实在场的地方。镜子里我的目光从虚拟空间的深处投向我(这个空间之所以是虚拟的,是因为镜子不过是一个平面,实际上镜子里的目光不过是从这个平面观察我),在镜子中我向我自己走来,我重新盯着我自己,并且镜子里的目光也可能重新构造了正站在镜子外照镜子的我自己。在这个意义上,镜子的作用就相当于一个‘异托邦’:当我照镜子的时候,镜子提供了一个占据我的场所,这是绝对真实的,同时,这又是绝对不真实的,因为镜子里的我在一个虚拟的空间里。总之。当我像不懂事的婴儿或小猫小狗一样,把镜子里的自己误认为是真实的或存在于一个真实空间的时候,绝对错了;但镜子里的我并不处在一个乌托邦的世外桃源,因为镜子是实在的。既然镜子具有乌托邦与‘异托邦’的双重属性,照镜子的情景也必然有如上复杂的多重体验。”[①]从上述福柯对于“异托邦”的解释来看，由镜像空间原理而得名的“异托邦”空间特性，在于它的异质空间和多元关系，也就是虚拟现实。对此，超级写实主义绘画原理与之类似，只不过超级写实主义绘画，是经过人工绘制并固定下来的虚拟现实的幻象。“异托邦”具有镜像虚拟现实的绝对性，而超级写实绘画只能表现为绘画创作虚拟现实的相对性，因为无论哪一种超级写实主义绘画，都是经过人脑思维加工处理的结果，其绘制过程无论有多么真实，也必将损失一部分成像要素，只不过超级写实主义绘画借用了镜像反射原理，虚拟出相应的幻象世界罢了。镜像反射所映射出的现实图像，是物理客观特性的反映，因此，它对丰富数字公共艺术混合“空间”、增加空间层次起着不可或缺的作用。

二、电脑绘画：模拟空间

在数字艺术介入公共空间时代，不同的“场所”“空间”中，使用传统手工绘画模拟现实空间的方式已逐渐被计算机绘画艺术所取代。然而，这种运用镜像反射原理模拟自然、绘制超现实主义幻象空间的现象不但没有绝迹，反而使之成为架上超现实主义、超级写实主义绘画和计算机绘画模拟空间的重要手段。值得一提的是，早在计算机绘画出现之前，萨尔瓦多·达利(Salvador Dali)所具有的绘画写实能力，使之成为超现实主义绘画巨擘，并因此享有“当代艺术魔法大师”的盛誉。在前摄影时代，当人类反观自身，渴望将镜中的反射影像用固定的方式记录下来

① 尚杰.空间的哲学：福柯的“异托邦”概念[J].同济大学学报(社会科学版)，2005(3)：18-24.

时，绘画便诞生了。列奥纳多·达· 芬奇说："画家的心应该像一面镜子，永远把它所反映的事物的色彩摄进来，前面摆着多少事物，就摄取多少形象。""画家应该研究普遍的自然，就眼睛所看到的东西多加思索，要运用组成每一事物类型的那些优美的部分。用这种办法，他的心就会像一面镜子真实地反映面前的一切，就会变成好像是第二自然。"[①]从文艺复兴时期的绘画作品来看，对现实自然景物的模拟复制是当时社会的普遍需求，许多画家在长期的实践中力求找到更真实的方法去表现真实空间。美国建筑学家西格弗雷德·吉迪恩(Sigfried Giedion)在评价文艺复兴时期透视学所呈现的成就时说："佛罗伦萨文艺复兴的最大发明在于一个新的空间概念的产生，而这种空间概念由透视而被引入艺术领域中来。"[②]这个发明人就是著名的建筑师、画家、雕塑家费里波·布鲁内列斯基(Fillipo Brunelleschi ,1377—1446)。1420 年，布鲁内列斯基在为建造著名的佛罗伦萨大教堂而作的穹顶设计就使用了透视法。其原理是将二维平面图通过单点透视原理，使建筑图的透视空间具有严密的科学性和逻辑性，从而使建筑图通过虚拟空间得以再现教堂的真实场景。透视法的价值不仅表现在传统绘画中，而且还使得这一透视原理被直接用于计算机绘画艺术。虽然，计算机时代的数字公共艺术混合"空间"，已不再将传统手工绘画模拟空间手段作为视觉呈现方式，但运用电脑绘画模拟自然虚拟现实场境，仍然是数字公共艺术混合空间重要的表现手段，其图像展呈方式主要由多媒体播放。因此，使用计算机绘画模拟自然空间，是数字公共

① 伍蠡甫.西方文论选：上卷[M].上海：上海译文出版社，1979：183.
② 童明.空间神化[J].建筑师，2003(5)：18-31.

艺术混合“空间”的主要展示方式之一。

三、数字影像:复制空间

毫无疑问,数字影像空间是数字公共艺术混合“场所”“空间”中使用最多的艺术表现手段,摄影镜像不仅具有“异托邦”的特性,而且还可以利用其无限复制功能,创造出无数个并列异质空间。人们常常看到,在一个特定的真实空间中,由各种数字视觉展呈元素组成的场所,同时又构建了多个似乎并不相容的空间,摄影镜像复制是其中最重要的因素之一。从镜像虚拟空间原理上说,照相机移植现实空间中的影像置入相纸上,从而产生可以无限复制的影像,这一图像反射原理与镜面反射现实空间影像并无本质的差别,所不同的是摄影可将影像固定并记录成为影像资料保存下来。因此,摄影影像也是“异托邦”,是一种既联系又有别于镜像反射和绘画模拟自然界物象的记录式虚拟现实空间。当摄影术发明之后,绘画中难以描绘的自然景物细节,照相机瞬间便可全部记录下来。正如本雅明所指出的:“照相术远比手工劳动有效率,他把艺术家的手解放了出来,只需要用眼睛对准景框即可。”[①]正是摄影术的发明改变了人们以绘画为主导的模拟客观空间的历史,使绘画原有的记录作用,转向为纯表现思想的视觉图像,并最终将古典时期以来的绘画所担当的模仿再现自然的功能彻底封存于历史的记忆中。因此,在西方美术史上,再现现实的自然主义绘画的结束和表现主义绘画的开始,均以摄影术的发明作为分水岭,无疑有着合理的现实根据。

① 瓦尔特·本雅明.机械复制时代的艺术:在文化工业时代哀悼“灵光”消逝[M].李伟,郭东编,译.重庆:重庆出版社,2006:3.

虽然，摄影成像与镜子反射影像原理一样，但从虚拟空间成像原理上说，镜子与摄影记录图像所使用的工具完全不同。镜子只是充当影像反射的媒介，而摄影却能够使光影反射用人工发明的机械装置和材料将影像固定在二维平面的相纸上，从而使某一时间、空间中的影像定格并长久保存。再者，时间性也是二者不同的原因之一，因为镜像观赏是在场时间的产物，它必须通过人、物与镜子的在场关系才得以成立，而摄影图片由于是时间与空间定格时的影像资料，因此读图必然表现为非在场特性。正如麦克卢汉所指出的那样，"照片当然既消除时间的差别又消除空间的距离。它消除了我们的疆界和文化障壁，使我们卷入人类大家庭……"[①]。正因为如此，摄影师运用手中的机器，可以自由地选择想要拍摄的任何场所中的景物，所有的内容均可拍摄下来根据需要加以利用，所拍内容还可以利用暗房技术加以剪辑、合成，创作出与现实不同的虚拟场所。在这个场所里，景物往往成为虚拟空间里可以挪动移植的道具，虽不那么随心所欲，但至少在一定技术允许的范围内对原始影像图片加以改造，使之成为"真实的谎言"，从而达到以假乱真的艺术效果。

由此可见，"现时认为符号比符号所表示的事物更重要，复制物比原作更重要，再现比现实更重要，现象比本质更重要。……对这个时代来说，唯有幻象是神圣的，真实却是世俗的。不止于此，由于真相降低而幻象上升，世俗性就被相应地加以提升了，以至于最高的幻象变成了最高的世俗性"[②]。进入数

---

① 郝伯特·马歇尔·麦克卢汉. 理解媒介：论人的延伸[M]. 何道宽，译. 北京：商务印书馆，2000：247.

② 周宪. 视觉文化的转向[M]. 北京：北京大学出版社，2008：151.

字影像时代,人们利用计算机技术,在数字公共艺术混合空间中可以随心所欲地制作各类摄影幻象,“最高的幻象变成了最高的世俗性”也就可以理解了。

四、网络空间:无限游牧

在数字公共艺术“场所”多维混合“空间”中,无限“游牧”表明网络空间无限宽广,用户可在其中自由驰骋,随意漫游。网络空间,即“赛博空间”(一说“赛伯空间”)(Cyberspace)不仅担负着传 输“场”与“场”之间的远程信息,而且还可从事与艺术欣赏、游戏娱乐有关的公共活动。网络所扮演的角色就是利用计算机网络技术,将处于不同地理位置且各自独立的电脑工作站或主机,用电脑网络设备将之联结成统一的网络系统,并在网络软件支持下,实现网络信息资源共享。网络空间是一个看不见摸不着的世界,不过,人借助视频音响图像,便能够知觉到类似于镜像反射般的虚拟现实视像。人们通过计算机网络间的信息交互,从而将网络想象成一个空间并因此称之为网络空间。赛博空间一词最早使用于 1984 年,由美国著名文学家威廉·吉布森(William Gibson)在其小说《神经漫游者》中提出:“吉布森是这样描述赛博空间的:世界上每天都有数十亿合法操作者和学习数学概念的孩子可以感受到的一种交感幻觉……从人体系统的每一台电脑存储体中提取出来的数据的图像表示,复杂得难以想象。一条条光线在智能、数据簇和数据丛的非空间中延伸,像城市的灯光渐渐远去,变得模糊……”[①]吉布森将这个幻想的

① 黄鸣奋.赛伯戏剧[J].中国戏剧,2002(11):48-49.

空间取名为“赛博空间”,也就是人们通常所说的网络空间。吉布森用小说告诉人们,计算机“屏幕之中另有一个真实的空间,这一空间人们看不到,但知道它就在那儿……它是一种真实的活动的领域,几乎像一幅风景画”[①]。这个幻想的空间,实际上是一个庞大的系统工程,体现着人类的意识幻想和图像虚拟现实。进入信息时代,人类生活在两个空间中,一个是由“原子”构成的物质空间,另一个则是由“比特”构成的虚拟空间。“虽然我们毫无疑问地生活在信息时代,但大多数信息却是以原子的形式散发的,如报纸、杂志和书籍(像这本书)。”[②]然而,“另一个虚拟空间也扮演着同样重要的角色,它与人的一切生产生活有着密切的联系。绝大多数高科技信息处理均由其完成,具体而言,是由‘比特’散发的。‘比特’没有颜色、尺寸或重量,能以光速传播,它就好比人体内的 DNA 一样,是信息的最小单位”[③]。“确切地讲,赛博空间是思维和信息的虚拟世界,它利用信息高速公路作为基本的平台,通过计算机实现人与人之间的感情交流和文化交流,而无需面对面接触,只要在键盘上击键而已。”[④]“赛博空间”一词用隐喻的方式表达,虽然其名称只是文学作品幻想的产物,但与国际互联网系统有着完全一致的功能。如 2004 年希腊奥运会开幕式现场大屏幕视像显示:由两名国际空间站中的宇航员,通过互联网向开幕式现场的观众,做跨越地球与国际轨道

---

① 叶平.知识经济时代的文化教育新景观[J].教育理论与实践,1999(7):3-5.

② 尼古拉·尼葛洛庞蒂.数字化生存[M].胡泳,范海燕,译.海口:海南出版社,1996:18.

③ 尼古拉·尼葛洛庞蒂.数字化生存[M].胡泳,范海燕,译.海口:海南出版社,1996:21.

④ 叶平,罗治馨.赛伯空间的异类[M].天津:天津教育出版社,2001:5.

空间站之间的实时直播，其内容为："将歌曲献给奥运的城市，献给现代奥运会历史上杰出人物。"这种跨越"场所""空间"的图像展呈方式，是赛博空间的主要功能之一。

就网络空间魅力而言，每当人们利用网络处理各种信息时，的确有着某种魔幻般的感觉。处于一个超文本的环境中，人能够真切地知觉到计算机视窗背后有着无穷无尽的信息存储库，只要人们去浏览存储库就会永无枯竭地不断再造信息。在赛博空间里，屏幕本身和电脑中的硬盘并不能产生海量信息，电脑只是连接海量数据库的入口，通过这个入口，用户可以与全球任何地方的联网单机取得联系，并获取相应的信息资源。如此，人们便在思维中幻想着此岸与彼岸间存在着非物质的空间，而这个空间，似乎又是真实存在的，人们可以通过身边的电脑随时随地进入这一空间，对分散在全球各地彼此分隔的"场所"进行连接。人与人之间通过不同"场"中的电脑互发信息，在网上虚拟聊天室"见面"互相倾诉，网上下棋、玩游戏等。尽管网民相互间从未谋面，也不曾认识，但是网上的隐身虚拟用户名使他们成为幻觉空间里的对手。此外，在"空间"认识上，用"赛博空间"这个概念，本质上是基于传统意义上的有形物质空间，"赛博空间"只是借用这一理念，实际上人所面对的"真实现实空间"，只是放在桌前有形的物质化电脑屏幕，屏幕内部也仅仅是各种集成电路与电子元件，人不可能真的进入这样的空间。因此，用传统的空间思维来界定网络空间并不可行，因为屏幕自身仅是空间有形的实体，而屏幕所显示的"场"则属于影像非物质虚拟世界。所有文本和图像均是数字代码符号的转译。可是，当人们打开电脑逐页翻阅文本时，往往会认为空间只是页与页之间的距离，实际上,赛博空间所反映的概念在于不同内容之间、单元与单元之间、页面与页面之间所形成的动态维系关系。它是利用数字关联符号由代码组合成有形的影像投射到屏幕上,关联符号本身并非有形,并非是真正空间性的,赛博空间反映的只是"场"与"场"之间的联结与互动。因此,希腊奥运会上所直播的宇航员太空讲话,是空间站摄像机通过赛博空间,将信号传输到体育场计算机大屏幕上做现场直播的结果。再如,"……交互艺术的'金尼卡'奖授予了两位美国艺术家 Mark HanSen 和 Ben Rubin 的以网络信息为内容的多媒体装置作品《倾听驿站》(*Listening Post*)"①(图 3-8、图 3-9),该作品所反映出的内容与上述案例如出一辙。这是一件关于利用网络来收集全世界不同场所网络聊天者的声音和文本的装置艺术。作者首先选择一个肉身世界

图 3-8 《倾听驿站》(*Listening Post*)

① 王利敏,吴学夫. 数字化与现代艺术[M]. 北京:中国广播电视出版社,2006:148.

的真实房间作为数字公共艺术展示“场”，在黑暗的房间里安装 231 个小型发光二极管（LED）盒子，将其按一定的秩序悬挂在环形屋内的绳索上，并配置 18 个扩声器和 2 个低音喇叭。Ben Rubin 和 HanSen 运用计算机技术，根据统计学原理，开发出可以进行分析和数据测算的电脑程序，通过互联网截取聊天室中的谈话内容，再由“场”中的音响喇叭传出。每个喇叭代表着一个不同“场”的声音，在现场房间这样一个特殊的“场”里，18 个音响喇叭就像许多人聚在一起聊天一样。虽然这些被截取的声音，有时只是些不完整的片段，但毕竟在这样一个网络空间里，营造了一个虚拟现实聚众聊天的“场所”。当人进入这样一个特殊的“场”时，必然会被眼前悬挂的、不断传出参与者声音和文字内容的视频所吸引，使在场的观众有一种身临真实聊天“场”一样。现代社会尤其进入网络时代，快节奏的工作和生活压力已不可能完全回到过去那种节奏缓慢许多人聚在一起惬意聊天的生活环境中去。然而，现实的人们对过去的生活方式依然怀有极大的恋旧情结，长期养成的交流习惯，使得人们希望找到一个倾诉

图 3-9 《倾听驿站》(*Listening Post*)

的场所，网聊固然是一个不错的选择。然而进入网聊室的人们，只能用文字交流而互不谋面。那种实时杂乱、七嘴八舌，热烈而嘈杂的现实“场”气氛却不再存在。无声的非物质符号之间的交流并不能形成一个现实的场所环境，聊天始终处在一个遥远、陌生和宇宙式冰冷的网络虚拟环境中。为了营造一个发出“嗡嗡”声、热闹和真实的场所氛围，把“真实”的参与者“请入”网聊室，但又要满足参与者不愿被视频曝光的隐秘心理，Rubin 和 HanSen 创作了这样一个装置艺术。这件作品不同于一般的互动艺术，房间里的人与视屏交互始终处于空间隔离的状态，不过，它具有网络的流动性和社会性质。在这里，空间也许只是一句“术语”或“概念”，一方面，它不仅具备一般意义上欧几里得的空间定义；另一方面又完全不同于欧氏定义。由于网络空间的无限广大，在一个真实的场所中，它所呈现出的空间现象只能是影像的符号转译。《倾听驿站》反映了时下社会的种种事件内容，它利用了数字公共艺术所拥有的多维空间特性，把一件或多件出现在不同场所、不同时空中的事件和活动，通过数字手段将之整合在同一个特定的“场”中。“这些不断被接收到的缺乏规律和不连续的信息形成作品可视的和可听的节奏。生成的声音像‘风’鸣一样，这里的‘风’不是气象意义上的，而是人、粒子的移动，不是空气的粒子，而是人的思想和语言。”[①]与《倾听驿站》不同的是，夏洛特・戴维斯的数字公共艺术《森林和格子》(图 3-10)，是一部由动画设计师设计制作的网络虚拟现实动画片，而非影像作品。该作品采用三维动画制作方式，一方面，作品体

① 王利敏，吴学夫. 数字化与现代艺术[M]. 北京：中国广播电视出版社，2006：152.

现了网络动画在虚拟空间中可成为人人参与的大众艺术；另一方面，它的普及性体现了网络空间的无限广大。《森林和格子》告诉人们，参与者能够“像一名潜水者一样孤独、失重，然后进入虚拟的情节中”。通过虚拟海底环境，使参与者能够看到类似海底所呈现的黑暗、孤独无际的深邃；微弱的光线透过薄雾般的云层射向幽暗的森林，灌木枝叶上滚动着滑落的露珠，带有几何特征的半透明昆虫爬在枝叶间。在这样一个虚拟世界里，人们可以穿越泥土，避让巨石，漫步于植物的根茎中，最后进入一个微观世界，一片由树叶组成、富有童话般诗意的仙境中。画面经过转场，一棵透明、晶莹剔透带有浓浓人工数字制作痕迹的无叶树，静静伫立在苍茫的大地上，它似乎已成为生命繁盛、生生不息的符号象征。

图 3-10 《森林和格子》

由此可见，网络公共空间中的“场所”不仅可以成为汇集和传递信息的集散中心，而且还可无限“游牧”，使之成为公众欣赏公共艺术、接受教育、娱乐休闲的平台。正如《艺术介入空间》一书所指出的那样：“空间不仅是几何学，它不仅由界线、面积来诠释,它更属于无国界游牧主义的循环、网络,没有起点,没有终点。如此一来,物质或非物质两空间中的一致性或并存性(非对立的)对我们与世界的关系有绝对的影响,我们不会因此与世界失去联系,而是维持一种决定性的疏离。”①

五、遥在空间:远程操控

遥在表现为“场”与“场”之间的信息交互,是“场所”的“此在”和“彼在”关系的反映,是构成数字公共艺术多维混合“空间”的主要表现形式。遥在艺术跨越了时间和空间。一方面,它得益于遥在通信技术,使得不同遥远“场”的艺术能够“忽略”时空,而并置在同一个“场所”中;另一方面,遥在艺术也是数字公共艺术区别于传统公共艺术最显著的特征之一,体现了异质“场所”“空间”并置的内在本质。“遥在是三种技术(机器人、电子通信以及虚拟现实)的合成物,它扩展了人类行为和体验的范围。”“一个虚拟环境中的用户可以经由电子通信、遥控机器人介入环境中,而且,在不同的方向接收知觉反馈一个遥远事件的知觉经验:遥在成功地创造了可以被实际体验、拥有的虚拟存在。”②“此在”和“彼在”是“场”的空间位置概念,双方的“彼”“此”关系就是遥在(Telepresence)。客观上生物体的存在多表现为某一场所范围内的活动,或是从一个场所向另一个场所移动,位置的迁移必然要耗费一定量的时间并通过某种运动形式才能够实现。千百年来,人类一直梦想身处“此在”能够对远距离“彼在”事物实

① 卡特琳·格鲁.艺术介入空间:都会里的艺术创作[M].姚孟吟,译.桂林:广西师范大学出版社,2005:41.

② 奥利弗·格劳.虚拟艺术[M].陈玲,等译.北京:清华大学出版社,2007:205-206.

施操控。托夫勒在20世纪80年代曾预言，人类经历农耕社会和工业机械化社会后，将很快迎来信息社会。他的预言终于在90年代变成了现实。进入信息社会后，科学家发明了可以执行远程指令的机器，从而使遥在技术得以运用。关于“遥在”一词的含义，“莫尔斯认为：图像的交互性控制以及随之而来的世界的远程控制被称为‘遥在’，在欧洲经常以‘远程通信’知名（这一说法较不会显得是个悖论）。任何阐述行为或符号类型的行动，一旦与远程执行指令的机器联系起来，可以具备实际的必定是远程通信的权力”①。“遥在”的本质在于人能够对不同物理场所间的行为活动共时进行远程通信，如传统的电信、电视和当今的电脑互联网技术。不仅如此，“遥在”还含有镜像复制式的虚拟现实，它使得远程场所中的“彼在”景物通过摄像机镜头经电脑网络同步传至另一端的“此在”遥控场。“遥在”具有两种基本功能，一种指的是：操纵者对于处在远程一方的机器人进行操控，双方之间是主动与被动的关系；另一种则指的是“场”与“场”之间的网络交流关系，通信的双方都是主动者。早在20世纪30年代，一些科幻文学就曾对“遥在”特点给予过描写，如海因莱恩的科幻小说《沃尔多》(*Waldo*)就是其中的代表。到了20世纪中期，美国的军事部门为了解决远程战场的遥控指挥难题，先后开发了可进行实时战场远程操控的照相机图像技术，从此遥在技术便正式诞生。最初明确使用“遥在”一词的人是斯科特·费希尔(Scott Fisher)。1985年，费希尔所在的美国国防部下属的研究中心任命费希尔负责研究远方场所信息，以便使研究中心

---

① 黄鸣奋.新媒体与西方数码艺术理论[M].上海：学林出版社，2009：382.

操纵者能接收足够的前方现场情报。这项研究的目的在于，使得操纵者得以对处于远端场所进行实时身临其境的操控，从而使人能够消除某些危险工作所带来的人身伤害，诸如深海潜水、核废料清除、排雷等高危工作，并可操纵远程战场的定点指挥任务。“遥在”传输主要有三个方面的基本特点。第一，是主控方被传送到另一方(场所)。第二，是另一方人或事被传送至相关方。第三，是两个或两个以上的相关方，被传送至一个公共场所进行沉浸式交流。远程遥在增进了人们的相互联系，使得交流方能够进入对方所在的场所，通过图像、语言等手段表达自己的意图，使得自己的目的在相距遥远的场所得到实现，并且使得分别位于不同场所的参与者能够在虚拟场中相聚，通过彼此的互动达到交流的目的。与虚拟现实不同的是，遥在虽然也通过网络中的虚拟场所将人们汇聚在一起，但位于不同远端的参与者，都是基于一个真实现实的场所而存在。因此，遥在的呈现实际上是不同现实端点的相互联系，与人工设计制作的虚拟现实环境有着本质的不同。遥在数字公共艺术处在这一时代背景下，以遥控机器人技术(Telerobotics)为科技支撑，从而使得以人机交互为特征的遥在艺术逐渐形成。遥在艺术关注的焦点在于遥控机器人所从事的远程艺术活动，而不是机器本身的形式和结构。早期的遥在艺术其操控原理与军事遥在技术基本一致，都是由主控方对被控机器的操纵，但随着遥在艺术的发展，新的艺术形式不断丰富，它们融合了电信、人机界面、机器人学、装置艺术以及电脑艺术。当然，某些遥在数字公共艺术的形式，也逐渐发展成为兼具日常实用计算机同步通信功能的视频手段。例如，美国艺术家克鲁格的数字公共艺术作品，采用同步收集不同分离场视频图像的方式投射到同一个独立的场所中，使观众能够在同一时间的场所中，体验到不同分场的图像效果，虽然这些场所的人们被远近不等的距离所分割，但自从采用这一作品形式后，使得观众相互间似乎近在咫尺，这一形式也是数字公共艺术混合空间所采用的展示方式之一。那些大型公共活动开幕式上，所出现的异质场影像并置现象就是很生动的例子。

上述作品案例表明，无论是人的“在场”知觉，还是以“在场”为端点，经由网络“遥在”感知，在同一空间中遥在操控不同场的数字艺术作品，“场所”“空间”都能体现出遥在艺术的本质特征，其表现为“在场与‘数码特性’或‘外部化’密切相关，涉及我们的感知对于一种超出感官自身的局限的外部空间的参照。在无中介的感知中，在场被当真——除了直接的物理环境之外，什么是人们可以体验的？然而，当感知由通信技术所中介时，人们被迫同时感知两种分离的环境：人们事实上在场的物理环境，通过媒体而呈现的环境……遥在是人们觉得存在于中介性感知。这种环境是时间或空间地远离的‘真正’的环境(例如通过视频摄像机所看到的远方空间)，或者是栩栩如生但不存在、通过计算机合成的‘虚拟世界’(例如在视频游戏中创造的栩栩如生的‘世界’)”[①]。由此可见，遥在离不开“场所”的中介环境，在某种程度上能够脱离物理“场”的直接限制，为数字公共艺术提供更多的自由，使得数字艺术活动由第一位的肉身“在场”转换成“遥在”。距离的介入使得角色身份得以确定。现实生活中，人们的远行只能以同一身份的单一位置出现，然而遥在却能够打破这一惯

① 黄鸣奋.新媒体与西方数码艺术理论[M].上海：学林出版社，2009：391.

例,使同一身份的人可出现在不同的场所。无疑,远程通信为这种空间与时间的图形、语言、视频的位移提供了有力的技术支撑。因此,遥在艺术是网络空间艺术的一个分支。

本研究认为:如果说传统公共艺术基于的是肉身世界二维或三维空间构造的话,那么,遥在数字公共艺术所依据的就是网络远程公共空间;如果说传统公共艺术是以“在场”和“唯一性”取胜的话,那么,“遥在”数字公共艺术则以远程空间体现其美学价值。由于远程网络的应用,数字公共艺术既可表现为“此在”,也可呈现为“彼在”,既是真实现实的“场所”“空间”,又是虚拟现实的“场所”“空间”。虽是同一作品,却能幻化为造型的多态,打开一个界面就可通往一切遥在的“场所”“空间”。遥在艺术体现的是“场”与“场”之间不同空间的艺术互动,也是数字公共艺术“场”性本质特征之一。遥在艺术既是具体的“场所”“空间”的物质体现,也是非物质的反映。作为数字公共艺术的表现形式,它密切联系着人们的生活,深刻影响并指导着现实的人们,是人类的灵感、精神互动、“在场”与“非在场”空间的延伸。

六、音响空间:现实增强

“音响是除三维之外的第四维”,具有增强现实的功能。数字公共艺术之所以存在多维的混合空间现象,音响介入是一个重要因素,音响可以提升场所情感、烘托场所气氛、增进人的沉浸意识。音响空间指的是:声音的音“场”,是物体运动时的“共振”反映,与物体运动是互存、共生的关系。构成音响的声音不可能离开特定的物体而独立存在,因此,音响是声音与物体共存于空间的客观反映。既然音响的形成源自物体于空气中的振动所致，那么，它必须借助物体媒介以波的律动方式传播，故此音响必然要与传声的媒介特性发生关系，如振幅、压力、频率、密度等要素。数字公共艺术的“场所”“空间”，多以视觉空间造型艺术形式呈现。驳杂的艺术种类要求音响介入其空间，从而使异质混合空间呈现出丰富的混合现实特征。例如，在《渗透》(*Osmose*)第一特定的区域内所设计的环境音响，如乐器声、昆虫声以及男女嗓音，每一种声音都模拟得惟妙惟肖。显然音响对“在场”感受起了至关重要的作用，它配合视觉景象，使人身临其境。音响处于欧几里得几何空间，其密度和压力在空间中存在着不等的差异，人的音感通过媒介相互补充，互为印证，使得不同的音律在空间中能够与数字视觉艺术协调一致，从而形成一个音响沉浸“场”。音响介入视像空间，通过数字媒介映射出客观万物的特性，虽不能直接描绘具体的物象，却能闻声类形，并增强所观之物的形象性，从而产生无限的遐想。在音声环绕的“场”境里，“人们可以根据自己的生活和艺术经验，把听觉意象转换为视觉形象，见之于不见，从乐曲中‘听’出真境来”①。虽然，音响不同于视觉艺术造型，也不具备造型艺术在空间中的三维特征，但是，音响却可以帮助视像强化其三维空间的知觉感。反之，视像也可以通过场内具体的数字图像装置艺术增强音响的想象空间，所以，在现实数字公共艺术“场所”环境中，视像、音响同步是数字公共艺术发展的必然规律。早在数字媒体艺术出现之前的1929年，音响就以配音的形式进入有声电影领域。爱森斯坦认为：“只有将音响与蒙太奇电影片段对位制作，才能使蒙

① 陈育德.画形于无象、造响于无声：论音乐与绘画之通感[J].安徽师范大学学报(人文社会科学版)，2004(2)：188-194.

太奇的艺术效果得以增强，如何使音响介入蒙太奇的场境是每一位影片制作人需要思考的问题，只有将音响的改进提高到与画面拍摄同等重要的角度，蒙太奇才能真正表达出艺术家鲜明的创作意图和意识形态立场。”爱森斯坦把影片中的事件冲突，通过音响对位配音来增强场境的沉浸感，显示出音响在电影场景中的巨大作用。[①] 可见，音响介入空间主要是为了增强影像的沉浸感，因此，现今数字公共艺术音响在混合空间中的作用，依然是这一功能的延续。只不过，数字影像公共装置艺术在诞生之时，就试图探索发明增强空间的沉浸感。作为空间的增强手段，对真实现实的补充，不仅要改变和拉近影像与现实景物之间的清晰度和分辨率，而且还要通过增强现实音响录制和传播功能来加强这样的沉浸感，例如影像装置艺术《谁需要一颗心?》(*Who needs a heart*?)以虚构的方式描述了以迈克尔・X为首的团伙野心和堕落过程。特雷弗・马西森用一种富有特色的密集声音设计这个故事，使音轨穿越图像并和图像一起运作，通过重复与多节奏的形成，标记出意义的传播和人的离散。这种设计方式“使对话音轨被淹没在各种声音中，它表明声音源自图像并且声音从属于图像。声音设计站在观众与图像之间，诱使观众进入屏幕上视觉空间，并追踪两者斜交的轨迹。由于受即兴与重复、时间与空间的同等影响，马西森的作品不仅发现了凯奇(已经是个东方主义者)对离散族裔音乐中的纯粹声音与延续的现代主义式的迷恋，而且为这音乐作品创造了一种已经变得遥远的空间，一种图像之外的空间”[②]。毋庸置疑，音响介入空间能够创造出更好的空间效果，

---

① 孙志强，吴恭俭. 电影论文选[M]. 北京：文化艺术出版社，1989.

② 肖恩・库比特. 数字美学[M]. 赵文书，王玉括，译. 北京：商务印书馆，2007:202.

使得异质空间中的混合数字公共艺术能够交混在空间中，并以“场所”为焦点，通过网络不断向外分离传播信息。

沉浸式数字影像公共装置艺术，能够让所有的观众都沉浸在相同的视听空间中，合理的声响对位、配置无疑是关键。从声音的录制开始，音响就成为视像传达的重要手段之一。音响本身属于时间艺术的范畴，其自身并不存在物理的三维空间现象。然而，声音必须通过投射才能得以体现，正如肖恩·库比特所说，“图像在空间与时间中通过机械扩散，声音则从图像的扩散中学到了技术，通过广播、录音、电子、通讯等手段进行扩散。声音进入空间不是要模仿雕刻或者建筑，而是通过电子网络，编织出一个地理艺术品。这个地理艺术品理解时间的流逝是历史的本质：一种离散艺术。声音所能移动的不仅是空气，还有身体。声音是距离的艺术，是空间与时间的艺术，是运动的艺术”①。一般而言，用音响增强沉浸空间有两种方式。一种是原声与图像同步、同源。“图像评说声音，扩展声音，声音也阐释图像并开启图像的通道。视觉主题与听觉主题以一定的模式周期性地摆动，虽然相互穿越，但是很少相互覆盖，从一个手势或者一个明显属于偶然发现的噪音中得出所能表达的含义的最大值，既把它理解为纪实性的冲动，也把它理解为对音乐主题的说明。经过均衡处理、环绕、过滤、减速或加速、颠倒反转的声音样本录入音轨，这样的音轨在各种声音中发现自己的模式与节奏，每一步处理都使声音更远离音源，而更近于想象。然而这种提取的过程成功地把纪实片变成想象的纪实片，把纪录片变成了关于不

① 肖恩·库比特.数字美学[M].赵文书，王玉括，译.北京：商务印书馆，2007：201.

存在的未来的纪实片。”①另一种是声音从特定的环境中筛选录制,使之变成典型性声响,与图像配置,以此增强空间感。采用这一方式的关键在于声音的收集、录制并非来自于与之匹配的原实物声源。这种组合式数字音响不仅不会使人们误解原实物声音匹配的本真性,而且还会增强“场”境的音响真实效果,从而消解了原实物声源效果不佳的弊病。

可见,所谓的音响空间就是声音为了增强数字公共艺术的真实现实表现,与相关媒介一同构筑一个动态化的、完整的表现空间。

第三节　混合空间:数字公共艺术场所的空间特性体现

一、增强现实空间:混合空间的重要表现形式之一

在数字公共艺术混合空间中,常常出现类似于增强现实的表现手法,实际上,增强现实空间属于混合现实空间的一种形式。数字公共艺术增强现实空间表现指的是:运用数字影像技术增强现实世界的呈现,具体表现为用虚拟现实表现手段叠加于真实现实空间,从而使现实世界中的“场所”“空间”环境得以增强。增强(Augment)一词,意为扩大、增加、加强、提高,目的在于通过网络技术增强智能化能力。“增强现实”(Augmented

① 肖恩·库比特.数字美学[M].赵文书,王玉括,译.北京:商务印书馆,2007:206.

Reality)一词用于数字艺术领域,表明运用数字信息技术使真实现实更富于内涵。不过,需要强调的是,增强现实属于混合现实的范畴,是基于虚拟现实基础上发展起来的用来增强虚拟现实表现的一种艺术手段。增强现实以数字信息技术为支撑,结合影像、图形、图像等艺术形式,以此增强虚拟世界和真实世界"场所""空间"的艺术氛围。具体表现手法为:首先,处在真实现实和虚拟现实混合环境中的观众,若想真正能够"沉浸"于这样的"场"境,参与者必须戴上护目镜,以便能够看清整个"场"境中由数字影像投影机投射到真实现实物理环境中的图像,从而使用户远离日常生活所积累起来的真实物理环境中的知觉经验。这种被增强了的信息既可以是虚拟图形的写实场境,也可为与真实现实相一致的影像作品,二者可同时投射在同一个"场"境中。其次,影像的空间定位必须随用户的视线转动而改变。增强现实所呈现的影像应在空间定位上与互动者保持一致,当用户改变头部位置,变动视野方向时,通过计算机三维环境注册系统,使用户的视线与计算机投射的艺术内容产生互动。最后,运用人文智能(Humanistic Intelligence)技术。在用户使用可穿戴计算机、传感器等数字设备条件下,人能够获取日常相关信息,并以此与其他观众同时进行艺术信息的互动交流。人文智能表现为人的意识行为扩展,增强现实所采用的虚中见实、实中涵虚的方式使真实现实与虚拟现实能够统一起来各取所长。

增强现实空间技术的特点在于"让人能以普通方式运用自己所熟悉的日常对象,而不是键盘输入、疑神屏幕"[①]。其特点表

① 黄鸣奋.新媒体与西方数码艺术理论[M].上海:学林出版社,2009:433.

现在三个方面：第一，它是虚拟现实与真实现实的结合。用户可将显示器屏幕与真实环境相融合，图标在界面移动时，所叠映的是现实对象，通过手、眼睛便可以指令操作，使三维空间中的真实全景物象根据用户的需要而产生互动。第二，实时交互时，可以使人完全融入周围的环境中去，使得交互双方实现无缝对接，混成一体。第三，用户根据需要可以实时调整，增进计算机中的信息数据。由于增强现实具有上述技术特点，增强现实数字艺术所应用的范围，因此变得十分广泛，可涵盖建筑物内、外物理空间，以至成为数字公共艺术重要的展呈和装饰手段。如法国数字影像艺术家米格尔曾设计过大量的类似作品(图 3-11)，他在设计博物馆、展览馆等公共展览场所时，通常将影像投射到建筑物表层上，使数字影像变为物理现实空间的一部分，形成数字影像与物质空间一体化。再如"加拿大艺术家加迪夫(Janet Cardiff)

图 3-11　法国数字影像艺术家米格尔的作品

引导观众在物理空间中遵循她由便携式CD播放器或摄像机所传达的指令(如‘下楼梯’‘看窗口’等)而行动,变成她所设计的故事的参与者。在这一过程中,观众所处的物理空间为信息空间所增强,具备了平常所没有,为故事所赋予的含义。这一作品以‘音响散步’(Audio Walk)著称”①。此外,现实中的公共场所,增强现实可用来建造主题公园,创作全息虚拟沉浸式互动装置艺术,如在物理空间中投射虚拟鱼池、虚拟挂钟、虚拟装饰等。创作观众可参与的互动式地面影像、投影装置艺术等。不仅如此,增强现实可以数字公共艺术的形式,对建筑空间进行有效地增强,用动态背景影像对建筑空间进行投射,使建筑具有“诗”的意境,从而,将视觉艺术从原有的二维架上绘画、墙面悬挂艺术,转变为运用影像投射覆盖整个三维立体空间的全景式影像艺术。如2011年亚冬会开幕式上所使用的影像增强现实艺术,就是将开幕式现场中心表演区域、主席台、观众席、体育场天顶等所有区域,变成一个完整的表演展呈视觉“场”,从而使全场观众融入并参与到开幕式的互动表演中。

总之,增强现实数字公共艺术不同于以往的传统艺术,传统艺术在总体分类上,把艺术分为现实主义与表现主义两大类别,并将之严格地区分开来,增强现实数字艺术的新技术特点,却能够将这二者混合在同一个空间。这种结合方式,已不是纯然的超现实虚幻,而是利用交互式新媒体,把人的现实感受经验与数字技术结合,形成新的艺术形式。这种艺术形式,既区别于纯粹的自然现实,也不属于纯虚幻式的表现主义,而是由计算机图

① 黄鸣奋.新媒体与西方数码艺术理论[M].上海:学林出版社,2009:433.

形、图像、影像、音响结合数字技术混合成增强现实艺术。因此，在这样的艺术“场”境里，艺术想象已变成了对现实的诠释或叙述，现实的“场所”“空间”则成为想象的舞台，由此让所营造的艺术沉浸“场”，使得参与者能够沉浸在这虚、实不分的格式塔中。

二、异质空间:艺术混合展示

数字公共艺术“场所”的多维混合“空间”，其本质表现为不同种类空间艺术的混合展示，即异质空间艺术混合展示。福柯认为:“在我们的时代，空间关系已经取代了时间关系，成为把握人类现实的核心范畴。空间不是抽象的、同一的秩序，而是由多元的、异质的关系构成的。在现实中存在着这样的场所，它既是现实的一部分，但同时又挑战、质疑、改写着现实，这就是现实中存在的各种异托邦，异托邦不是一个遥不可及的幻想，而是人们不断地重新定义自我以及与他者关系的场所。”①人们常常知觉到，在一个特定的真实空间里，由各种数字视觉艺术组成的展示场所，形成多个并置的异质空间。如奥运会的开幕式，多以一个中心体育场作为主会场，同时要兼顾展现多个场景内容，所演主题往往相互独立，互为叠加，反映出复杂的异质混合空间特性。现以雅典奥运会开幕式作为范例，对不同空间特性的艺术置于同一公共场所进行分析。

雅典奥运会开幕式由主会场与分会场综合而成，主要由如下几类空间形式构成。(1) 以真实现实场所作为所有艺术展演平台的真实现实空间艺术，其场所本身就是公共“场所空间艺

---

① 汪行福.空间哲学与空间政治:福柯异托邦理论的阐释与批判[J].天津社会科学，2009(3):11-16.

术”。(2) 以传统绘画、雕塑为展示手段的传统空间艺术。(3) 以单体独立的数字动态雕塑、数字机械交互装置艺术为特征,并以自身雕塑体为展示媒体的新型数字混合空间艺术。(4) 为数控灯光雕塑艺术、数控水体雕塑艺术。(5) 以数字增强真实现实虚拟投影艺术。(6) 为数字遥在互动装置艺术、数字音响艺术。

首先为第一类。雅典奥运会开幕式以主体育场中的“大海”作为水景表演舞台(图 3 - 12),此舞台乃是真实现实的虚拟“场”,用以虚拟模仿欧洲文明的发源地——古希腊爱琴海。开幕式迫近之时,海水被泵入展场中央,表演场瞬间被拟仿[①]成一个巨大的“爱琴海”镜像“异托邦”,场所空间也被增大至数倍。光晕笼罩下的在场虚拟真实现实海景,虽与真实大海不同,但经过拟仿,可使观众通过沉浸式体验感知到海的宽广与博大。表演采用象征性手法拉开序幕。光、雾缭绕间,从“海平面”缓缓升起无数个富含象征意义的艺术化不规则“岛屿”,运用数控技术使小岛造型不断自由组合,在“海面”上时聚时散。随着场景的转换,数控技术使小岛变为“白云”,可自由漂浮在天际间。具有象征寓意的一叶孤舟,载着人类文明的使者缓慢驶向观众……如诗如画的“梦”场意境令全场观众如痴如醉。值得强调的是,尽管虚拟“爱琴海”极其逼真,但却是真实的虚幻模拟,在此仅作为自然界中真实大海的一个镜像“异托邦”。演员的表演也是在真实舞台空间中进行真实表演,只不过表演内容有着明确的指代。用一种虚拟的方式呈现出客观真实,这就是“异托邦”异质

① 尚・布希亚.拟仿物与拟像[M].洪凌,译.台北:时报文化出版企业公司,1998.注:在《拟仿物与拟 像》一书中,“拟仿”一词指的是“拟像”与“仿像”。

图 3-12　2004 年雅典奥运会开幕式中的人造大海，用镜像反射原理，镜像出大海、宇宙、人物、景物之间的关系

混合空间的两极特性。一方面，“异托邦”能够镜像出一个虚幻的空间；另一方面，所创造出来的虚幻空间可进一步、多层次真实地表现指代空间。由此来说，以第一类场所空间作为表演载体，不仅起到了不同种类艺术展现平台的作用，而且作为整个数

字化拟仿真实现实“场所”，其本身就是一件巨大的数字公共艺术作品。

第二类，以传统绘画、雕塑为展示手段的传统空间艺术。希腊作为欧洲文明的发源地，绘画、雕塑在世界艺术史上具有无与伦比的突出地位。将传统壁画、雕塑艺术品制成动态塑像与人体结合，行走在真实现实的空间中，并进行表演，以使观众能够直观感受艺术品所涉及的历史真实事件。为此，该部分的演出重点在于用文化符号表现空间与时间。其手法是将历史上各个时期的文化符号用雕塑的方式拟仿、复制出来，以形成并置的异质空间。其跨度从史前文化开始，经克里特文化、桑托尼文化直至近代希腊独立战争和现代奥运会，时间跨度长达数千年之久。这种将不同历史时期文化整合在同一个空间中的现象，福柯称为“异托时”（Heterochronies）（因为“‘异托邦’在隔离空间的同时也把时间隔离开来”。“当人们发现自己处在与传统的时间观念彻底决裂时，‘异托邦’就开始发挥作用”，它的前提是并列“相异的时间或历史”，其特征在于“把‘无限’的时间堆积在一起，比如博物馆就是这样的‘异托时’场所。这两个场所又是‘异托邦’，其中浩如烟海的陈设和资料积累起来的是时间，博物馆和图书馆的念头起因于把所有产生于不同时间的文物和文献寄放在一处，或者叫把所有时间、所有时代、所有文化类型和所有情趣封闭在一个场所”[①]。如果将物化了的“异托邦”“异托时”作为“时间”“空间”沉积物积聚在博物馆、图书馆，成为异质空间现象并置在同一个“场”中的话，那么，数字视频叠加、并置不同时期、

---

① 尚杰.空间的哲学：福柯的“异托邦”概念[J].同济大学学报（社会科学版），2005(3)：18-24.

不同场境的影像作品于同一个场中播放，无疑是典型的场所“空间”混合现象。可见，开幕式展呈内容把历史上的文化精华，用雕塑复制手段再现给观众，与博物馆中不同历史时期的资料、图书堆积起来的道理如出一辙，这种用不同跨度的虚拟“异托邦”表现出来的时、空展呈方式具有非线性性质。虽然，时间和空间有着不可分割性，但“异托邦”本身的虚拟特性，却可以把时、空隔离开来，形成一个个封闭独立的个体，因此，这一传统艺术内容必然是数字公共艺术多维混合空间性的一个重要组成部分。

第三类，以单体独立的数字动态雕塑、数字机械交互装置艺术为特征，并以自身的雕塑体为展示媒体的新型数字混合空间艺术。混合空间的呈现，主要是通过一系列现场三维动态数字雕塑，表现希腊社会处在漫长的历史岁月里，不同岛屿上的民族在与大海斗争的过程中，所创造出来的灿烂文化。由机械、演员合成扮演的人马合一的神圣，手执数控 LED 发光“标枪”掷向“大海”，以此象征着人类文明的诞生。此时，西克拉里克雕像(图 3-13)从水中缓缓升起，雕像表面由荧光屏显示材料制成，雕像本身就是一个不规则的电脑显示器，所播放的光影图像演绎着古代

图 3-13　西克拉里克雕像

希腊所拥有的几何学、天文学、教育等文化方面的突出成就，包括各种古老的传说。可以看出雕像本身就是一个具有三维空间的现实实体，承载着公共艺术所肩负的社会功能。同时，它的表皮又是一个虚拟"场"的二维镜像平面，一个"异托邦"。雕像在计算机的控制下，瞬间裂变成了无数个代表希腊文化和传说的较小雕像。在场的中央空间被雕像二次分割，形成更小的表现空间，分裂的雕像又继续分裂成更多细小的文化传说雕像。所形成的立体镜像反射般的分裂，均是现实空间数字化操控的结果。整个体育场上空，由钢丝绳牵引的雕像在"大海"上漂浮，似"白云"在空中随风飘荡。阵风过后，每片飘浮的雕像碎片各自继续播放影像残 片，叠加成多层次的、壮观的历史图景，这些图景与空中表演的演员形成互动，构成多层次的空间。雕像碎片在空中漂浮，动力渐渐衰退，缓慢下降直至沉入"大海"，并拼合成"海上"无数个岛屿。显然，以数字机械交互装置艺术为表现手段，使数字媒体与交互式装置雕塑艺术合为一体的展现方式是数字空间艺术特有的属性，它为异质混合空间现象增添了强有力的表现手段。

第四类，以数控灯光雕塑、数控水体雕塑为主的空间艺术。开幕式结尾，水雾从"海平面"缭绕升腾，雾化成一个扑朔迷离的水幕，以此为依托的镭射全息幻影三维成像 DNA 双分子螺旋结构光雕塑艺术(图 3-14)，从"海面"上缓缓升起，逐渐旋转，而后越旋越快，与水雾浑然交融。DNA 光雕塑巨大的体量占据着"大海"中央，代表着人类的生命与未来，暗示着人类无论从哪里来，还是到哪里去，都是由这样的 DNA 结构组成。由于 DNA 光雕塑介入现场"空间"，透明的雕塑造型增加了"场所"的"空间"层次，使"场所"空间更加混合，扑朔迷离。随着水雾散去，光

图 3-14　镭射全息幻影三维成像 DNA 双分子螺旋结构光雕

雕塑也渐渐随之消失，"海面"一切恢复如初……由光构成的雕塑是真实的，有着光的特性，是异质混合空间的重要表现方式之一。

第五类，以数字增强真实现实虚拟投影为特征的空间艺术。运用数字编程技术将激光投射到整个体育场中央(包括观众席上)，是数字增强真实现实虚拟投影艺术的主要特点之一，即所有的建筑物都具有成为"媒体"的可能。采用增强真实现实虚拟投影手法，能够营造出异质空间虚拟现实环境，可模糊真实现实与虚拟现实的界线，使观众沉浸在扑朔迷离真假难辨的虚幻世界中。开幕式上，把相关历史数字影像投射到真实现实媒介物上，使现场真实实物与虚拟历史影像形成无缝对接，产生的视错觉导致在场实景变得混淆、迷幻。由于数字增强真实现实虚拟投影艺术多采用数字激光技术混合立体音效，有着场景宏大、辐射宽广的特征，故此观众易于沉浸在异质空间虚拟环境中。

第六类，以数字遥在互动装置艺术、数字音响艺术为主体的艺术形式。开幕式伊始，50 名打击乐手身穿统一服装击鼓步入会场，列队击鼓漫步在体育"场"中拟真的"爱琴海"边。随着鼓乐激荡，场内巨大的数字显示屏展现出另一个异质“场”——处在数百公里之外的古奥林匹亚山田径场，一名身穿古典服装的击鼓手正在运动场击鼓。这是一段现场视频同步直播影像，事先由设计师按开幕式要求设计成与开幕式主体育场现场打击乐鼓手互动的数字装置艺术。当场内出现了一名与大屏幕上迈着同样步伐、挥舞着同样击打手势的击鼓手时，计算机遥在技术使在场击鼓手与屏幕里的“古人”相互配合，亦步亦趋地互动击打，表现出“古人”与现代人跨越时空的对话。此种远程异质场，虚拟与现实异质空间所产生的互动艺术效果，只有运用计算机遥在通信技术才可能实现，所呈现的艺术方式，是数字公共艺术异质混合空间最显著的特征之一，它符合同一个“场”存在着多维混合空间的规律。

通过上述案例分析得知，数字公共艺术“场所”的多维混合“空间”，其实质表现为多种类空间艺术的混合展示。它不仅反映出不同性质的公共艺术，可依据自身的艺术特点混合展现于特定的呈现场中，而且也体现出数字公共艺术区别于传统公共艺术的颠覆性转向。

总之，“场所”的多维混合“空间”，是以“真实现实空间”“虚拟现实空间”“遥在空间”“音响空间”等为根据的不同艺术形式介入空间的混合展示，是异质混合空间的本质体现。一方面，它以不同的空间艺术理论为指导，以种类驳杂的数字公共艺术相互间的配置为基础，展现了数字艺术“场所”“空间”的混合特性；另一方面，也显示出混合空间现象的产生，不是简单对传统艺术表现形式的数字化堆砌，而是以不同的空间理论为依据，以“场所”“空间”作为结构与框架，将种类不同、性质各异的空间艺术，按其功能、特性合理地配置在“场所”中。从而使得整个“场所”“空间”不仅是数字艺术作品存在与展呈的场所，而且也使得“场所”“空间”本身成为数字公共艺术作品的反映，因此，其蕴含的多维混合空间，是多种类数字艺术介入公共空间的结果，是信息时代传统“场所”“空间”特性嬗变的反映，也是审美演进的体现。

第四章　数字公共艺术场所的混合现实体验

由于计算机拟像与拟真技术的运用，数字公共艺术“场所”的知觉感知已进入多样现实并存、交叠互动的时代，因此，“现代意义上的‘混合现实’（Mixed Reality）体验是不同类型的现实（主要是指真实现实与虚拟现实）的彼此混合，这种混合生成了物理对象与虚拟对象可以共存与互动的新环境”[①]。马斯洛指出：体验是体验主体“人”与体验客体“存在世界”（对象、环境、自我）之间统一性关系的瞬间生成及其存在价值的终极境界。顶峰体验期间，每一个人能更好地认识现实生活本体，认识自己聚居的场所空间。“聚居的场所空间”就是“现象场域”。而梅洛-庞蒂认为：“世界本身即是一种现象场域。”[②]“只有当世界是一个

① 黄鸣奋．艺术与混合显示[J]．东南大学学报（哲学社会科学版），2008(6)：74－78．

② 邱志勇．假动作——媒体艺术与新世代[EB/OL]．(2009－10－30)．http//www.art-da.cn/xinmeitidangan-c-2394.html．

景象，身体本身是一个无偏向的精神可以认识的机械装置时，纯粹的性质(quale)才能呈现给我们。”[①]因此，体验的实质离不开与人有关的现象场域。就数字公共艺术而言，是真实现实与虚拟现实相混合的“现象场域”，如此来说，人对同一“场所”中不同空间特性艺术的体验，必然会呈现出混合现实体验的现象。数字公共艺术场所的“混合现实”体验主要表现为：人对真实物理空间和虚拟现实混合空间中，不同种类的数字艺术所呈现出的并置、重叠、交替等现象进行混合体验。真实现实场所包含着两种现象。

第一种现象是物理实存和虚拟表现。在一个特定的真实现实场所内，数字公共艺术的展示方式是真实的，人们对于艺术欣赏和互动参与表现为“在场”完成，其形式既可能是真实的存在，也有可能是虚拟的表现。真实，意味着艺术以物理实体的方式呈现：虚拟，则指物理实体本身所承载的艺术内容是真实的，却用虚拟形式来表现。也就是说，真实的物理实体采用虚拟的呈现形式去表达所要表现的真实物理实体内容。例如，体育场作为舞台本身是一个巨大的真实物理实体，场中央数控人造大海和所有数控灯光、岛屿、帆船等相关道具，也都是真实的现场客观存在，观众可与“在场”的艺术作品产生互动，不过，这些所有真实存在物只是用来虚拟表现一个人造大海和人造宇宙，二者仅仅作为舞台背景使用，它是真实大海和宇宙的指代符号，因此是虚拟的、不真实的。然而，指代的表象内容却是客观真实大海、宇宙的本质反映。在场观众既能体验现场真实的人造景观、

① 莫里斯·梅洛-庞蒂．知觉现象学[M]．姜志辉，译．北京：商务印书馆，2001：64.

热烈的场所气氛，又能身临其境地感受舞蹈家、演员、歌手等精彩文艺表演的魅力；既能与现场艺术家进行直接面对面的互动，又能成为整个数字艺术动态"场"的一部分。诸此，都是在一个真实现实场中完成的，它反映出综合类数字公共艺术真实现实特征。

第二种现象是增强现实和交互沉浸。在一个真实的物理场所内，运用数字视屏、影像投影等多媒体视觉传达手段与现场观众互动，或与远隔万里之外的观众进行交互，其内容既可以是真实世界的镜像反映，即"异托邦"世界，也可以完全是由艺术家凭空幻想出来的真实世界中并不存在的内容。这两种形式皆为虚拟现实，前者是真实世界的镜像复制，后者则完全是主观意识的虚构创造。同处一个场所中的观众在面对数字公共艺术不同的表现手法时，其现场体验是混合现实的反映。现场物理世界真实的景物不仅能够唤起观众的激情，提升场所内的热烈气氛，使人触景生情地体验着"诗"意样的生活，而且还能够同时体验万里之外的异域风情、场所事件、人物对话，使人产生无限的遐想。不仅如此，观众还可以亲自动手操纵机器与遥远场所之外的物与事进行互动。

混合现实体验作为理论研究对象，是信息时代所出现的新的探索课题，也是人们从原有体验艺术的模式转向新模式的嬗变，因此，对之研究必须从深层次上弄清其内在关系。这一研究包括混合现实体验的异质空间、非"线性"读图体验、场所与时间、"沉浸"和"遥在"、混合现实体验的主要方式等方面。唯此，才能真正揭示出数字公共艺术"场所"中混合现实体验的本质规律。

第一节　异质空间:混合现实体验的根源

数字公共艺术混合现实体验源自异质空间,始于前数字公共艺术时代,然而,要弄清其原理,必须回到它的源头去探索。艺术以真实现实与虚拟现实相混合的面貌出现于公众场合已是寻常之事,关于此类艺术体验的文章,多散见在各类文艺作品中。如法国哲学家米歇尔·福柯在其名著《词与物》一书中,对西班牙画家迭戈·委拉斯凯兹(Diego Velazquez)著名的油画《宫娥》(图 4-1)就有详细的描述:"画家正在观看,他的脸稍稍侧过来,他的头倾向一侧肩膀。他正注视着一个看不见的点,但是我们可以轻易地为这个点指定一个客体,因为这个点正是我们——我们自己:我们的身体、我们的脸、我们的眼。这样,他正在观察的那个景象就具有双重的不可见性:因为它并不在这油画的空间中得到表象,还因为它恰恰位于这个盲点、这个主要的藏身处,在我们实际注视的瞬间,我们的目光从我们自己身上移向这个盲点。"[①]从物理真实现实的角度出发,油画作品本身只是由画布、画框、画架、油画颜料组成的媒介物,画布上的内容也仅是在二维平面,由颜料勾画出的图像而已,画中的内容无论如何动人也只是对自然界物理真实影像的模仿,因而它是静态的,具有"相似性虚拟现实"。"福柯认为'有两大原则支配着从 15 世纪到 20 世纪的西方绘画':第一个原则的中心是'相似性',该

① 米歇尔·福柯.词与物:人文科学考古学[M].莫伟民,译.上海:上海三联书店,2001:4.

图 4－1 《宫娥》油画

原则把造型表现(由此导致相似)与语言表现(由此排斥相似)区别开来。第二个原则是提出一种对等原则,即在事实的相似与对表达上的联系的确认之间有对等。"[①]第一个原则中的"相似性"指的是绘画扮演着照相机的功能,因而,它仅是镜像复制与

① 周舒.福柯的绘画观[J].北京青年政治学院学报,2005(4):75－78.

镜像记录。无论图像如何真实,都是虚拟的视觉呈现。画面重要位置由主人公占据,而委拉斯开兹本人则被安排在画面不显眼的隐蔽处。尽管如此,他的目光仍正看着真实现实中读画的观众,由于观众被画中人像的动态和指向所吸引,很快便沉浸在画面中,体验着画中人物为他们带来的心理感受。"从画家的眼睛到他所注视的东西,其间标出了一条我们作为目击者所无法避开的迫切线条:他穿越了真实的油画,并从画面上浮现出来与我们从中看见画家正在观察我们的那个空间相连接;这一点画法必然触及我们,并把我们与油画的表象联系起来。"[①]此时,看画的观众与画中人物开始产生互动。"在表面上,这个场所是简单的,它是一种单纯的交互作用:我们在注视着一幅油画,而画家反过来也在画中注视我们。没有比这更是面对面的相遇、眼对眼的注视,以及当相遇时直率的目光相互叠加。"从福柯这段分析中可以得出,真实现实中的人与虚拟现实中的人产生互动,是由于观众在体验绘画时,误将真实现实与虚拟现实相混淆,从而导致观众的视觉被画中内容所"蒙蔽",是"油画模仿着空间"的结果[②],这显然具有异质空间性质。福柯上述所提到的第二个原则认为绘画的"相似与对表达上的联系的确认之间有对等"。它表明绘画所要表达的内容,与其文字表述的信息应一致且"对等"。然而,在超现实主义文学和绘画当中,把文字引入画中,与画面所表达的图像意思却常常截然相反,显然,这是在异质空间不"对等""对话"时所导致的结果。超现实的本质是虚拟现实,

---

① 米歇尔·福柯.词与物:人文科学考古学[M].莫伟民,译.上海:上海三联书店,2001:5.

② 周舒.福柯的绘画观[J].北京青年政治学院学报,2005(4):75-78.

而文字表达的语境和意思却指向真实的物理现实，从而使观众在读画时容易产生那种在异质空间中，所出现的混合现实矛盾心理。例如，《这不是烟斗》[①]是比利时超现实主义画家勒内·马格利特(Rene Magritte，1898—1967)在1926年创作的作品(图4-2)，1966年再次重画，前后两件作品同一个内容时隔40年。早年的原作犹如黑板画，并运用写实手法，无背景衬托悬空画了一个大烟斗，题为“两个秘密”(Les Deux Mysteres)。1966年创作的作品采用写实手法将烟斗一丝不苟地画在画布上，完工后用标准工整的手写体法文画在画面上，看上去写实逼真，并无

图4-2　作品《这不是烟斗》，勒内·马格利特创作于1966年

① 叶秀山."画面""语言"和"诗":读福柯的《这不是烟斗》[J].外国美学,1994(10).

摹绘自然既存物的痕迹,画中所出现相悖的意思却同时置于一幅画中。画布上明明白白画着烟斗,而画的题目却写着"这不是烟斗"。福柯认为,若根据人的传统读画习惯来说,这个题词似乎很令人费解,但如果沉思掂量,却觉得很有道理。一般人们读画的习惯是将画上的景物理解为与现实物体相对应,是现实既存物的代表,而这幅画的标题却指示着既存物。在这里"实物"的"代表"就是绘画模仿真实现实中的实物,是虚拟现实,而标题却引导观众指示着真实现实中的"实物",即画框、画布、颜料。从而容易使观众在体验这幅作品时,将真实现实和虚拟现实相混合并引起困惑。"这不是烟斗"这个醒目的标题,就如同一个人用手指着一个现实真实的烟斗,但马格利特这幅作品标题里的"这",常态下的读画心理应当被理解为画中的烟斗,而画上的烟斗实际上是手绘的虚拟烟斗。如果马格利特在此画的不是烟斗,而是打火机,则题目也可改为"这不是打火机",若此,人们也许能够理解标题的意思。画打火机不可能真的用来点火,画烟斗也不能真的抽烟,所有画上去的道具并非是真实现实的烟斗、打火机,画中这些形象只不过是人模仿自然实物的结果,充其量顶多是照相机镜像反射原理的体现。

可见,画中之物,无论描绘得多么写实,它不过是虚拟现实之物。而画上的烟斗形象则是由真实物理世界中的绘画材料所构成。画、既存物、标题实际上是三种不同性质的事物,三者间只有某些相似性,或者是相似物,然而相似物毕竟不同于表象物。在这里如果按照古典绘画拥有记录功能来理解的话,那么,"画"和"标题"都是现实既存实物的表象。表象本身只是既存实物的虚拟代表,并不具有实物的可使用性。表象所表达的意思和实物本身是一回事，二者间并未被割裂。既存实物是实体，而表象则表现为虚拟的指代符号，虚拟的指代符号就是虚拟现实。可见，这幅作品运用把标题和形象关系打乱的手法，证明了在绘画体验中，既可用异质空间混合现实的眼光去把握作品的本质，也可以运用异质空间原理，从形象的等同性和确认性的逻辑关系解脱出来。与马格利特相比，另一位超现实主义绘画大师萨尔瓦多·达利(Salvador Dali，1904—1989)，无论其绘画作品，还是个人的影响力都远胜同时代其他超现实主义画家。如果说达利以纯主观梦境般的幻觉手法去表现虚拟现实，而不是以对等的"相似性"去"表象"代表"实物"，那么，人们不禁要问，异质空间中的混合现实现象在达利的作品与观众间还是否存在？事实证明，观众从达利的作品中很快就能体验到什么是异质空间的"真实"，什么是"虚拟"，画中的人造虚拟世界虽然美妙，但与真实现实世界却有着明显的区别，画面中的场境似乎想引导人们从异质空间的真实世界走向虚拟世界，观众的视知觉并没有被蒙骗。正如罗伯特·休斯所分析的那样："在达利这里，人们永远是通过颠倒的望远镜去观察鲜明清楚的、被抑制的、皱缩的世界的，它的深度透视和清晰的幻觉阴影能迷惑眼睛，但不能吸引身体，人们不能想象自己可以走进这个风景中去，甚至接触它也不行，因为它完全是幻影。他的《记忆的持久》(1931)等小幅油画仍保有它们的魔力，因为它们是不能证实的。人们必须接受这片伸展而光滑的海滩，这些融化的表和那堆生物形态的东西。"①达利的作品虽然运用了幻觉符号和虚拟现实手法，使画中

① 罗伯特·休斯.新艺术的震撼[M].刘萍君，汪晴，张禾，译.上海：上海人民美术出版社，1989：208.

场境被“表象”成人造虚拟“实物”，但在真实现实和虚拟现实之间，观众却能用异质空间的欣赏眼光去体验并加以清晰地甄别。无疑，作品本身找到了一种荒诞但符合虚拟现实逻辑的“表象”语言，它为数字时代影像艺术借鉴同类性质的虚拟现实提供了经典范本。

在影像领域，混合空间是许多影片主要的表现手法，尤其是科幻类影片更是将这一手法运用得驾轻就熟。《哈利·波特》是英国女作家 J. K. 琳创作的系列小说，共有 7 部，先后被拍成电影，在全世界放映引起了轰动，整部影片气势恢宏，栩栩如生。J. K. 罗琳将传统文学与欧洲古代神话的表现手法相结合，创作出了异质空间亦人亦神的混合现实模式。《黑客帝国》是基努·里维斯的代表作。影片讲述了网络黑客尼奥在矩阵世界里的遭遇，矩阵世界虽为虚拟，却与真实世界一样被某种力量控制着。相反，处于现实场景中的人类为了能成功反抗这种神秘矩阵世界中的力量，进行了不懈的努力，最终使主人公尼奥回到了真实世界中。《黑客帝国》所表现的混合现实，使观众经历了从虚拟现实到真实现实的异质空间的体验，正如《艺术与混合现实》一文所列举的那样：“1999 年上演的影片《异次元骇客》(*The Thirteenth Floor*)和《黑客帝国》(*Matrix*)都反映了我们已经或即将生活在杂种空间(异质空间)的观念。”[①]无论是数字影像装置艺术、绘画，还是影视剧，混合现实的异质空间基本原理都具有相似性，但体验的方式却不一样，从而导致体验的效果各不相同。因为，体验必须是在一定的场所环境中，体验的程度也因艺术种

① 黄鸣奋. 艺术与混合现实[J]. 东南大学学报(哲学社会科学版)，2008(6)：74－78.

类和表现方式的不同而有所差异。一种情况下,数字公共艺术混合现实与虚拟现实体验,允许观众保持与真实世界的联系;另一种情况下,虚拟现实沉浸式体验必须是在一个特殊的场所中由计算机模拟周围环境,并切断观众与外界的知觉联系,使其五感完全沉浸在虚拟世界中。以绘画为特征的混合现实体验不同于数字化虚拟现实的沉浸式体验,绘画所追求的真实现实和虚拟现实的交叠体验,利用的是艺术的幻想空间或复制真实空间,从而达到体验的目的。此类体验仅仅是单向的,它并不构成观赏者直接介入空间成为现实中一分子。就像达利的作品,无论画面幻想空间如何美妙,观众也不可能走入其中一样。与绘画不同的是由于影视虚拟艺术为有声动态艺术,随着剧情的不断深入,往往能够将观众的情绪带入跌宕起伏的剧情中,从而使观众与主人公"同呼吸共患难"。《哈里·波特》与《黑客帝国》之所以有如此大的吸引力,就在于混合现实对剧情刻画的成功。而在某些具有现场表演形式的大型音乐会或开幕式上,混合现实则表现为强烈的异质空间现象,并以增强现实(Augmented Reality)的形式出现。增强现实一部分属于镜像复制类虚拟现实(异托邦),另一部分则属于表现类艺术图形。演员在舞台上表演,现场利用数控影像投影技术将整个舞台环境营造成所需要的场境,如大海、云雾等自然景观,并在身后的屏幕上播放与表演内容相关的背景影像,虚拟出一个幻象现实的场境,以达到混合现实的目的。2004 年的雅典奥运会开幕式、2010 年上海世博会开幕式、2010 年南非世界杯开幕式,无不以异质空间增强现实的手法渲染和加强场所表演的真实意境。可见,"它是以真实世界为本位,强调让虚拟技术服务于真实现实"。"混合现实对真实世界和虚拟世界一视同仁，不论是将虚拟物体融入真实环境，或者是将真实物体带入虚拟环境，都是允许的。”①

总之，混合现实体验源自异质空间。一方面，体验者借助数字公共艺术形式，完全沉浸在异质空间“场”的真实世界与虚拟世界的无缝对接中，从而融入亦虚亦实、亦幻亦真、虚虚实实、真假难辨、水乳交融的理想境界。另一方面，这是体验者对异质空间中的数字艺术混合现实特性的体验，从而使之能够辨别其差异性，感悟到不同“异质”现实的魅力。

第二节　非“线性”读图：混合现实体验的兴趣取向

非“线性”读图是数字公共艺术混合现实体验的显著特征之一，也是公众混合现实体验的兴趣取向所在，显然，这是由于计算机为人类提供了这一有别于传统读图方式的技术支持，从而使读图时间可以被人为地“操控”。客观上，“数字艺术中时间的存在不同于肉身世界时间的存在，它没有光阴荏苒，太阳不需要缓慢升起或落下，迎接夏日温暖的来临不需要熬过冬日寒冷，非‘线性’状态使我们可以在分秒之间从幼年到暮年。时间和空间的数字裂片在这里发生超现实形式的碰撞，我们的肉身经验与数字观念在赛博空间裂变，肉身形态在向数字形态转换。”②传统艺术分类法总是将舞蹈、戏剧和音乐看作是时间艺术，而绘画、雕塑、建筑艺术则被看作是“独立于时间之外的空间艺术”。以

① 黄鸣奋．艺术与混合现实［J］．东南大学学报（哲学社会科学版），2008(6)：74－78．
② 刘自力．新媒体带来的美学思考［J］．文哲史，2004(5)：13－19．

线性方式体验此类艺术，似乎是一个亘古不变的规律。当然，有理由认为，时间流逝的不可逆性，规定了对传统艺术的体验，线性是唯一的方式。然而，进入机械复制时代，这一切都已发生了革命性的改变。正如瓦尔特·本雅明在《机械复制时代的艺术》一书中所指出的那样："毫无疑问，舞台演员的艺术表现是通过演员个人表演为公众提供绝对的角色人；相反，电影演员所做出的艺术成就则是由某种机械体现的，后者具有双重效果。……在摄影师的指导下，摄像机总是不断地改变镜头来对准演出现场。电影的这种状态是通过按照剪辑顺序提供给它的材料组接在一起的，一种由剪辑合成的电影也由此产生。""1932 年，阿恩海姆说，电影'最新的发展趋势……对待演员要像人们精心选择的道具那样……在适当的地方插入'。……与此密切相关的则是另一些现象：舞台演员进入自己的角色中，电影演员则常常做不到这一点。他的表演并不是一个统一的整体，它是由众多不同的表演组成。……这些机械作为本质的必然性，将把演员的表演分割成一系列可剪辑的片段。"①自从人类进入机械复制时代，以电影为代表的剪辑方式便开始出现，电影根据剧情所需对影像片段可以剪辑组合，从而使得这一艺术形式能够反复回放并可选择片段观看和修改，只不过修改的成本不菲。"在编辑时通常使用组合编辑将素材顺序编辑成新的连续画面，然后再以插入编辑的方式对某一段进行同样长度的替换，但要想删除、缩短、加长中间的某一段就不可能了，除非将那一段以后的画面抹去重录，这是视频节目的传统编辑方式，必须顺序寻找所需要的

---

① 瓦尔特·本雅明. 机械复制时代的艺术：在文化工业时代哀悼"灵光"消逝[M]. 李伟，郭东，编译. 重庆：重庆出版社，2006：14－16.

视频画面，完成出入点设置、转场方式等。”[①]可见，在传统线性编辑时代，影视作品受抑于技术，观众还无法以数字化非“线性”的方式去自由体验影像作品。只有进入计算机时代，数字技术介入之后，用非“线性”的方式去自由体验影像艺术才成为可能。非“线性”编辑“可以不按照时间顺序编辑，它可以非常方便地对素材进行预览、查找、定位、复制、剪切、粘贴、设置出点入点等”[②]。一般而言，事物的变化往往通过时间的消耗来描述，因此，时间是衡量宇宙万物变化的尺子。无论是传统影像，还是数字影像，影像记录都是通过时间的广延性才得以体现。影像中每一情节的变化，都是时间长短持续的反映，是某一特定时刻、特定阶段所看到的具体内容。传统线性编辑在高成本的前提下，虽然可以剪辑，任意编排内容，但最终必须以完整连续的情节将影像秩序地制成放映片。然而，观众的观赏却不可能自由任意地跳转、回放，或直接参与剧情的发展等非“线性”体验。与之截然不同的是，影像类数字公共装置艺术却能够做到。由于这类作品必须具备公众参与的特性，在影像构成的安排上，常常设计成多种不同的内容，假设路径以供观众自由选择，所涉及的内容数据，观众能够自由设定，且时间和历史空间可以随意截取或回放，前后内容也可打散重新按照观众的意愿进行假设。例如，陈列于荷兰海牙国家自然博物馆中，根据由挪威探险家阿蒙森和英国探险家斯科特分别领衔的探险队，于 1910—1912 年赴南极探险为原型而改编的装置艺术就是典型的案例。由于此次两支探险队的结果不同，后经艺术家根据历史真实资料创作、设

① 张勇.线性和非“线性”编辑的综合应用研究[J].中国有线电视，2003(6)：73 - 76.
② 张勇.线性和非“线性”编辑的综合应用研究[J].中国有线电视，2003(6)：73 - 76.

计出了该数字公共装置艺术。设计师运用计算机编程技术,预设了多种探险结果让参与的观众自由选择。参与者可根据自己对探险活动的理解,任意组合出发团队成员并各自负责设计自己的出发路线、天气、食物、运载工具等。虚拟选择的方式有多种多样,最后看哪位参与者能最先到达目的地并安全返回大本营,哪位参与者因计划的不合理而告失败,因何中途退出等。故事情节可以随意发挥,但必须要给出合理的逻辑关系。从这一例子中不难看出,观众的体验和互动参与方式,既可选择线性也可选择非"线性",一切均取决于观众对该装置艺术精神的解读。不过,从现场展呈互动效果来看,选择非"线性"的观众人数占绝大多数。值得注意的是:究竟选择线性还是非"线性"体验,最终取决于观众的欣赏兴趣,这也决定了体验作品时间的长短。与传统影像体验方式相比,数字影像公共艺术在选择读图的兴趣点上,利用计算机非"线性"的技术特点,无疑拥有绝对优势。观众能够随意截取感兴趣的部分去体验,从而使漫长的整片时间浓缩为一瞬间。与此同时,几乎所有参与互动式装置艺术的观众,都曾感受过娱乐时间的短暂。选择线性还是非"线性"体验,"就我们自己所看到的程度来说,是一个超然于时间之外的整体"①。这个整体由人的心理因素所决定。如"一辆在高速公路上行驶的小汽车,它给我们造成的经验是在空间中运动,而不是在时间中运动"②。这是因为小汽车快速的视觉感能牢牢抓住人

① 鲁道夫·阿恩海姆.艺术与视知觉:视觉艺术心理学[M].滕守尧,朱疆源,译.北京:中国社会科学出版社,1984:516.

② 鲁道夫·阿恩海姆.艺术与视知觉:视觉艺术心理学[M].滕守尧,朱疆源,译.北京:中国社会科学出版社,1984:516.

的视线，使人忘记了时间的存在。就如同北京奥运会开幕式上的火炬手在空中漫步一样，观众只能感到行走者在空中运动，而不会感到在时间中运动一样。可见，就体验者来说，对内容的兴趣点与美感的关注，才是决定究竟选择线性还是非“线性”体验的真正内因。而作为体验对象则在于条理清晰的次序能否抓住观众。“如果一个事件没有一定的条理和不容易把握时，其中的次序就无异于一种纯粹的连续，因为它已经失去了时间这一重要特征。即使是这一纯粹的连续，也只有当它的成分被压缩到眼下这一瞬间时，才能见出它的存在；超出了这一时刻，它们就陷入了混乱的无秩序状态。由于时间不是创造它的秩序的因素，各种成分之间也就不是由时间纽带连接起来的。在这种情况下，只有秩序才能把时间创造出来（或体现出来）。”[①]也就是说，事物内部本身的秩序是否具有某种吸引力，才是决定观众体验时间长短的因素，它决定着观众采用线性还是非“线性”体验的内驱力。秩序对于不同的事或不同的物有着不同的意思，显然，在这里秩序具有艺术的逻辑性和艺术水准的含义。对于数字公共艺术来说，只有那些秩序良好的影像作品才能够吸引观众，这是人们感兴趣而选择线性体验的内因。那些只有部分内容能够打动观众的艺术，被选择跳转或择段而观的非“线性”体验便在所难免。相较于回忆，数字公共艺术现场体验可以是线性也可以是非“线性”，但回忆作为一种体验方式，大多数情况下属于非“线性”体验。如果影像中的某一事件在整个叙事序列中

① 鲁道夫·阿恩海姆. 艺术与视知觉：视觉艺术心理学[M]. 滕守尧，朱疆源，译. 北京：中国社会科学出版社，1984：571. 阿恩海姆摘自原文：莫里斯·梅洛-庞蒂《知觉现象学》，法文原版，1976 年，第 469 页。

并没有特别重要的地位，那么这一事件将与时间不会产生关系，忘却是必然的，它不会在整个记忆链中维系太久的时间。如果这一事件处于这个序列中的核心位置，人们将很容易记住。当然，具体的时间容易忘却，而它在整个秩序中的地位却不会被忘记。就如同2004年希腊雅典奥运会一样，至今，人们仍不能忘却体育场中央碧蓝清澈的虚拟“爱琴海”和用数字技术所自由组合的动态化人面雕像、岛屿、树木以及双螺旋体全息三维激光雕塑等。回忆作为体验的方式，只有那些使人感兴趣的、美好的、重要的体验片段才能够存留在人们的记忆中。

由此可见，非“线性”读图是数字公共艺术混合体验的一大显著特征，观众究竟选择哪种读图方式主要取决于作品本身的兴趣点，只有那些事物内部秩序具有某种吸引力的作品，才能够决定和左右观众选择读图的方式，非“线性”无疑丰富了观众读图的选择权。

第三节　“在场”与时间：混合现实体验的“场”性特征

梅洛-庞蒂认为：“如果时间性类似于一条河流，那么时间从过去流向现在和将来。现在是过去的结果，将来是现在的结果。”[①]它表明了一般情况下，艺术的体验是按照时间前后顺序排列的，从而应验了“时间性是内在意义的形式”观念。[②] 因此，人们对所有事物的体验是以场所为根据的有序的排列，并且与时

① 莫里斯·梅洛-庞蒂.知觉现象学[M].姜志辉，译.北京：商务印书馆，2001:514.
② 莫里斯·梅洛-庞蒂.知觉现象学[M].姜志辉，译.北京：商务印书馆，2001:514.

间有着紧密的联系。混合现实体验和观众、体验对象是否“在场”有关。“在场”具有两层含义，一方面指的是“现场的在场”，即人与体验对象都在场，并且体验对象是以“现场的在场”的真实展现方式出现的。如2010年上海世博会开幕式中大量的数字化公共艺术作品就是很好的范例。由于开幕式严格按照时间序列进行，因而绝大部分节目属于线性体验。另一方面“现场的在场”还表现为，观众虽然“现场的在场”，但体验对象并不在现场，体验对象只是通过视频显示方式才得以展现。如果不是现场直播，那么所展示的内容具有非“线性”性质的体验居多。观众可以单人操控体验对象，也可以多人共时性地体验。然而若是现场同步直播体验内容，那么只能是线性体验，因为现场直播的方式如同镜像反射，它表现为现场在场的镜像复制，不具有时间的逆转性。

一、“在场”与非“在场”：数字公共艺术体验的自由

在数字公共艺术混合现实体验中，“在场”与非“在场”最能够体现数字艺术体验的场所特征，而非“在场”则是其体验的一大特点。几乎所有的艺术体验都牵涉“在场”问题，然而，要弄清“在场”、非“在场”的体验关系，必须要回答“在场”的场所时间性问题。梅洛-庞蒂认为：“在事物本身中，将来和过去在一种预先存在和永恒存在之中；明天将流过的水流目前在源头，刚刚流过的水流目前在不远的下游山间。……人们经常说，在事物本身中，将来还没有来到，过去已一去不复返，确切地说，现在只不过是一种界限，因此，时间在崩溃。这就是为什么莱布尼茨能把客观世界定义为 mens momemtanea（时间的精神），这就是为什么

奥古斯丁为了构造时间，除了现在的在场，还需要过去的在场和将来的在场。"[①]由此可见，以现在的在场作为过去与将来时间分界线的话，它所体现的时间顺序是线性的。那么"过去的在场"和"将来的在场"如何表现和界定？"心理学家试图通过回忆来解释过去意识。"[②]他们认为："身体是一个负责保证以直觉方式实现意识的'意向'的动作表意器官。但是，这些意向附着于保存'在无意识中'的回忆，过去向意识的呈现仍然只是一种实际呈现"。"德裔美籍的建筑师卡尔曼(Gerhard Kallman)曾说过一个故事，清楚地表达了这个意义。在第二次世界大战末期，当他重返离开多年的故乡柏林时，他所想看的是他在那儿长大的房子。那栋他迫切盼望能在柏林见到的房子已消失了，因此卡尔曼先生便有点失落的感觉。突然间他想起了人行道上典型的铺面：小时候他曾经在那地面上玩耍。于是乎他产生了一种已经回家的强烈感受。"[③]这个例子表明，这些典型的铺面"不能通过本身回到过去"，"它们在眼前，之所以找到某个以前事件的一些迹象，是因为，他从别处得到过去的意义，是因为他接受这种意义"。"别处"也就是"他在那儿长大的房子"，房子虽然不在了，但他通过铺面找到以前"房子"的迹象。"这种在眼前的知觉不能向我指出一个过去的事件，除非我对我的过去有另一种能使我把知觉当作回忆的看法。"[④]由此可见，回忆只是把"现在的在场"的"物"当作回忆过去事件的"引子"。而"现在的在场"的

① 莫里斯·梅洛-庞蒂. 知觉现象学[M]. 姜志辉，译. 北京：商务印书馆，2001:514.
② 莫里斯·梅洛-庞蒂. 知觉现象学[M]. 姜志辉，译. 北京：商务印书馆，2001:516.
③ 诺伯舒兹. 场所精神：迈向建筑现象学[M]. 施植明，译. 台北：田园城市文化事业公司，1995:21.
④ 莫里斯·梅洛-庞蒂. 知觉现象学[M]. 姜志辉，译. 北京：商务印书馆，2001:517.

“物”虽然是过去遗留下来的历史遗迹，但它仍只是“现在的在场”的知觉产物，仍旧表现“现在的在场”性，而“过去的在场”只能借“现在的在场”的“景”生情回忆罢了。例如，2008年北京奥运会的开幕式中所展现的中华古代四大发明，“现场的在场”运用了大量数字化的图形、图像以表现对历史的回忆，虽然这些感官上有着历史印迹的道具只是“现在的在场”景物，其本身作为“现在的在场”之“物”并不是历史，它们只是知觉的产物。然而，由于人们能够“把知觉当作回忆的看法”，因此“过去的在场”便得以呈现。关于“将来的在场”，梅洛-庞蒂认为：“任何一种实际内容也不能被当作将来的证明，因为将来还没有来到，不能像过去那样在我们身上留下它的标记。因此，只有当我们等同地看待将来与现在的关系和现在与过去的关系，我们才能解释将来与现在的关系。”“事实上，展望可能是一种回顾，将来可能是一种过去的投射。”如果把“现在的在场”作为“呈现场”的话，人们就会与时间建立某种联系，因为无论多么遥远的过去也会有它的时间顺序，与现在相对人在场的一个时间位置，“因为它曾经是现在”。因此，从这种意义上说，“将来的在场”暗含着过去的类似性。“如果展望是一种回顾，那么无论如何它是一种预料的回顾，人们如何能预料是否有将来的方向？人们说，我们‘通过类比’推测，这个不可比较的现在将同其他所有现在一样流逝。但是，为了在过去的现在和实际的现在之间进行类比，实际的现在不仅应该作为现在呈现出来，而且也应该马上作为一个过去已经显现出来。总之，时间的进程最初不仅应该是从现在到过去的转变，而且也应该是从将来到现在的转变。如果人们能说任何展望都是一种预料的回顾，那么人们也能说任何回顾也都是一种反向的展望”①。如此来说，观众预料自己在北京奥运会开幕式之前已在体育场，知道开幕式发生在他在体育场等待期间。说明整个活动的发生既可以是“预料的回顾”，也可以是“反向的展望”，一切取决于说话的人“现在的在场”说话动机，如果整个活动发生在说话之前(现在的在场)，那么就是回顾，如果发生在说话之后，就是展望。

人们对传统公共艺术的接受，都是以“在场”的线性方式体验，观众所看到的作品呈现内容，都是以时间的接续方式序列完成的完整整体。然而，在数字时代，体验的“线性”与“非线性”、“在场”与非“在场”的时间序列的可变性，使得人们对数字作品的“回顾”“展望”已变得十分模糊，某些展呈场所，如博物馆、游乐场、网络虚拟现实公共空间、观众对数字公共艺术作品的体验完全可以忽略对事件“在场”发生的体验。身处于在数字欣赏环境里，“在场”、非“在场”的界限已被消解。

总之，很多情况下，人们对数字公共艺术的体验都是以“在场”和非“在场”的混合方式进行的，人们既可以选择“在场”体验，也可以选择非“在场”体验，反映出数字公共艺术体验的自由性。

二、“此在”：体验的瞬间

“此在”是体验的瞬间。“此在”所要表达的是体验的时间概念。对数字公共艺术混合现实体验的时间性，表现在“此在”与非“此在”的自由选择上。真实现实场所中，数字公共艺术的“此

① 莫里斯·梅洛-庞蒂. 知觉现象学[M]. 姜志辉，译. 北京：商务印书馆，2001：518.

在”与“在场”联系紧密，是历时性体验的反映，而在虚拟现实场所时间域中对相关数字公共艺术的体验，则常常表现为“缺场”的非“此在”的“在场”体验。

海德格尔关于《存在与时间》的论述表明：“此在的意义是时间性。”“时间是存在的境域，是此在之存在的意义所在。”[①]又说：“作为我们称为此在的这种存在者的存在之意义，时间性将被展示出来。我们将把暂先展示的此在诸结构作为时间性的诸样式重新加以阐释，时间性之为此存在的意义这一证明也由这一解释得到检验。把此在解释为时间性，并不就算为主导问题即一般存在的意义问题提供了答案，但却为赢得这一答案准备好了地基。”[②]海德格尔进一步指出：“此在包含有一种先于存在论的存在，作为其存在者上的机制，此在以如下方式存在：它以存在者的方式领会着存在这样的东西。确立了这一联系，我们就应该指出：在未经明言地领会着和解释着存在这样的东西之际，此在所由出发之域就是时间。我们必须把时间摆明为对存在的一切领悟及对存在的每一解释的境域。必须这样本然地理解时间。为了让人能够洞见到这一层，我们须得始源地解说时间性之为领会着存在的此在的存在，并从这一时间性出发解说时间之为存在之领悟的境域。”[③]海德格尔这段话表明，“此在”“在场”与“场所”“时间”的辩证关系，是紧密不可分离的关系，任何读图的方式都离不开对“此在”与“场所”关系的认识。对传统艺术而言，“此在”表现为“在场”的读图方式，人只有处在“现场”才能读

① 邹铁军.论海德格尔的此在解释学[J].长春市委党校学报，2001(3)：12-15.

② 海德格尔.海德格尔存在哲学[M].孙周兴，等译.北京：九州出版社，2004：25.

③ 海德格尔.海德格尔存在哲学[M].孙周兴，等译.北京：九州出版社，2004：25.

图。相反，对数字公共艺术来说，读图则可表现为“离场”“缺场”，或者是“离场”“缺场”“在场”的混合体验，是共时性的体现。“此在”的真实现实状态，是构成场所中实际存在的相关可能的具体艺术，它表明是对一切物理艺术作品的“原创性”“唯一性”的体验。“此”是作品现场“时间性”的存在，如此，场所的时间观念与“此在”有着紧密的联系，它由现在、曾在和将来构成完整一体的时间次序。对于“此在”场所中真实现实的当前数字作品的体验，必然表现为瞬间、片刻，具有时空性。海德格尔说：“此在是因果断崖的，本质的时空性。”[①]当前“此在”的体验瞬间始终含有过去和将来。真实现实的当前，对此时的界定仅仅表现为瞬间，它既把过去和将来隔开，又把过去和将来维系起来，从而形成线性的曾在、现在和将来。在肉身真实场所中，人们对于数字公共艺术的体验都是按照这一时间规律行进着。这三者的关系构成了时间三维。从“此在”的真实现实中所体现出来的“历事”性，很显然带有线性特征。观众处在真实现实场所中，对以真实现实空间为视觉呈现场的数字公共艺术的体验，具有这样的体验性质。诸如，以各种不同数字艺术形式介入混合空间的文艺表演、大型综合运动会的开幕式、文艺晚会等均属此类。而人对于纯粹的二维数字平面媒体形式出现的虚拟公共“场所”中的数字公共艺术的体验，“此在”表现为“线性”，也可表现为“非‘线性’”，是“历时性”的选择，也可是“共时性”的选择，从而表现出体验的自由性。

由此可见，“此在”与场所关系密切，“此在”是场所的“此

---

① 包向飞.乌托邦和拓扑发生学：比较康德的主体和海德格尔的此一在[J].现代哲学，2009(4)：88－92.

在”,传统艺术的“此在”与场所的“在场”体验只能是线性的历时性“在场”体验。数字公共艺术的“此在”的“在场”体验,既可表现为“在场”的线性体验,也可表现为“非在场”的“非‘线性’”体验;既可表现为历时性的体验,也可表现为历时性、共时性、线性与非“线性”的混合体验。总之,“此在”的本质表现为与“在场”紧密联系的时间域和历史性的“断崖”存在,“正因为时间性是此在存在的境域,因此,此在的存在是一种历史性存在,海德格尔把它称为‘历事’。根据这一原理,此在就是历史性本身。时间就是此在,此在就是时间,时间就是时间性,是对时间的本真的规定”①。真实现实对场所中数字艺术“此在”存在的体验必然表现为历时性,而在数字虚拟公共“场所”中对艺术作品的体验,则为历时性与共时性的混合体现。“此在”反映的是当前的时间性,是时间短暂的瞬间,而过去与将来才是时间永恒的流逝与延伸方向,因此,“此在”只是体验的瞬间。

第四节 “沉浸”“遥在”:混合现实体验的主要方式

人们对于数字公共艺术混合现实及其视觉“符号”的体验,主要依赖于“沉浸”和“遥在”两种数字艺术形式。“沉浸”或“遥在”式体验,可以使人们获得机会去解读和捕获同一场所中混合现实数字艺术信息,不过,这样的体验必须具备相应的设备条件和可操作性,而建造真实现实“场所”沉浸环境需要依赖大量的人力资源

① 邹铁军.论海德格尔的此在解释学[J].长春市委党校学报,2001(3):12-15.

和高额的经济运作成本。相反,在某些情况下,运用计算机虚拟现实手段建造的沉浸环境,会以较少的投入创造出类似的现实沉浸场境,并能获取接近真实现实的体验效果。当然,并非所有的虚拟现实体验都可以取代真实现实体验。在有限的条件下,人们为了获得最佳的体验效果,多会择法获取真实现实"沉浸"与"遥在"两种混合现实手段,这不仅能够改变或影响人们选择客观真实世界艺术的体验方式,而且还能够重构艺术的体验模式。

一、"沉浸"式数字公共艺术:混合现实体验的主体

沉浸式数字公共艺术,是以营造特殊的环境场所为体验条件的虚拟现实艺术。一方面,它以真实现实"场所"作为体验的存在条件;另一方面,又依据各种数字多媒体虚拟现实手段,创作一个沉浸式混合现实虚拟空间。"沉浸"释义为"沉入"。韩愈《进学解》:"沉浸浓郁,含英咀华。"[①]指的是读书人沉入内容醇厚的书籍中,仔细品味吸收文中的精华。"沉浸",在数字媒体虚拟现实中的使用,意味着"计算机媒体不仅提供了某种我们可以将自己的幻想付诸实施的地方。不论幻想本身的内容如何,亲历仿真之境的体验都是令人愉悦的。我们将这种体验称为'沉浸'。这个术语来自生理体验。当我们被投入(或者是跳到)水中时,所面临的是完全不同于空气介质的包围。这种介质吸引了我们几乎全部的注意力,带给我们完全不同的感受"[②]。沉浸性多表现为视觉感知,人的知觉感知绝大部分依赖于此。场所中,"知觉的'某物'总是在其他物体中间,它始终是'场'的一部

---

① 辞海(缩印本)[M].上海:上海辞书出版社,1979.

② 黄鸣奋.新媒体与西方数码艺术理论[M].上海:学林出版社,2009:394.

分。一个绝对均匀的平面不能提供任何可感知的东西,不能呈现给任何一种知觉"①。因此,场所中的人对于环境的感知必然由一系列能够引起人视觉反应的混合现实刺激物所组成。数字公共艺术在营造场所沉浸气氛时,通常利用各种声、光、电等数字技术手段,将环境筑造成一个由整体综合材料所建构的,与外部环境隔离的空间。"如果我们至少在心理上体验到我们在感知孤立的知觉材料,那么孤立的知觉材料是难以理解的。"②因为个别单独的"孤立的知觉材料"在一个场中很难引起人的沉浸心理共鸣,只有当整体环境对人的意识引起呼唤时,人的知觉才不会"感知孤立",才会陷入沉浸。

沉浸式艺术出现在人类社会已有很长的历史,目前幸存下来的沉浸式艺术,多与壁画、建筑有关。绘于公元前 60 年的庞贝城米斯特里别墅第 5 号房间壁画(图 4-3)中的巨大饰带就是

图 4-3　庞贝城米斯特里别墅第 5 号房间壁画

① 莫里斯·梅洛-庞蒂.知觉现象学[M].姜志辉,译.北京:商务印书馆,2001:24.

② 莫里斯·梅洛-庞蒂.知觉现象学[M].姜志辉,译.北京:商务印书馆,2001:24.

一例。“在热烈的红色背景和边界部位大理石镶嵌物上，29 个高度写实的、真人大小的画像，聚集在 5×7 米大的 oecus 上。这幅壮观的绘画几乎占据了观众的全部视野。这个房间的位置并不隐蔽，很容易从与建筑的西南边相接的地方，经由一个露台找到。除了这面墙上的这个不到 3 米宽的开口，来到这个房间的参观者被集时间于一体 360 度视线所包围。总体的效果是为了消除观众和图像之间的障碍。具体的做法是利用幻觉技法使观众获得全方位的感官体验。”[①]这个例子告诉人们，沉浸式体验并非是数字时代才出现的产物。虽然如此，早期的沉浸式艺术体验场的环境建造，仅仅停留在静态的水平中，因此，这类体验并不是真正意义上的沉浸式体验。当然，早期的沉浸艺术和中世纪的沉浸艺术，其共同特点都是努力朝着接近真实的沉浸式环境场所目标设计。这类环境场所往往被设计成有变形能力的并集建筑、光线、壁画为一体接近于真实环境的宗教体验场。在这样的场所中，所有的设施和环境氛围营造都紧紧围绕着宗教主题，以便能够使虔诚的教徒沉浸在与上帝心灵对话的场境中。文艺复兴时期，以费里波·布鲁内列斯基(Fillipo Brunelleschi，1377—1446)为代表的艺术家们通过对透视学的研究，掌握了真实空间的纵深感，并利用透视学原理，准确真实地将物体三维空间表现在二维平面上，如布鲁内列斯基于 1516—1518 年创作的《展望大厅》就是当时所产生的许多杰出作品之一。该作品“成功地‘把有景观的独立墙面组合到一起，形成一个整体空间’”[②]。19 世纪的全景画曾经有过一段黄金期，在当时，创作全景画的

① 奥利弗·格劳. 虚拟艺术[M]. 陈玲，等译. 北京：清华大学出版社，2007：18.
② 奥利弗·格劳. 虚拟艺术[M]. 陈玲，等译. 北京：清华大学出版社，2007：28.

目的就是为了营造沉浸气氛，如表现1870—1871年普法争中的重要战役《色当战役》全景画(图4-4)就是其中的代表。然而，随着20世纪电影的出现，这一沉浸式艺术种类很快便消失，继而被动态化的电影声、像技术所取代。到了20世纪中期影像仿真技术已日趋完善，设计师把对观众多重感觉的控制作为沉浸艺术的追求目标。进入电脑网络时代，数字公共艺术混合现实作为沉浸式体验的一种艺术形式，其存在与发展肇端于计算机多媒体技术与艺术的融合。与传统媒介体验方式相比，混合现实沉浸式体验无疑有着自身巨大的优势，其中，由于数字信息、虚拟现实手段的介入，使得沉浸式体验的实现变得越来越接近真实现实。“比特，作为‘信息的DNA’，正迅速取代原子而成为人类社会的基本要素。比特与原子遵循着完全不同的法则。比特没有重量，易于复制，可以以极快的速度传播。在它传播时，时空障碍完全消失。原子只能由有限的人使用，使用的人越多，其价值越低；比特可以由无限的人使用，使用的人越多，其价值越高。”①“比特没有颜色、尺寸或重量，能以光速传播。它就好比人体内的DNA一样，是信息的最小单位。比特是一种存在的状

图4-4 《色当战役》全景画(局部)

① 尼古拉·尼葛洛庞蒂.数字化生存[M].胡泳，范海燕，译.海口：海南出版社，1996:3.

态:开或关,真或伪,上或下,入或出,黑或白。”[①]依此传播工具,信息能够跨越时空的局限进行交流,甚至能够运用所开发的数字技术系统虚拟出自然环境,作用于人的感觉器官。由声、光、电构成的人造自然利用人的感知生理特性,使观众在特殊的环境中,进入一个真假难辨的混合现实人造环境中,这就是“沉浸”。沉浸不仅意味着参与者产生幻觉,全身置于虚拟环境中,而且必须依据感知系统,操控虚拟空间中的各种混合现实互动对象。因此,由异质“场”环境营造所引发的沉浸式混合现实知觉反应,最终必然由人体感知系统和行为系统完成。虽然,数字公共艺术混合现实的知觉体验,是信息时代出现的知觉嬗变现象,然而,人的知觉感受并未因数字时代的到来而突然改变感官知觉生理特性的规律。为了弄清沉浸的知觉感受,应回到知觉现象中去,用知觉现象学已得出的普适性规律,去揭示数字公共艺术的混合现实沉浸现象。

根据知觉心理学原理,沉浸式体验包括人的知觉五感。然而,就目前数字技术发展的水平来看,沉浸式体验主要集中在四个方面,即视觉、听觉、触觉和嗅觉,而对味觉方面的沉浸式体验研究,西方发达国家虽已取得了某些成果,但实施仍有一定的技术困难,中国同样如此,所以,至今仍难遂人愿。在虚拟沉浸式体验的“场”境中,人所具有的视、听、触、嗅、味五感体验与真实世界极为相像,甚至比真实世界体验出的结果还要“真实”。沉浸式混合现实体验追求的场境真实效果,是为了使参与者置身于数字世界所创设的虚拟环境与环境融为一体,忘却自我,步入

① 尼古拉·尼葛洛庞蒂.数字化生存[M].胡泳,范海燕,译.海口:海南出版社,1996:21.

一个幻觉世界的“真实场境”中。数字公共艺术沉浸的效果如何，在某种程度上不仅取决于虚拟场景的三维技术效果，还在于参与者的接受方式。依前文所言，沉浸是由外界景物对五感的刺激所致，其前提是，沉浸场所本身必须具有足够强大的感官刺激愉悦吸引力，使参与者的精神从旁观游离状态迅速进入沉浸状态，最终全神贯注忘却自我。绝大部分数字公共艺术通过混合现实体验能够使参与者与外部世界的视觉观感处于完全的隔离状态。由于沉浸的形式多样，它并非一定要求所有的场所空间在形式上都要与外界隔离。能否真正使观众沉浸，关键还在于混合现实的内容，它不仅涉及场所中景物环境的真实，还在于事件内容本身，不仅要求内容具有真情实感的魅力，还需要有强烈的审美吸引力。当然，要使观众全然沉浸，必须遵从一定的比例和颜色的和谐规则，将真实空间的视角扩展到幻觉空间，并像全景画一样利用非直线光效果来使其看起来更加真实。

总而言之，沉浸式体验是混合现实体验最主要的体现方式之一，其功能是为了使参与者能够在混合现实虚拟环境中有身临其境之感，从而使体验者物我两忘，进入一个幻觉世界的“真实场境”中。

二、设备条件：“沉浸”式体验的关键

“沉浸”式体验是高科技产物，设备条件是体验效果的关键，没有确切的物质与技术保障，“沉浸”式体验无法成立。首先，必须具备应有的计算机技术支撑下的软、硬件设备。如头盔显示器（HMD）、数据传感服、手套等，它能够使用户的听觉、视觉系统完全沉浸于虚拟环境中，并能够阻隔外部真实世界的所有信

息。同时，参与者还必须通过使用手控触摸传感器和漫游跟踪仪进行漫游才能够全身心投入。其次，必须调动参与者“在场”的沉浸情绪，使其真正浸没于虚拟环境中，这对于营造环境气氛的软件设计有着极高的要求。再次，交互性是最终实现虚拟现实沉浸体验最直接的环节，因此，人机互动是否成功是沉浸式体验的关键。例如，沉浸式体验系统与普通意义上三维CAD软件和Flash软件共同设计的虚拟环境不同。虽然，这两种软件能塑造出一个立体动态的图像世界，然而，这样的虚拟环境毕竟仅仅局限于单一的计算机界面，它不能够使用户的五感沉浸于虚拟场所中，体验并把握虚拟世界中一切人与物的逻辑关系。比如，参与者通过某一手势或语言命令便可使虚拟环境中的景物产生反应，或任意推拉操纵杆便可改变互动者的场所位置，使之肉身触感真切，参与者甚至还可以用手感知虚拟物体的肌理存在等等。最后，想象力能使体验者步入思想的自由王国。虚拟现实之所以能带给人无比着迷的幻想，是因为它不仅能够实现人身处真实世界未竟的事业，而且还能够使人魂迷梦游于不存在的神话之境，体验幻觉带来的心理刺激，这些均与想象的心路分不开。

进一步而论，从计算机技术发展来看，数字公共艺术混合现实常用的虚拟现实种类共有三种，即头盔式系统、桌面系统以及影像投影系统，了解并掌握这三种类型，同样是数字公共艺术沉浸式体验的必需条件。

首先是头盔式系统。该系统在于运用头盔显示器，穿戴数据传感服、手套、吊臂以及触摸并操纵现场各类模拟器械以获得运动感、速度感。以此为基础，人可自由从事各种活动，从而体验到真实的在场心理知觉。

其次是桌面虚拟现实系统。该系统主要以计算机视屏界面作为体验窗口,用户通过戴上三维立体眼镜并运用3D控制器来实现场境体验,其优点在于制作成本低,使用便捷。用户不仅可以单机使用界面,而且还可联网,并能同时让多名互不相识的网友聚在网络虚拟公共场所中交流。

最后是投影虚拟现实与虚拟环境模拟器系统。该系统是在原有影像制作基础上,通过运用计算机技术而生成的虚拟环境,目前较为普及且沉浸效果卓越,现特举例详细论述。这一互动式投影虚拟现实系统广泛运用于影像观念艺术、科普教育、实验性前卫公共艺术等领域。如法国影像艺术家米格尔(Miguel Chevalier)的《数字星座:2006》,就是将影像虚拟现实艺术安装在公共空间中实现人机互动。作者预先特制了充满氦气的尼龙球,将一台MacG5小型迷你电脑与视频投影仪连接,以确保影像能够投到球体上,以便营造出3～4米的虚拟环境。与米格尔作品沉浸体验方式不同的是,夏洛特·戴维斯所创造的作品《渗透》(*Osmose*),作者通过图像语言去叙述虚拟世界中复杂环境下的逻辑关系。作品所反映的"场"境内容,与真实世界的空间环境完全不同,所呈现的"场"境只有在虚拟幻觉时空中才能实现。观众只要按照电脑预先设定的虚拟情节程序操作,屏幕便可展现出一个微观世界中的场境,翻卷的泥土、细腻的根茎、微小的沙石,栩栩如生地呈现在人的眼前。不仅如此,参与者可以运用《渗透》(*Osmose*)交互界面,经由配置传感器的背心及相关虚拟现实装置进行导航。用户在旅行开始之前必须穿戴背心和头盔,通过传感器将数据导入计算机进行系统处理,人在虚拟空间中便能感受到运动时的图像景色。头盔显示器不仅能够提供视觉图像，而且还可以帮助人完全沉浸于虚幻的环境中。此时，体验者的思想意识可被完全引入图像虚拟世界，周身负载的装备好似深海潜水员，在水中时而缓慢潜行，时而漂浮蠕动，划水的节奏、心跳脉冲与真实的海底世界极为相似。显然，戴维斯所制造的《渗透》(*Osmose*)感官综合体界面技术，是模仿直觉感受自然过程的成功案例，参与者只要通过一系列界面操纵，便可置身于虚拟空间。一般来说，构建虚拟空间，界面设计和交互感知固然是三个重要部分，然而，要达到更加真实的虚拟境界，混合现实中音响的介入是必不可少的环节，这就要求虚拟三维世界必须增加音响维度。数字公共艺术之所以存在多维的混合现实空间感受，就在于音响可以提升场所情感，烘托场所气氛，增进人的沉浸意识。在《渗透》(*Osmose*)第一特定的区域内皆设有环境音响，如乐器声、昆虫声以及男女嗓音，每一种声音都模拟得惟妙惟肖。显然音响对“在场”感受起了至关重要的作用，它配合视觉景象，使人身临其境。“伦敦巴比安艺术画廊存记有观众评论，包括如下内容：‘当往下看时，我有一种眩晕感……’‘在最初的惊慌到失措，它变得令人惊叹、愉悦……’‘往前走是多么舒坦！它真的是我所体验到的最具有延展思维的艺术……’许多观众甚至宣布他们已经进入一个类似精神恍惚的状态。”①这些观众留言从一个侧面反映了《渗透》(*Osmose*)虚拟现实系统对混合现实空间真实的暗示，从而引发参与者对混合现实空间场景的深度沉浸。

① 奥利弗·格劳．虚拟艺术[M]．陈玲，等译．北京：清华大学出版社，2007:146.

由此可见,“沉浸”式数字公共艺术体验的设备条件,是造成真实现实“沉浸”的重要因素,正是由于这些数字化“沉浸”设备,才使得这一“沉浸”式体验方式得以区别于以往的艺术沉浸形式和沉浸效果,因此,设备条件是“沉浸”式体验最重要的因素之一。

三、“遥在”式数字公共艺术:“场”与“场”的跨越体验

“遥在”式数字公共艺术,是数字公共艺术“场”性特征最为显著的艺术表现形式之一。“场”与“场”的跨越体验,不仅表现为所有参与的艺术家和观众都是以主导者的角色进行远程通信,而且参与者必须将自已化身成虚拟场境中的隐身创作者,运用摄像机进行远程艺术创作活动。

首先,所有参与的艺术家和观众都是以主导者的角色进行远程通信。把远程通信手段作为艺术表现形式,运用于艺术领域并非是网络时代的创新,早在 20 世纪初,以马利奈蒂为代表的意大利未来主义成员就曾使用过。在当时,这一艺术尝试仅仅作为一种新的艺术探索活动而存在,并不具有广泛的实用价值。然而,真正赋予这一艺术形式具有某种实用价值的,还是在电脑出现以后。“1980 年,英国艺术家阿斯科特设计了第一件远程通信作品,名为‘终端艺术’(Terminal Art)。他将便携式终端寄给在美国纽约、加州和英国威尔士的艺术家,以合作完成这一作品。交流是通过 The Infomedia Notepad 计算会议系统进行的。阿斯科特组织艺术活动的宗旨,是将传统意义上的观众变成参与作品创造的活跃角色,将作品由静止的存在变成动态过程。阿斯科特的学生、英国艺术家塞尔蒙积极贯彻其主张,陆

续创作了《该想想老百姓了》(*Think about the People Now*, 1991)、《远程通信梦想》(*Telematic Encounter*, 1996)、《翻转的桌子》(*The Tebles Turned*, 1997)等。它们表现了作者对于正在发生的技术与媒体之间人的超越性交流的兴趣。例如,1992年,他发现投射于500英里之外真实床表面的实况身体投影,这件作品的遥在,令人惊讶地超出身体本身的遥在体验,即'远程做梦'的感觉。他让两地的摄像机指向两张不同的床,两个参与者躺在上面,生成实况视频信号,这些信号随后被混合起来,投射到两地床上参与者身边的表面。"①上述例证表明,远程通信不仅仅是艺术家个人展示艺术观念的手段,更在于它利用电脑网络平台引导公众,使之成为具有广泛公共性质的一门艺术。

其次,参与之人将自己化身成非物质"场所"中的隐身创作者,借助于摄像机进行远程艺术创作活动。公众参与性是遥在艺术的显著特征,其艺术方法在于运用由网络用户控制的网络照相机,通过机器人手臂进行操作,由公众协同完成。美国加州大学伯克莱分校的肯·戈尔伯格(Ken Goldberg)1995年所设计的装置艺术《远程花园》(*Telegarden*)(图4-5)就是一例,参与的网民通过互联网向网站控制的机器人发出指令管理花园。这件作品的特点在于公众的集体参与。"那些也许远在千里之外的虚拟园丁们,可以通过网络上的界面操纵这只价值4万美元的机器人手臂,只需通过简单地点击网站按钮,就可以浇灌那些水槽中的植物。在这里互联网用户建立了一幅象征性的世界图景——繁荣、衰退或是死亡。每当点击到一百次,用户可以选择

① 黄鸣奋.新媒体与西方数码艺术理论[M].上海:学林出版社,2009:386.

图 4－5　肯·戈尔伯格(Ken Goldberg)于 1995 年所设计的装置艺术《远程花园》

是否通过机器人的手臂在土地上播下更多的种子。这个装置的公众反响非常热烈。展出后的第一年年底,已经有超过 9 000 用户参与了耕作这个花园的工作,共同创造了这件全球时代的作品。每一位用户都可以观赏花园,但是如果要灌溉它或者为它播种的话,用户就必须在网站上进行注册并使用口令。"[①]参与者彼此都能确知对方的隐身身份和所处的位置。由此可见,完成的作品是由参与方通过网络公共场所相互交流后共同努力的结果。再如:作品《拔河》(图 4－6)表现的是寺院门外的现实场

① 奥利弗·格劳.虚拟艺术[M].陈玲,等译.北京:清华大学出版社,2007:201.

图 4－6 《拔河》

(世界)和门内的虚拟场(世界)相链接的关系。该作品是“将石佛与人(用木制的木偶来代替)通过门将拔河的场景设置好,佛想把人类召唤入‘虚拟的场(世界)’,反之,人类也想把佛召唤入‘现实的场(世界)’,作品通过以这个场(世界)与那个场(世界)的关系来体现作品的某种含义及深度”①。作品中的两个主角——人与石佛实际上相距400公里之遥。《拔河》运用遥在技术将东京和名古屋连在一起,具体方法是通过置于福井市美术馆入口天顶的影像直播,达到两地观众互动的目的。不仅如此,参与的观众在欣赏作品时,脚穿电子感应鞋,随着音乐的节拍有节律地拍打、振荡。感应装置同步将之转换成MIDI信号并释放出美妙的音乐。遥在拍摄的一个场景是东京浅草寺的观众,而另一个场景则是400公里之外的名古屋大须观音的木制石佛,将两个场景合在同一个画面中,使人与石佛拔河,表现出不同场所却在同一时空的“场”境中互动。不难发现,诸如此类遥在艺术的交流方式,在现今社会中有着广泛的市场,它一方面依据数字技术手段,另一方面又在美学范围内实际探索,以物质化的科技设备表现非物质的文化理念,在真实的场所中展现虚拟的影像空间。遥在艺术与网络的交混,增强了场景的复合性,从而形成了混合现实虚拟空间。

最后,遥在艺术使用户能化身成虚拟场境中的社会成员。对用户而言,虚拟幻想只是一个想象的假设世界,肉身世界中的人,既不能进入屏幕、电脑显示器与虚拟场中的生物互动,也不可能步入其中的画面去亲身体验游戏快感。然而,远程遥在艺

---

① 山本圭吾.场的哲学:随时随地通讯的艺术[M].曹驰尧,荣晓佳,译.长沙:湖南大学出版社,2005:19.

术却可以让每位参与者化身成为虚拟场境中的人物并彼此互动。这类由多人参与的混合现实活动，从 20 世纪 70 年代就已有之，参与者以赛博空间作为场所，每一方都将自己化身成为虚拟世界中的角色，要么以武器装备出现，要么扮成一位超级战士。如《真人快打》(*Mortal Kombat*)、《毁灭战士》(*Doom*)都属此类。不仅如此，20 世纪 90 年代的美国，已经出现用户在面部和身体上安装传感器，经由网络操纵化身成人物装置，并因此出现了一批以职业交互为生的从业者。在此期间，场景的三维化和以人物化身为场景要素的游戏能够吸引大批用户参与，它的发展模式引发了更多的人参与其中的集体幻想。例证之一是“德国艺术家海德等人……开发的 Unmovie。用户与聊天虫的化身都是梦幻般的气球，在薄雾似的背景中飘浮，话语不仅转化为语言，还变成若隐若现、忽大忽小的字幕。聊天虫和用户的交谈日志中的关键词被提取出来，输入 Unmovie 的视频数据库。事先贮存在数据库中的相应电影镜头因此被调用。镜头的含义很可能比话语更为丰富，留有很大的阐释空间。如果用户拥有足够大的屏幕的话，便有条件扮演起电影导演与观众双重角色来。这时，人们一边欣赏着视频流所形成的画面，一边与聊天虫交谈，同时还得思考自己的话语对故事的发展产生什么影响”①。

可见，“遥在”式数字公共艺术，表现为“场”与“场”交互的空间特性。用“遥在”的方式去体验数字公共艺术，需要艺术创意与数字科技相互配合，互为渗透。只有当体验者运用恰当的体验设备，通过网络空间穿梭于不同的遥在场所去体验数字公共

① 黄鸣奋. 新媒体与西方数码艺术理论[M]. 上海：学林出版社，2009：390.

艺术时，这一独特的、完全不同于传统艺术接受方式的混合现实体验，才会释放出强烈的诱人魅力，甚者成瘾。

综上所述，场所中所呈现的混合现实体验，是数字公共艺术独有的艺术体验方式，这种多维、混合的“空间”特性，区别于以往任何一种传统艺术。它之所以存在，一方面，是由于保留了传统公共艺术的某些特点；另一方面，多种类数字艺术形式介入公共空间，使得公共艺术展呈空间中的艺术种类丰富，表现手段多样，从而使公共“场所”演变成异质混合空间。同时，人们不得不面对这样一个事实，由于现代数字技术的发展，其蕴含在数字公共艺术中的美学规律和体验方式已逐渐发生嬗变，所出现的真实现实、虚拟现实、增强现实以及混合现实的“场所”“空间”现象，成为这种美学嬗变和体验方式变化的主体。不仅如此，混合现实体验揭示了沉浸式体验中的视、听、触、嗅、味五感与真实世界的关系，并把时间中的“在场”“此在”现象与“线性”“非线性”体验联系在一起，从而使人对动态化数字公共艺术的体验，从真实现实到虚拟现实、从“沉浸”到“遥在”、从“在场”到“非在场”等不同方式的体验，变成全方位的混合现实体验。虽然不同种类的数字公共艺术不一定会同时出现在同一个“场所”“空间”中，但至少是某一层面不同混合程度的反映，因此，数字公共艺术“场所”“空间”的混合现实体验是数字艺术的本质反映之一。

第五章 数字公共艺术混合现实体验的先在因素[①]

海德格尔认为:" 我们之所以将某事理解为某事,其解释的基点建立在先有(Vohabe)、先见(Vorsicht)与先概念(Vorgriff)之上,解释绝不是一种对于显现于我们面前事物的、没有先决因素的领悟。""因为每位作为主体的观众都是历史的人,社会关系中的人,文化氛围中的人,社会实践中的人。"[②]故此,所谓体验的先在因素," 是指欣赏个体在接受作品之前已有的由诸多主观因素组成的心理模式","也即是说,意义是事物可认作事物的投射'所在'(Woraufhin)的东西,它从一个先有、先见和先概念中获得结构"[③]。数字公共艺术混合现实体验是复杂的系统结构,然而,无论它有多么复杂,体验的先在因素主要由文化环境、图

① 章柏青,张卫.电影观众学[M].北京:中国电影出版社,1994:29.

② 章柏青,张卫.电影观众学[M].北京:中国电影出版社,1994:29。

③ 章柏青,张卫.电影观众学[M].北京:中国电影出版社,1994:29.

像经验、性格特征、心理期望、时代影响等方面构成，其中文化环境扮演着最重要的角色，它将决定着体验的整体精神。当然，不可否认，体验的绝大多数先在因素及其规律同样适用于其他近似类别艺术的欣赏与接受，这也反映出艺术体验中所存在的共性问题，因为不同种类艺术中的“通感”①规律，不仅是一个普遍现象，而且也是一个必须直面的事实。

第一节　混合现实体验的先在条件

一、文化环境：体验的“土壤”

丹纳在艺术哲学中指出：“的确有一种‘精神的’气候，就是风俗习惯与时代精神，和自然界的气候起着同样的作用。”②丹纳在这里所指的“‘精神的’气候”，实际上就是文化环境。由于文化作为社会存在与发展的基础，所涉及的范围涵盖经济、政治、军事、科学、艺术等所有领域，作为社会关系中的个体，人的存在必然会受到文化环境的整体影响。因此，观众在接受数字公共艺术时，不可避免地要打上时代文化的烙印，并带着渗入其精神骨髓中的文化意识去体验艺术。“正如心理学所指出的那样，外在的文化长期熏陶、约束，渐渐地内化为人的自我和超我，所以

① “通感”理论，最早由钱钟书先生在其著作《管锥编》《七缀集》等书中提出。该文首刊于《文学评论》(1962年第1期)。“通感”理论是指在艺术创作、艺术欣赏中，人的各种感觉器官间的互相沟通，指视觉、听觉、触觉、嗅觉等各种官能可以互通，不分界限，它是人共有的一种生理、心理现象，与人的社会文化、社会实践分不开。

② 丹纳. 艺术哲学[M]. 傅雷，译. 北京：人民文学出版社，1963：10.

观众欣赏作品的先在结构首先必然是一个文化的结构，它衡量作品好坏与否、真实是否的标准，实际上是一个文化的标准。”[①]故此，任何不同种类的数字公共艺术所传达的视觉信息，不单单反映的是艺术本身的形似性，而是形象代表的是原有文化内在的指向关系。参与者体验作品的文化符号，实际上是不同文化结构与层次间的真实反映。因此，不同观众的参与必然带着各自的文化修养、特定的思想意识去体验作品。如果作品中所揭示的内容与参与者的文化结构相符，那么就会引起观众的共鸣，反之，便得不到观众的肯定，甚至还会引来一片指责与谩骂声，如是，观众无形中戴着有色眼镜评价作品便不足为怪。当然，在此并不否认，作为数字公共艺术本身所拥有的艺术品位与设计水准的高低是一个至关重要的因素。例如，由卡洛里·斯奇曼尼的影像装置作品《致命的环绕》(*Mortal Coils*)(图 5－1)呈现

图 5－1 《致命的环绕》

① 章柏青，张卫. 电影观众学[M]. 北京：中国电影出版社，1994:29.

的是与主人公特殊经历有关的影像装置资料。屏幕上人物所叙述的每一个故事都会联动地面上的动态环圈，使其互动、环绕闪烁，以此表现人被事件缠绕纠葛不清的理念。作品内容虽艰涩难懂，而形式却新颖、前卫。身处不同文化环境中的观众，尤其是中国观众，因文化背景的差异对作品所隐含的象征意义难免产生歧义或不解。可是由荷兰艺术家马尼克斯(Marnix)创作的《一个骑自行车进行虚拟现实交互体验的人》，几乎所有的观众都能够理解并体验作品为他们所带来的乐趣。作品是一个由自行车模拟器和位于三面墙壁围合的大屏幕组成的虚拟现实交互场。屏幕中的内容与真实现实一致，有街道、商店、田野小路、运动场等，并伴有场景配乐。通过大屏幕，参与者能够欣赏到北京城内的东华门、城楼以及熟悉的道路。随着骑车人踏车频率的不同，画面中掠过的景色速度也不同。车快，风景掠过的速度就快，骑车人犹如身临其境地来到真实的场景中。人朝着迎面而来的熟悉景色，或疾驰，或缓行，车速的变换可使人有选择地沉浸在不同的场景中，这也使得现场四周围观的人群相互间产生共鸣。据悉，此作品的关键在于体验者蹬车步伐能否与屏幕图像一致。若蹬车人步伐加快，图像传送的速度也能匹配得越快，并能与车速同步，那么，骑车人就能看到飞驰而过的清晰画面。反之，画面掠过得过缓或过急则会失真，从而不能形成沉浸感。显然，马尼克斯(Marnix)的这件作品具有数字公共艺术影像装置艺术的许多美学特点，它体现出该类作品所具有的“参与、互动、共享、平民化、数字娱乐、游戏、多媒体、虚拟体验、沉浸感”①。这件作品

① 李四达.数字媒体艺术史[M].北京:清华大学出版社,2008:69.

之所以能够受到观众的欢迎，不仅在于其雅俗共赏的互动形式，更在于作者抓住了中国是一个自行车大国的文化背景。自行车符号的出现能够勾起人们对于过去艰苦年代，中国人以自行车作为代步工具的历史回忆和深深的亲切感。同时也告诫人们中国虽然已进入了汽车时代，但为了我们的环境，应提倡骑车以保护中国脆弱的生态环境。

可见，文化环境是体验的“土壤”，不同的文化环境才能培育出不同文化认同的观众。艺术只有得到特定文化环境中的人的文化接受时，其作品才能够被体验和理解。同时，体验者若不具备相应的文化修养，便不可能理解和体验不同文化特质的数字公共艺术。

二、图像经验：主、客体的统一

文化的认同性只有落实到具体的感知图像上，才能最终体现出某一具体文化所拥有的内在特质。也只有当知觉到的图像与观众本身固有的代表其文化价值观的视觉符号相吻合，体验者与知觉对象才能够和谐一致，使参与方融入现场的情境中与经验对象产生共鸣，使主体情绪位移到客体对象上，或发泄，或升华。故此，体验景象的产生非偶然的即兴所致。亨利·路易·柏格森指出：“我们是把我们从自己的结构所借来的某些形式作为媒介以知觉事物的。”[①]所谓的“某些形式”就是观众长期累积而成的艺术知识。如与影视图像、绘画、雕塑、装置艺术等艺术作品相关的知识，使之汇积成丰富的视觉经验储存在记忆

① 柏格森.时间与自由意志[M].吴士栋，译.北京：商务印书馆，2017：166.

里，当视觉感知某件作品时，体验就会随着经验释放出相应的鉴别评价。梅洛-庞蒂认为："只有以过去体验的观点来理解印象，它才能唤起其他印象，因为在过去的体验中，印象与所要唤起的其他印象共存。"只有当视觉经验与知觉到的当前图像形式相统一时，才能产生共鸣。同时还指出："根据被试在先前的实验背景中掌握的意义并依靠该实验时，如果被试能在外观上或在过去的外貌中认出它和把握它，呈现的词语才是有效的。……如果人们想援引相似性联想，而不是邻近性，那么还可以看到，为了唤起实际上与之相似的过去的表象，当前的知觉必须成形，以便它能拥有这种相似性。"①从这段话中可以得知，过去的个人经历、思维习惯、爱好取向、精神气质以及审美标准经过长期的沉淀、演化最终所形成的知觉经验支配着人们的接受方式。如每当奥运会开幕式将至，人们对开幕式有着种种猜测，大多会将自身的文化背景融入对开幕式图像的期待上；而新年狂欢集会的场景设计、氛围营造以及节目编排无不牵动着公众心理图像联想的注意力，这些都是文化认同性的心里期待使然，只有当人的主观认识和客体知觉图像形成统一，才能使体验者与欣赏对象产生共鸣。当然，印象美好的场所视觉要素成为体验对象，并带给人们以酣畅快乐时，人们总是对下一次的设计有着更大的期待，寄希望于这类设计既新颖又能重温往日欢快的视觉记忆。这种多元的复杂心理，导致这类超大型综合公共艺术必然是以多元混合的面貌出现，以满足各类人群的欣赏需要。而相对于规模小、成本低、指向明确的探索类装置艺术，艺术家的表现往

① 莫里斯·梅洛-庞蒂.知觉现象学[M].姜志辉，译.北京：商务印书馆，2001：40－41.

往以创新、猎奇和前卫的思维意识作为创作思路，作品多带有怪诞、离奇、发人深省的符号特点，普通观众对这类公共艺术往往难以接受，能够接受、欣赏并提出批评意见者仅为业内专业人士。如早期视频装置艺术家韩国人白南准的视频雕塑，取材为显示屏组成的物质性雕塑与动态影像艺术相结合的复合体，反映的是历史时间与实时状态下视频流的交互，内容多由彼此对立的生命体组成，从最初开始，影像自然流入雕塑体内形成视频与雕塑一体化的视觉图像，待观赏结束时观众便能得出完整的视觉印象。显然，作品具有独特新颖、时尚前卫的超前意识。但早期绝大部分观众并不理解，许多观众参观作品只是出于猎奇，他们并未意识到白南准的艺术作品将来会成为视频艺术发展的新方向而独具艺术魅力。因为这样的作品与观众以往的图像经验定式反差太大，人的心理暂时无法接受。

上述内容概括起来主要表现在三个方面："(1) 知觉图式所决定的特定类型，特定指向的审美需求得到满足。心理学认为：任何一种心理需求得到满足便会产生心理愉悦。(2) 由于观众的知觉图式与作品的结构图式契合，观众易于理解和把握欣赏对象。(3) 欣赏者的知觉图式与欣赏对象的结构图式吻合一致的时刻，正是主体与对象和谐统一、水乳交融的时刻。"①可见，观众对数字公共艺术作品的体验，不仅是自身艺术修养、生活经历、图像经验的整体反映，也是主体经验对客体要素正确把握的心路体现。

---

① 章柏青，张卫. 电影观众学[M]. 北京：中国电影出版社，1994：32.

三、性格特征:关乎审美取向

虽然对数字公共艺术的体验与人的知觉图像经验有关,但性格特征往往关乎人的审美取向,即个体的性格气质和心理定式涉及作品的接受度,这在某种程度上似乎带有先验论的看法,因为人的性格、气质在很大程度上与先天生理因素有关。"气质"一词来源于意大利语"Temperamento",最早则由古希腊语演变而来,而"性格"一词同样源自希腊语。"气质"作为古老的心理学问题,由古希腊名医希波克拉提斯(Hippocrates)通过"体液学"率先提出。他认为,人体由四种体液构成,即血液、黏液、黄胆汁和黑胆汁,这四种体液决定着人的健康状况。古希腊被罗马灭亡后,罗马继承了古希腊的文明成果。后经罗马医生盖仑(Galen)对体液说的整理,提出了"气质"这一概念,从而确定了医学界、心理学界普遍认同的人类存在胆汁质、多血质、黏液质和抑郁质四种不同的气质类型。如胆汁质的观众感情丰富,精力旺盛,情绪变化剧烈,同时也较为热情、直爽,性格外向。这类人多喜欢带有探索性冒险、侵略等的视像数字装置艺术,如《武术》《死亡游戏》《古堡探险》等。多血质类型的观众情感细腻,性格脆弱易变,对外界变化适应性强,可塑性强大。他们偏爱互动娱乐类、知识启发类、现代生活类数字艺术。黏液质的观众反应迟缓,性格内敛平静,少激情,情感沉稳,少言寡语,忍耐性好,做事专注,有着良好的内倾性。这类观众对待数字公共艺术大多缺乏浓厚的个人爱好。而抑郁质的观众则对于艺术的体验持久,反应速度迟缓,他们对于感兴趣的作品体验深刻,具有固执己见、刻板等特点。虽然气质具有某些先天的特性,正如巴甫洛夫所言，气质“赋予每个个体的全部活动以一定的外貌”[①]，但是就接受具体艺术作品而论，外部环境与特定的场所氛围则是左右观众体验数字艺术的心态和情绪变化的决定因素。本质上，气质与性格的关系是一个问题的两个方面，二者可以相互作用，互为影响。“气质对性格的影响是通过两种途径进行的，一种是通过‘内部因素’(即生物学特征)直接影响；另一种是通过环境间接影响的。”“由于性格是在神经系统类型的基础上形成和发展的，所以气质对一定性格的形成和发展起着促进或阻碍的作用”，而“性格对气质也有影响。气质尽管是一种较稳定的心理特性，但在环境的影响下，仍可发生这样或那样的改变。只是变化的速度比较慢罢了”[②]。因此，性格特征能够左右人对数字公共艺术接受的取向、美丑与品位的体验。

四、心理期望：体验的出发点

人所固有的气质、性格，除了与先天的生理因素有关外，后天个人的自我修养与环境影响同样是构成艺术体验的重要环节，从而使诸多因素合力形成人的体验潜意识，这就是人的心理期望。它促成人对于艺术欣赏的原动力，使人深藏于内心的爱恨之本能、嬉戏之天性、美丑之评价在无意识中通过体验对象自然流露出来。当然，如此心理期望的形成多与体验者所属主流社会意识形态一致，所以，数字公共艺术作品所反映的内容必须符合这一宗旨。这也表明任何人都是社会公众的一分子，文明社会不允许与大众利益、精神文明不相符的艺术品存在。数字

① 戴维·迈尔斯.心理学[M].黄希庭，等译.北京：人民邮电出版社，2006.

② 刘海燕.气质与性格关系初探[J].心理学探新，1989(3)：27－30.

公共艺术所担当的引导观众、教育观众、宣传文明社会价值观的重任更不允许有任何偏差。虽然,体验的期望值允许观众的自由意志可以随心所欲地无界游荡,观众也理应带着评价、批判或娱乐的心态去体验数字公共艺术,但是公共艺术的公共社会性规定了它的内在性质,不是个人情绪随意胡乱发泄 的“倾卸场”,更不能有损公共利益。毋庸否认,数字公共艺术探索类装置艺术容易造成观众心理期望落差。该类“阳春白雪”式的作品由于带有试验、探索性质,创作的视觉符号和呈现方式不免含有与众不同、与观众心理期望形成反差之处,因此作品创作与实施带有很大的风险性。对此类作品的调研、审批直至立项,决策机构多以广泛善取公众意见为能事,不可以官僚意志取代民意。与此相反,和探索类数字公共艺术作品相悖的“下里巴人”式公共艺术,常会出现保守、陈旧、官腔十足、平庸乏味的现象。虽并不违背文明社会的整体审美秩序,但常因缺乏创新意识而饱受诟病。若想使一件作品众口一致、人见人爱也着实不现实。若想创作出大多数观众都能接受的雅俗共赏之佳作,也并非高不可攀,只不过这类作品必须创意新颖、形式优美、形神兼备,富含普适审美性。如雅典奥运会开幕式的艺术创意理念、表现形式、制作手段、互动参与以及混合视觉呈现等,皆能紧紧围绕开幕式主旨便是很好的例证。作为互动式数字公共艺术大多为虚拟“场”中的“快乐艺术”,可满足人们的宣泄、娱乐、教育和审美需要。虽然此乃是公共艺术必须具备的基本功能,但并不等于这类艺术创作一定能符合观众的所有欣赏要求。由于社会关系中不同人群类别的复杂性,艺术要做到面面俱到地去满足所有人的心理期望,无异于痴人说梦、异想天开。

总之,心理期望是体验的出发点,艺术家的创作必须对观众的心理期望和与之相关的社会对象、需求、审美等方面做深入的分析研究,方可创作出既符合时代精神又能满足公众价值取向的艺术佳作。

五、时代影响:文化的反映

时代影响作为体验的先在因素,是每一位观众体验任何艺术形式都不可回避的社会现象,它是时代文化的反映,数字公共艺术也不例外。其形成的关键还在于个人的综合修养和所属时代精神、学术思潮、价值观念、审美诉求、时尚娱乐等方面的合力影响所致。就个体观众面言,不可避免地会受到时代潮流的影响,只是程度不同而已。因此,当观众体验一件数字公共艺术作品时,其评价方式、欣赏习惯、价值取向、道德水准等无不打上时代的烙印。通常与时代影响相联系的体验先在因素主要表现在以下几个方面:

首先,时代时效性。同一时代的观众,对同一风格或同一件作品的欣赏,因时间段的不同,常常有着不同的体验评价。数字公共艺术与传统公共艺术之所以存在差异,很大程度是缘于疾速的时效性。传统公共艺术以其静止、稳定的形态和物理制作材料作为自己存在的前提,因而能够长久、稳定地安放在公共场所。然而,由于数字公共艺术所具有的拟真拟态、交互式、非物质表演属性,且具有过程艺术的性质,故必须不断更新,因此其视觉形式变化速度快,更新性强,但稳定性差。尽管作品在创作形式和翻新的速度上无法用确切的数据来界定,但不断变换却是经常之事。其展呈主要以短期、瞬间、动态化为特点,因此,时效性显得尤为突出。

其次，时代审美性。对于某些观众而言，由于时代文化的发展，其知识结构和个人爱好也相应发生了变化，对同一类型、同一题材作品的审美体验也必然不同。

最后，时代教育性。同样体验一件作品，不同年龄层次的观众即使处在同一时代，由于他们所受教育和文化背景的不同，体验的结果往往相去甚远。如老年观众大多出生于 20 世纪中叶，其知识结构形成于计划经济时代。相较于年轻人，上辈的传统价值观、审美习俗、时尚理念多留有旧时代文化的痕迹，囿于年龄、体能和旧意识的羁绊，他们对数字艺术缺乏了解，也缺乏对数字公共艺术的体验所必须掌握的数字化操控技术，尤其是对那些带有互动功能的前卫数字装置艺术。相反，年轻观众出生于数字时代，信息化教育程度高，思想中充满着时代精神，对富于时代感的各类数字艺术大多能够理解、评判和欣赏，这些均与其时代教育和知识结构密不可分。

总之，时代影响作为体验的“先在”因素是所属时代文化的反映。时代文化不仅能够帮助观众选择自己所认同的数字公共艺术作品，并与之交互娱乐，体会作品的形式美妙，感悟社会人生，而且还能够帮助观众理解作者的创意动机，体悟作品的思想境界。或是说，对于数字公共艺术的接受，尽管是相同的作品，由于体验的主体不同，也不可避免地会受到所属文化的时代影响，况且原先与之文化背景相匹配的生活经历已发生了时代变化，体验的感受必然会随之而变，因此，在多种体验要素的集合与混杂中，时代影响是一个不得不面对的客观因素。

第二节 混合现实体验的先在动机

毫无疑问,任何种类的数字公共艺术作品都不可能满足所有公众的心理体验动机。这是因为,构成观众的社会成分、价值观念、心理需求等因素极其复杂,因此,对数字公共艺术作品的体验有着不同的心理动机。大多数情况下,这些心理动机主要由庆典集会、消遣娱乐、宣泄释放、身份认同等方面组成。

一、庆典集会:公众体验的"盛宴"

庆典集会已成为当代公众体验大型集体活动的"盛宴",它能够反映出全民集体活动的意志和体验的先在动机。如政府部门和社会公共机构组织承办的奥运会、世界杯、世博会、阅兵式、国庆日、狂欢节、音乐会等,已成为国际上大型公众集会的焦点。为了满足庆典集会的需要,数字艺术必然介入其中,如数控灯光艺术、数控焰火艺术、数控水景雕塑、大型 LED 光雕塑艺术等已成为此类庆典集会的主要构成内容。显然,大型庆典集会已把公共场所变成了全民集会、娱乐、交流、狂欢的舞台。每逢这类活动,公众无不以狂欢的心理动因去参加、体验自己所欣赏的艺术作品。如 2010 年上海世博会,观展的公众日均量高达 40 万以上。观众冒着高温酷暑需排队数小时之久才能观赏主要展示场所,其动力就在于他们带着预设的心理动因,甘受高温与长时间等待的折磨。本届世博会德国馆以高科技数字化为特色,其"能量球"互动装置艺术(图 5-2)极具代表性,成为观众参观人

图 5-2　2010 年上海世博会德国馆的“能量球”互动装置艺术

数最多、最典型的数字公共艺术作品之一，观众为能与“能量球”互动必须排队五六个小时方可遂愿。2009 年中华人民共和国 60 年大庆首都大阅兵，来自全国各地有组织的群众人数高达百万之众。之所以如此，是因为观众对之有着美好的心理期待。当然，能去现场观看开幕式，以体验数控“光立方”等公共艺术所带来的视觉震撼是每位观众的心愿。2004 年雅典奥运会开幕式，为了能够亲自体验由数字化拟态“爱琴海”，全球数十万公众汇集在希腊奥林匹克主体育场内外以及附近的广场、街道，所有公众无不以期待的先在心理动因去欣赏开幕式。可见，庆典集会是公众带着参与互动的心理动机和美好向往，去享受数字公共艺术所带来的混合现实体验“盛宴”。

二、消遣娱乐：身心的愉悦

消遣娱乐指的是那些纯粹为了愉悦身心而设计的娱乐类、

游戏类互动数字公共艺术。对于公众而言,能参加以国家意志举办的大型公共活动就意味着度过一次快乐且有意义的节日。每逢这样的公共活动,人们总是带着美好的心理体验动机积极参加。然而,对政府组织者来说,举办这类活动是为了达到节日庆典、振兴经济、国防强军、展现国力等目的。至于日常普通数字公共艺术所扮演的社会功能则多反映在公众的互动参与、消遣娱乐、身心愉悦等方面。它表明"视觉文化时代,娱乐成为整个社会共有的一种文化形态。……正如柯林伍德所指出的,'如果一件制造品的设计意在激起一种情感,并不想使这种情感释放在日常生活的事物中,而要作为本身有价值的某种东西加以享受,那么,这种制造品的功能就在于娱乐或消遣'"①。因此,消遣娱乐是数字化时代数字公共艺术最基本、最直接的心理动因。诸如"俄罗斯方块(Tetrix)娱乐场""文明"(Civilization)以及"帝国时代"(Age of Empires)等互动装置艺术均属此类。②

三、宣泄释放:压力的缓解

数字公共艺术作为"精神的麻醉剂"可以暂且缓解、宣泄、释放人的心理压力,观众通过体验数字互动艺术,把现实中未能实现的理想、工作中遇到的困难以及对现实中某些人的仇视等不愉快的心理郁积,借助数字互动公共艺术得以宣泄与释放。观众体验时其心理动因多为主动寻求刺激,以满足不能实现的处在虚幻中的渴望(图 5-3)。参见目前中国正处于从传统农业社会快速向现代工业化社会转型时期,社会阶层出现了新的划分,

① 陈旭光,等.影视受众心理研究[M].北京:北京师范大学出版社,2010:195.

② 马晓翔.新媒体艺术透视[M].南京:南京大学出版社,2008:151.

图 5-3　2010 年 9 月在英国伦敦举办的数字装置公共艺术展。其中部分数字艺术作品具有人机互动功能，通过人机对话可以缓解、宣泄、释放人的心理压力。

"2002 年 1 月出版的中国社会科学院重大课题成果《当代社会阶层研究报告》中将当今中国社会划分为多个阶层，即：国家与社会管理者阶层、个体工商户阶层、商业服务人员阶层、产业工人阶层、农业劳动者阶层、城乡无业、失业和半失业人员阶层"①。因此社会出现了与以往不同的新问题。就业难，贫富矛盾加剧，人口老龄化趋势严重，住房、升学、医患矛盾等，是中国当前最突出的社会问题。它所带来的心理压力促使人们努力寻求宣泄解忧的途径，数字互动公共艺术的出现，正满足了人们的这一心理需要。

四、身份认同：体验的互动

身份认同在体验数字公共艺术作品时具有两方面的作用：一方面，表明体验者对作品中文化归属和人物所受教育是否能

① 陈旭光，等. 影视受众心理研究[M]. 北京：北京师范大学出版社，2010：125.

够认同；另一方面，是体验者对于作品中所涉及的人物身份、时代精神是否能联想到自己，并沉浸到作品中与之产生互动，从而形成自我认同。这类数字公共艺术多以电脑界面为互动平台，把影像内容虚拟成与体验者所在真实现实相吻合的场境，从而营造出一个观众能够自我身份认同的虚拟现实世界。因此任何混合现实艺术形式的存在，实质上都是不同观众所属民族文化内含特征的反映，其文化的差异反映出世界文化身份的多样性。当然，不同文化间的差异并不等于观众不认同其他民族文化，相反，不同民族文化所反映出的人类人性的共同问题，反而能够引起观众的身份认同，从而引起体验者的共鸣。

综上所述，由于不同阶层的公民受所属阶层文化要素的制约，导致人们对纷繁的社会事物形成极为复杂的认识，体验的动机便属于这样的社会认识。与之紧密联系的数字公共艺术混合现实体验，在文化观念的驱使下，其心理动机必然受人的主观目的性支配，若将如此繁复的社会心理因素带入体验数字公共艺术的“场所”中，不可能不形成驳杂的心理体验动机，故此，上述四个方面仅是混杂心理动机某一侧面的反映，现实中远不止于此。

第三节　混合现实体验的先在情绪

毫无疑问，人们体验任何公共场所中的数字公共艺术作品，都是某种情绪的感受结果。欣赏的过程就是某种情绪体验的过程，所以“情绪是体验，又是反应；是冲动，又是行为，它是有机体的复合状态,又是心理表现的特殊形式"①。可以肯定,情绪对于体验数字公共艺术作品有着至关重要的直接作用。当然,情绪作为一种心理活动具有双面性。一方面,它不可避免地与"场所"氛围、运动状态、情节安排、在场气氛感染等诸要素密切相关,甚至观众本身的生活秩序、生活情趣以及工作学习状态都会直接影响其观赏的情绪;另一方面,通过欣赏虚拟世界中的拟真拟像可以慰藉自身的情感,从而使体验者受压抑的情绪得到释放。如某些白领观众平日工作繁忙,压力过大,且生活乏味单调,为缓解精神压力常拨冗体验某些浪漫、温情的互动艺术。收效显著,屡试不爽。因此,要弄清数字公共艺术混合现实体验,对心理中的情绪类型、移情与认同、情绪成因等方面的分析至关重要。

一、情绪类型:影响体验的结果

观众无论处于何种类型的场所中,不同的心理情绪对数字公共艺术作品的体验必然有着不同的结果。"汤姆金斯(S. TomKins)曾列出八种情绪:兴趣、快乐、惊奇、痛苦、恐惧、愤怒、羞怯、轻蔑。伊扎德(C. E. Lzard)在汤姆金斯的八种情绪之上又增加了厌恶和内疚两种情绪。而艾克曼(P. Ekman)则认为最基本的情绪只有六种:快乐、惊奇、厌恶、愤怒、惧怕、悲伤。"②此外,沙赫特(S. Schachter)认为,情绪的产生与场所环境刺激观众的生理机能以及感知认识过程等因素密切相关,其中感知认识扮演着极为重要的角色。汤姆金斯和伊扎德不仅对情绪的种

① 章柏青,张卫. 电影观众学[M]. 北京:中国电影出版社,1994:90.

② 章柏青,张卫. 电影观众学[M]. 北京:中国电影出版社,1994:90.

类进行分类，而且还特别指出，情绪是独立于其他心理活动的心理机能，本身并不具有依附性，情绪可以调节人的心理以适应环境。对此，汤姆金斯则认为，上述八种情绪类型能够加强内驱力的信号，使人的行为信号具有动机性，并且情绪还可以放大或缩小动机信号。可见，观众对艺术作品的体验，情绪类型会影响体验的结果并最终左右着观赏效果。实际上，体验的本质就是情绪的内驱力在起作用，也是使观众选择观赏行为的力量。

二、移情与认同：情境融入

观众在体验数字公共艺术作品时，能够形成情绪移情与认同，这一现象大多会与虚拟影像类作品发生联系，所萌发的情绪、情感与作品所塑造的主体形象密不可分。当参与者与虚拟世界中的人物产生互动并融入幻觉中时，实际上观众已将场景中的主要人物设定为自己的一个虚拟化身，以致误认为是自己，即身份角色的认同感。主人公的一言一行似乎完全变成了自己的行为，“当有机体趋向于行动时，就有一个积极的中枢感情过程在工作”[①]。虚拟场景中主人公情绪的起伏逐渐幻化成参与者的情绪。随着互动的深入，虚拟环境中主人公的喜、怒、哀、乐以及行为计划渐渐与真实现实中的自我合而为一，形成自然对接真假难辨的混合体。当观众成为参与者并用虚拟符号代替真实姓名参与到虚拟世界所发生的事件中时，参与者自己已不再是观众，而是真正的主人公。例如，面对危险境地，真实的自己与屏幕上的虚拟自我合而为一地觉得恐惧，而面对美好的爱情，真

① 斯托曼．情绪心理学[M]．张燕云，译．沈阳：辽宁人民出版社，1986：34．

实的自己似乎更会飘飘然。这种身份的认同已到了极致，从而使情绪体验步入深深的沉浸。当观众并不成为直接参与者而只是旁观者时，仍会分享他人的情感，并认同他人身上所产生的情绪。实际上这是将他人的感情位移到自己身上，也就是说，他人遇到刺激产生某种形式的情绪，自己知觉后将会改变自己原有的情绪。产生这样的情绪变化，就是情绪认同。这里所指的他人，一般都是与自己密切相关的亲戚、朋友或利益攸关方。为证实上述观点，"斯托特兰德(E. Stotland)做了以下实验，他让六名被试者观察另一名假被试者的情绪，假被试者把手臂放在一个透热疗法的机器上，他们被告知这个人感受到的热度有三个等级：一个是发烫的热度使他痛苦，一个是中性的热度无关痛痒，一个是合适热度使他感到愉悦。六个被试者分成三组分别接受了三个指令。第一组接受的指令是想象自己处在他的地位，将如何感觉；第二组接受的指令是想象他如何感觉；第三组接受的指令是密切注视他的生理反应。于是假被试者开始扮演他的角色，做出了三种温度下的三种姿态，六个被试者则接指令操作。在假被试者表演过程中，试验者通过观察被试者的表情和动作反应，通过检查他们的掌心是否出汗、血管是否收缩来测验他们的情绪反应，结果发现，第一组和第二组被试者在想象过程中，其情绪反应随着假被试者的三种表演而出现了三种不同状态，而第三组在注视表演的过程中，他们情绪在三个时刻内没有差异"①。可见，斯托特兰德通过具体的心理实验证明了移情认同理论的客观性。

① 章柏青，张卫. 电影观众学[M]. 北京：中国电影出版社，1994:90.

三、情绪的成因:感知的体现

情绪产生的原因,曾经是心理学家争论不休的话题,例如,美国心理学家 R. B. Zajonc 和 R. S. Lazarus 就此问题曾在 20 世纪 80 年代初期展开过激烈的争论。"扎荣茨(Zajonc)在 American Psychologist 上发表了一篇题为《情感和思维:偏好并不需要推理》的论文,讨论了某些场合下情绪独立于认知,认为心理学在解释情感时应该减少对认知作用太多的依赖,并且他提出假设认为,尽管情感和认知存在着联合作用,但是它们是两个独立的系统;即使没有先前的认知进程,情感也能够产生。"由此,其核心观点在于:情感先于认知。① 与扎荣茨(Zajonc)持相反观点的心理学家 Lazarus 认为:"认知评价是所有情绪状态的构成基础和组成特征,情绪反应的所有三个方面——躯体进程、外在的行为表现和主体经验都需要认知评价作为一个必要的先在条件,即认知评价先于情绪唤醒。"②之所以产生上述如此不同的意见,主要在于情绪起因与人的认知、感觉和知觉之间的关系出现了矛盾。类似于上述争论和不同的学术观点,目前的学术界归纳起来主要有行为主义学派、心理分析学派、认知学派、遗传学派以及后天学派。然而无论哪一种学派的观点,都有其理论根据,都是站在自身的理论角度对情绪产生的原因作相应的分析,只不过,其理论根据多为情绪成因的某个方面。如果将上述各派的观点加以综合考察,就会发现,人的情绪成因与知觉感知有着密切的联系,因此,对以感知体验为核心的视知觉的动感体验

---

① 王公.情绪历程中的情感首因与认知首因[J].心理科学进展,1995(3):33-38.

② 王公.情绪历程中的情感首因与认知首因[J].心理科学进展,1995(3):33-38.

及其相关形式的探索,是通往理解数字公共艺术混合现实体验的必由之路。

综上所述,数字公共艺术混合现实体验所应具备的先在因素,主要涵盖文化环境、性格特征、心理期望、时代影响,以及体验的动机、体验的先在情绪、艺术修养等多方面。显然,绝大部分体验的先在因素都属于传统艺术体验规律的范畴。这在于每一位体验者都是社会历史文化环境中的人。虽然作为每个个体的人都有自己独特的个性,但人们不可能离开特定的文化土壤而独立存在。因此,所有体验的先在因素,都会影响人们对数字公共艺术混合现实的体验,尤其是那些与体验者个体紧密相关的心理要素、文化结构。不仅如此,体验者还必须对图像经验有所了解,必须把图像经验与环境中特定的场所氛围联系起来加以考虑,只有这样才能够应对体验时的心态和情绪变化。当然,由于体验主体的不同,体验者在欣赏、参与、互动、娱乐时,必然会用这样或那样的文化标准去评价衡量作品的美丑、善恶、好坏等,所以在全部体验的先在因素中,文化因素起着举足轻重的作用。

第六章　数字公共艺术“场”性的内在“张力”

几乎所有门类的艺术都必须借助于张力才能突出作品的艺术表现性和艺术感染力，数字公共艺术也不例外。阿恩海姆认为：“在较为局限的知觉意义上说来，表现性的唯一基础就是张力。这就是说，表现性取决于我们在知觉某种特定的形象时所经验到的知觉力的基本性质——扩张和收缩、冲突和一致、上升和降落、前进和后退等等。”[①]大体上张力主要由四方面因素构成：首先，构成艺术“场”性的张力因素，尤以“两极扩张、双向统一”最为突出。张力以对立统一为基础，其“对立”是两极的对立，而“统一”却暗含着双向统一。因此，张力的本质就是“两极扩张、双向统一”。其次，由于“张力”理论所适用的艺术门类范围不同，它将不可避免地涉及诸如材料的“张力”现象、语言的

① 鲁道夫·阿恩海姆．艺术与视知觉：视觉艺术心理学[M]．滕守尧、朱疆源，译．北京：中国社会科学出版社，1984：640.

“张力”现象、形态的“张力”现象，以及音响的“张力”现象等。若将诸如此门类的艺术和艺术现象都用相同的“张力”概念去硬套，那么必然会陷入孤立、僵硬的形而上学怪圈。例如，国画的宣纸、笔墨不同于油画的麻布与油性颜料，二者呈现的肌理效果完全两样，因此它们的“张力”不可相提并论。再次，“张力”在某种程度上就是感染力，是综合所有因素而最后形成的独特魅力，如数字公共艺术的虚拟现实、沉浸式体验、互动游戏等都暗含着动态“张力”效应。最后，动态气氛能够为某些特定的公共“场所”带来“气场”张力，这也是数字公共艺术“场”性的主要特征之一。所谓特定的“场所”多反映在现代大型集会活动中。设若以奥运会、世博会等目标场所作为个案研究，便会发现构成场所的“气场”张力是一个综合性的复杂系统工程。一方面，数字公共艺术张力会涉及场景布置的所有方面，而不同的场景构成要素则会产生相应的动感效应；另一方面，多元的视觉动感汇聚在场所中，会形成巨大的动态力。所以，对数字公共艺术张力现象的研究具有一定的现实意义。在此，本章将从“‘张力’说的由来”、“两极扩张、双向统一是张力的本质体现”“动态形成张力”“静态图式内含运动倾向的张力”“‘声’‘光’‘电’‘水’‘火’等环境产生张力”等方面，对数字公共艺术的“场”性张力进行具体的分析。

第一节 “张力”说的由来

“张力”一词的使用最初常见于物理学中，是指“物体受到拉力作用时，存在于其内部而垂直于两相邻部分接触面上的相互牵引力”①。张力是事物内部及相互间由于力的运动所形成的彼此对立状态。数字公共艺术所说的“张力”有别于物理学意义上的张力，它与数字艺术审美相联系，与人的感知系统对知觉对象感知后所形成的张力知觉心理有关，所以“张力”现象属于视觉心理研究范围。同样，文学作品中的“张力”也不同于物理学所指的张力。文学作品运用“张力”概念，意在说明文学艺术的表现，是一个通过制造矛盾、化解矛盾最后使矛盾冲突双方达到消解的过程。其实，在“张力”一词未出现之前，与张力内涵相一致的美学现象就已存在。如，对于文艺作品中的“冲突”现象，黑格尔从美学的角度给予解释时曾认为：“冲突要有一种破坏作为它的基础，这种破坏不能始终是破坏，而是要被否定掉。它是对本来谐和情况的一种改变，而这改变本身也要被改变，尽管如此，冲突还不是动作，它只是包含着一种动作的开端和前提，所以它对情境中的人物，只不过是动作的原因，尽管冲突所揭开的矛盾可能是前一个动作的结果。”②黑格尔在这里所说的“冲突”实际上指的是矛盾双方的对立，只有对立才能打破“谐和”，其目的是为了制造矛盾。“而这改变本身也要被改变掉”，指的是在创造矛盾的基础上再化解矛盾。那么“包含着一种动作的开端和前提”则显然带有“张力”倾向。可以看出，文艺作品中所谓的“冲突”关系，实际上就是辩证统一关系。辩证法讲的是两极论、矛盾论，而并非讲事物某一方面单一的含义，矛盾论或两极论是辩证法，也是“张力”理论存在的基础，但并不等于说所有的“对立统一”就是“张力”，若此，对“张力”的理解就变得绝对化了。较

① 辞海[M].上海：上海辞书出版社，1980：1083.

② 黑格尔.美学：第一卷[M].朱光潜，译.北京：商务印书馆，1979：260.

为确切的是，“张力”说最早用于文艺理论，首推 20 世纪的俄国形式主义学派和英美新批评主义学派，尽管两个学派有着不同的学术观点，但他们对于文艺作品中所存在的相互对立又相互联系的“张力”是影响文艺作品感染力的认识却极为一致。其中，艾伦・退特(Allen Tate, 1888—1979)是第一个在文学理论中提出并使用“张力”这一概念的美国现代派诗人和批评家。早在 1937 年，艾伦・退特便发表题为《论诗的张力》的文章，曾引起文艺理论界的广泛注意，文中认为“我们公认的许多好诗——还有我们忽视的一些好诗——具有某种共同的特点，我们可以为这种单一性质造一个名字，以更加透彻地理解这些诗。这种性质，我称之为‘张力’”。退特对“张力”一词进行了界定。[①] 他说：“我提出张力(Tension)这个名词。我不是把它当作一般比喻来使用这个名词的，而是作为一个特定名词，是把逻辑术语‘外延’(Extension)和‘内涵’(Intention)去掉前缀而形成的。我所说的诗的意义就是指它的张力，即我们在诗中所能发现的全部外展和内包的有机整体。我所能获得最深远的比喻意义并无损于字面表述的外延作用，或者说我们可以从字面表述开始逐步发展比喻的复杂含义，而每一步的含义都是贯通一气的。”[②]除艾伦・退特之外，对“张力”一词的运用还受到了法国人类学家列维斯特劳斯和俄国形式主义者的认同。在视觉艺术领域，以美国的心理学家、艺术理论家鲁道夫・阿恩海姆(1904—2007)为代表的知觉现象学家，对视觉艺术中所存在的张力现象进行

① 金健人.论文学的艺术张力[J].文艺理论研究，2001(3)：38－44.

② 艾伦・退特.论诗的张力[M].姚奔，译//赵毅衡.“新批评”文集.北京：中国社会科学出版社，1988：116.

了深入的实验性分析。阿恩海姆从格式塔心理学的角度对张力现象进行了科学的研究,并将研究成果运用于视觉艺术领域。到了数字信息时代,以视觉传达作为主要信息传播手段的数字公共艺术,其蕴含的张力规律,与阿恩海姆所研究的格式塔知觉现象学有着密切的内在联系。对于数字艺术来说,虽然阿恩海姆早年研究的视觉对象及其规律,在某些审美方式和读图心理方面已经发生了一定程度的微妙嬗变。然而,他所取得的格式塔美学成果与视觉艺术心理学理论,并未因数字艺术时代的到来而丧失其理论价值。事实恰恰相反,这些成果绝大部分仍具有积极的、普适性的指导意义,对探索数字艺术的张力规律,发挥着不可替代的积极作用。因此,本章在格式塔知觉现象学理论的基础上,运用阿恩海姆的知觉现象学原理对与数字公共艺术"场"性有关的"张力"现象以及与之相关的构成因素进行分析,力图揭示出符合数字公共艺术"场"性的内在"张力"规律。

第二节　两极扩张、双向统一是张力的本质体现

张力,犹如拉弓搭箭,箭在弦上,弓拉得越开,张力就越大,箭也射得越远,它表明作用力与反作用力的相互对抗导致张力的产生。撑竿跳高利用的是撑杆张力原理,使运动员能够飞身越过横杆;蹦床运动是利用蹦床的张力反弹作用,将运动员高高弹起,运动员蹦得越高,张力就越大,人的滞空时间也就越长,运动员便有时间做各种高难动作。这类例子,日常生活中不胜枚举。然而,本研究所探讨的"张力"问题,非物理学意义上的张

力，而是由于构成数字公共艺术视觉要素中的各种力的相互作用所引发的视知觉心理现象，属于心理学范畴。这些既相互统一又互为对抗的力，使得数字公共艺术显现出超常的独特感染力，同时也使得数字公共艺术赖以存在的场所有着非凡的“场”性张力。

张力的本质在于两极扩张、双向统一。在所有种类的视觉艺术中，运用不同的二元对立表现手法去塑造创作命题，是一个永恒不变的规律，数字公共艺术也不例外，这类例子不胜枚举。如真实与虚拟、运动与静止、再现与表现、秩序与混乱、节奏与无序、平衡与倾斜、抽象与具象、个性与共性、整体与局部，以及黑与白、大与小、冷与暖、疏与密、曲与直、刚与柔、形与神等，不一而足。值得强调的是，艺术中的二元对立或“两极扩张”“对立统一”并非仅停留在哲学意义上。唯物辩证法认为：对立统一规律是“唯物辩证法的根本规律，亦称对立面的统一和斗争的规律或矛盾律。它揭示出自然界、社会和思想领域中的任何事物都包含着内在的矛盾性，事物内部矛盾双方又统一又斗争推动事物的发展”①。哲学上的“两极扩张”“对立统一”只是为人们提供了一个框架式的理论指导，因此是宏观的、非具体的。而对于数字视觉艺术中的“两极扩张”“对立统一”规律来说，人们只有回到它具体的存在环境中来加以认识，才能弄清其真实面目。首先，数字公共艺术中的“张力”多表现为“‘两极扩张’的对立。两极点并不是静止的，而是朝着相反的方向运动；并且，这两个极点间也不应是虚无和空白，而是可以看作无数相关点的连续，它们

① 中国大百科全书（74卷）·哲学[M]．北京：中国大百科全书出版社，2004.

有它们的'能量''动量'与'质量',我们把这两极间的距离称作'两极间域'。这两极间的反向运动力越大,两极间的距离拉开越远,两极间域越广,那么,由此产生张力的可能也越大"[①]。人们不难发现,日常展呈场所中,优秀的数字公共艺术作品所出现的上述视觉现象,一般要满足两个基本条件:其一,必须具备恰当的动态效应。数字艺术的动态效应是至关重要的一环,只有恰当的动态效应,场中的"能量"互动才能够有所提升,它直接关系到"两极扩张"的力度。其二,必须有适当的作品数量。在整个场所中,"两极间域"应该由一定合理的作品数量、密度、张弛起伏作为支撑,才能够"扩展"出足够的张力。把握"度"至关重要,过疏,"扩张"系数不够,张力失去效力,从而达不到视觉审美效果;太密,"扩张"过"度",场面必然混乱。所谓"张弓过甚,反而过犹不及",体现的便是此道理。不可否认,由于形成张力现象的因素极为复杂,这两个基本条件并非是形成张力的全部。实际上,所有二元对立规律都可能形成张力。在此用两个案例进行分析以证明这一观点。具体如下:

例一,2010 年上海世博会德国馆被公认为具有独特的审美表现力。展场布局张弛有度,富有节奏感,通过"大与小""疏与密""运动与静止""主要与次要"等"对立统一"规律,体现出"两极扩张""双向统一"的审美张力。展场内容和布局被分为几个主次不等的展示区域,以促使展场形成节奏感。

第一阶段的展场张力主要通过展品"大、小"和间距"疏、密"来反映。这一展区由入口和通道组成,展示内容稀疏,布展目的

① 金健人.论文学的艺术张力[J].文艺理论研究,2001(3):38-44.

在于尽量使观众的想象张力得以扩展。入口长廊曲折幽深，过道长而多变。作品按一定的间距有序地配置小型数字互动装置，使“大、小”以及“疏、密”比例合理。观众可从中简略了解德国近、现代的科技发展状况，并将之作为整个展览的心理铺垫。通过作品互动，参观者能够直观地体验到现代科技成果为人们生活所带来的巨大变化。第一阶段的装置艺术布展，其目的在于通过作品所具有的迷人互动魅力，吸引观众驻足留恋，产生欲往第二阶段观展的心理期待张力。要达到这样的目的，单体作品与作品之间的布展间距必须保持在 7～10 米左右，可保证人流和展览的连续性。布展间距过密，观众人多无法观展；过疏，会导致展品展示张力中断。只有保持合理的“两极间域”，才能保证作品展示张力的最大化。

第二阶段的展场张力主要通过“运动与静止”中的“运动”来反映。与世博会其他展场序厅相比，德国馆采用的是“时光隧道”创意。自动输送机负载运送观众，通过“漫长”的“时光隧道”(图6-1)，参观者的心理张力可进一步扩展想象空间。序厅被精心设计成由计算机集成电路式样构成的“宇宙时光场”，每隔数秒钟时 LED 电子发光管变换一次抽象的光影图形。人处在光影笼罩下光“场”的环境里，似乎被带入迷茫、神秘、无限广袤的宇宙中。变幻的光影图形犹如“阵风掠过大地”，又好似“乌云压顶，电闪雷鸣”。顷刻间将人带入“夜幕笼罩，万籁寂静”的黑夜里。一眨眼人又仿佛乘着小船漂浮在“波涛汹涌，风雨飘摇”的大海上。幽冥中小船似乎很快将被飓风吹入陡崖深壑的万丈深渊。与光影相伴的仿声音响和光影搭配，珠联璧合，相得益彰。短短数分钟“历程”，人们仿佛经历了“无限的光年”，这

图 6-1 时光走廊

就是“运动”的知觉张力效应。“时光隧道”也只是整个展场的序曲与帷幕，主要在于预先告知观众后场将有更精彩的内容在静候观者前往，从而使参观者的心理期待张力进一步得到增强。

第三阶段展区是展览的舒缓区，通过“静止”表现为连续“运动”的中断。此阶段为下一阶段展览高潮的到来积蓄张力“能量”。每件所展作品均造型奇异，互动方式五花八门，大小体量组织有序，以形成展呈“场”的节奏。在这一区域里，观众可亲自动手与装置艺术互动，可“静态”体验科技与艺术结合所带来的快乐。

第四阶段通过“主要展场”与“次要展场”之间的比较，以突出“主要展场”。与展区其他次要展示内容相比，第四阶段展场即是德国馆所要展示的主要核心部分，其内容能够真正起到震撼观众的作用。互动式数字装置艺术，“动力之源”是展“场”规划布局节奏的高潮。它既是展场巨大的“磁场”，吸引着每一位到场的游客;又是张力释放的最大扩展“场”。作品创意在于,“动力之源”所生成的能量可以维持整座城市的能源需要,人类生存离不开“动力之源”。此装置艺术是一个直径为3米、重约2吨的金属球,球体表面安装了40万根电子发光二极管,并铺设了高灵敏度的声觉感应器,可借助电脑声控装置对声音做出反应。该件金属装置艺术被安装在高约10米的主展厅环形展场内,展场互动平台共设三层,每层约容纳300人。当现场解说员引导观众进行互动时,球体便可做出回应。球体上的图形和声音感应器,由天花板上悬挂的声控装置和互动交控装置系统自动感应。金属球的摆动方向交由观众操控,球体似乎能够明白观众的声音意图,当现场观众齐声呐喊,导致能量聚集时,喊声驱使金属球摆动,摆动的幅度随声音分贝大小不断起伏。声音越大球体则转动的速度越快。球体不仅能够摆动,而且还能高速急剧旋转,球体表面的影像图形也随着声音大小变换各种影像与色彩。场内人声鼎沸,喊声、图像、音响以及急速旋转的球体使整个现场热浪气氛达到了高潮。此时,现场仿佛已然变成了热流滚动的“气场”,热烈的氛围将现场推向沸腾,似乎膨胀力随时可能将之引爆。从上述例子可以看出,“两极扩张”“双向统一”使得德国馆中的数字公共艺术及其展场有着强大的张力。在此“两极”,表明的是次要展品与重点展品的张力;“扩张”暗含着通过不同的展示内容所形成的向外传递信息的张力。“双向统一”,即二者张力的统一,从而吸引更多的观众参观。

进一步而论,在局部单体展品区域,物理上所存在的张力现象会影响参观者心理张力的形成。如第一阶段展区,由于展台运用相邻两个大小完全一致的正方形,使作品形成场内“力”的对抗,以至张力向上、下或左、右扩张。阿恩海姆认为:“当两个圆面距离很近时,它们便互相吸引,而且看上去好像是不可分割的同一件事物。同样,我们还可以看到,当两个黑圆面之间的距离近到一定的程度时,它们开始互相排斥。能够产生这些吸引作用和排斥作用的距离究竟多远,还要视黑色圆面和正方形的大小以及这两个圆面在正方形之内的位置而定。”①可见,如何把握好疏密“度”是艺术家控制张力的关键。

总之,通过把握展场“大与小”“疏与密”“运动与静止”“主要与次要”等“对立统一”原理,便可体现出“两极扩张”“双向统一”规律,这是形成场所张力的决定因素。显然,“展品密度”使得展场内的作品能够维持在合理的“两极扩张”与“双向统一”的“尺度”内,若作品数量少、体积小、密度稀疏便不足以产生扩展的张力。“双向统一”也并非是简单地使运动向某个点集中,而是在互为吸引的状态下促使两极趋于结合,同时又在对抗与排斥的情形中以更强的反作用力向两极扩张。展场中各种力的相互对抗,重点展品向某个点收缩集中,使得整个展场必然产生总体上的节奏变化,从而形成知觉张力并向外扩张。当然,最为重要的还是在于如何将场内艺术张力推向展览高潮。“动力之源”本身仅是单体互动装置艺术,但由于体量巨大、科技含量高、智能程度复杂,且拥有强大的互动功能,因此,虽然仅为单体作品,但它却有着“磁场”般的引力作用,能够将展区观众的注意力吸引到德国馆。与其他作品相比,由于“动力之源”的独特性、动态性、娱乐性以及互动体验等因素,使之有着非凡的品质,注定具备超然

① 艾伦·退特.论诗的张力[M].姚奔,译//赵毅衡.“新批评”文集.北京:中国社会科学出版社,1988:116.

的张力。一方面,“动力之源”在“场所”内吸引力巨大,观众爆棚,这是向心聚合,也是“双向统一”,体现出两个极点的向心集中;另一方面,人球互动所产生的良好的娱乐性、观赏性,使“场”内的信息倍加向外辐射,从而形成“两极扩张”的充盈张力。

例二,中国古代画论有关“两极扩张”“双向统一”的论述,常以不同的形式散现于各种美术文献中。早在先秦时代,荀子就曾写过一篇较为系统的美学论文《乐论》。“有一句话说得极好,他说:‘不全不粹不足以谓之美。’这话运用到艺术美上就是说:艺术既要极丰富地全面地表现生活和自然,又要提炼地去粗存精,提高、集中,更典型,更具普遍性地表现生活和自然。”“由于‘粹’,由于去粗存精,艺术表现里有了‘虚’,‘洗尽尘滓,独存孤迥’(恽南田语)。由于‘全’,才能做到孟子所说的‘充实之谓美,充实而有光辉之谓大。’‘虚’和‘实’辩证的统一,才能完成艺术的表现,形成艺术的美。但‘全’和‘粹’是相互矛盾的。既去粗存精,那就似乎不全了,全就似乎不应‘拔萃’。又全又粹,这不是矛盾吗?然而只讲‘全’而不顾‘粹’,这就是我们现在所说的自然主义;只讲‘粹’而不能反映‘全’,那又容易走上抽象的形式主义的道路;既粹且全,才能在艺术表现里做到真正的‘典型化’,全和粹要辩证地结合、统一,才能谓之美。”[①]若将“全”和“粹”运用于“两极扩张”和“双向统一”中,暗含着“一般”与“重点”的意义。“一般”与“重点”本身便体现着“虚”与“实”的两个极点,因此“全”和“粹”不仅体现了“两极扩张”,而且也反映出“双向统一”的含义,归根结底是“张力”特性的反映。与此理论

① 宗白华.美学散步[M].上海:上海人民出版社,1981:75.

较为类似的是以徐悲鸿为代表的“西学中用”旅欧学者，曾根据中国传统文化的特点，提出了自己的绘画观点。如徐悲鸿曾根据《中庸》上的一段话“故君子尊德性而道问学，致广大而尽精微，极高明而道中庸，温故而知新，敦厚以崇礼”，提出了“致广大而尽精微”。徐悲鸿将此观点运用到艺术领域，有着深刻的指导意义。“‘精微’和‘广大’是事物的对立统一规律，在艺术上称为多样(变化)统一，从绘画造型来说，是指局部与全局的统一、细节与整体的统一，总的是一个艺术概括问题。多样统一在艺术上是非常重要的根本规律，造型的高明与否，最终也是看它的统一性、整体感和概括力。”①“精微”和“广大”也同样反映了“两极扩张”和“双向统一”中的“张力”原理，与前文中所列举的德国馆展场布局和单体数字艺术的张力特性相比，虽形式不同，但本质类似。由此可见，通过上述不同案例的论证，张力的本质就是“两极扩张、双向统一”。

第三节　动态产生张力

“张力”源自运动，动态产生张力。与传统静态公共艺术相比，数字公共艺术最大的特征便在于其内在的动态性，电子化的运动特性也必然规定其以动态的方式呈现于视觉境域中，因此，张力是数字公共艺术的基本属性之一。

---

① 艾中信.尽精微 致广大：略论徐悲鸿的素描见解[J].中国美术，1979(1).

一、运动:产生张力

人们感知运动,是由于外部动态物体对人的感官刺激后所引起的知觉反应。“知觉式样的这种运动性,并不是过去的运动经验向知觉对象之中的投射,而是一种独立的知觉现象,它直接地或客观地存在于我们所观看到的物体中。”①运动心理学实验表明,人的一切知觉活动都具有能动性,基于这一原理,若将视觉经验只是看作对物体某些静态特性的把握,显然有失准确。通常感知活动牵涉外部作用力对人的知觉器官的刺激,使人神经系统的平衡状态产生波动,人们不应把外部刺激仅仅看作是某种媒质上面被赋予的静止式样,而应认为刺激实质上是某种外在力量针对媒质上的猛烈冲击。它犹如一场冲突,外在侵入力形成冲击后从而引发心理力的对抗,其结果是,要么消解侵入力;要么使这些侵入力转化为某种简单式样,双方较量的结果就是知觉对象的生成。不管在何类场所,具有强烈动态感的数字公共艺术作用于人的感觉器官,其刺激都会造成观众心理某种程度上的反应,尤其是在多媒体组成的场所中,无论是影像艺术还是数控动态装置艺术,只要这类运动着的刺激物通过光亮(灯光)刺激人的视觉感观系统,那么就会形成持续的推拉力,经过短暂相互对抗的力就会逐渐趋于稳定,从而导致暂时性抗力的平衡或动态平衡,最终形成人的视觉经验。即使人们从某种“不动的式样中看到的‘运动’或‘具有倾向性的张力’”,其根源也是由于动态感所造成的心理经验反应。因此,有理由认为动态感

① 艾中信.尽精微 致广大:略论徐悲鸿的素描见解[J].中国美术,1979(1).

是导致数字公共艺术具有强烈张力的本质因素。

既然张力产生于动态，那么导致形成张力的运动，人类又是在何种情况下感知的呢？鲁道夫·阿恩海姆认为："眼睛能见到运动的先决条件是两种系统互相发生位移。拖车的运动是由于它相对周围的楼房发生了位移，斜塔的倾倒是它相对于云朵发生了位移。如果这时得到的是相反的经验，我们得到视网膜形象就会与周围的情景一致起来。或者，这两个系统看上去似乎都在运动，因为第一方都相对于对方发生了位移。"[①]"顿克指出，在视域中的一切物体，都被看成是处于一种相互依存的等级关系之中，一只蚊子看上去是依附于大象之上，而不是大象依附在蚊子之上；一个正在表演的舞蹈演员永远被看作是舞台布景的一个部分，而不会把舞台布景看成是舞蹈演员的一部分。"[②]由此可见，人类感知运动是由于"两种系统"位置的移动，而位置的变化必然需要一定的驱动力，它使得物体朝某一方向前进，从而使人的视觉产生向前拓展的张力。不仅如此，"视觉除了感知运动之外，还会自动地指令某一件物体担任整个视域的框架，使别的物体都依附它。整个视域中都充满了这种复杂的从属等级关系。例如，房间是桌子的框架、桌子是水果盘的框架等。顿克原理还表明：在对位移的知觉中，框架总是倾向于静止，而从属于这个框架的物体则总是倾向于运动。如果物体与物体之间不是一种从属关系，这两个物体就会成对称姿态运动起来，各自还会

---

① 鲁道夫·阿恩海姆.艺术与视知觉：视觉艺术心理学[M].滕守尧，朱疆源，译.北京：中国社会科学出版社，1984:573.

② 鲁道夫·阿恩海姆.艺术与视知觉：视觉艺术心理学[M].滕守尧，朱疆源，译.北京：中国社会科学出版社，1984:523-524.

以同等的速度向对方推进或相互分离”。例如，杰夫瑞·肖(Jeffery Shawd)创作的数字装置艺术作品《可读的城市》(图 6－2)[①]运用了虚拟现实手法，观众可以到屏幕前骑自行车，亲自体验城市景色，自行车每一次不同的变速运转和拐弯，屏幕前都会同步出现相应的城市景色，而实际上自行车却在原地空转。常态下播放骑自行车的影像，人总会认为外界自然风景本应该就是静止的，人看到城市景色向后飞逝，那是因为自行车向前运动的结果。《可读的城市》虚拟运动环境实际上利用的正是人这种感受运动的心理现象。当原地蹬车的观众看到城市街景向后运动，

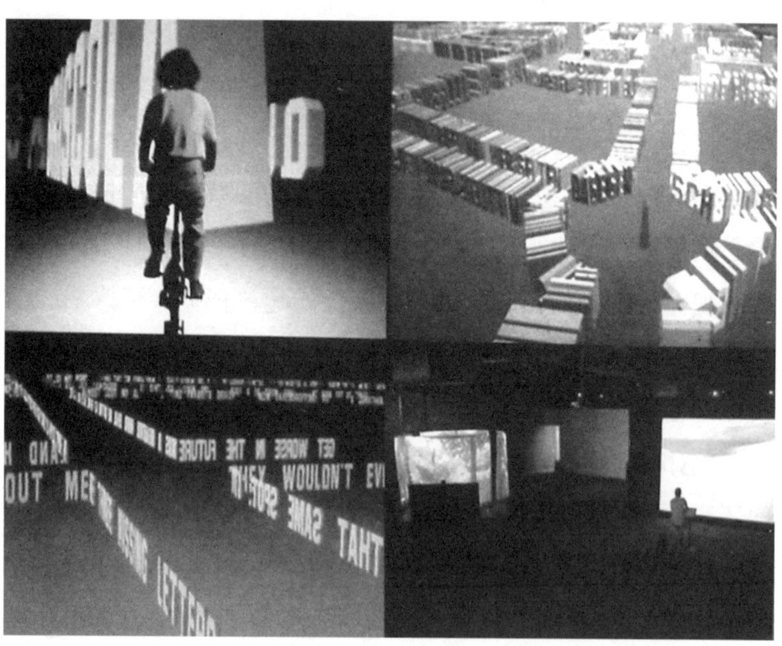

图 6－2　杰夫瑞·肖(Jeffery Shawd)创作的数字装置艺术作品《可读的城市》

① 王利敏，吴学夫. 数学化与现代艺术[M]. 北京：中国广播电视出版社，2006：52.

是由于他站在骑车人的角度，借骑车人的眼睛对街景画出一个“取景框”，从而产生幻觉所致，而作品正是利用了骑车人和虚拟风景之间、框架与主体之间的运动关系，才使人能够沉浸到虚拟场境中去。不仅如此，问题的实质更在于，风景与骑车人的动静关系实际上是底与图的关系，“按照这一规律，‘图形’总是倾向于移动，基底总是倾向于静止”[①]。《城市风景》不仅利用了底与图的静动规律，而且通过数字化真实地模拟了这种运动关系，使得人能够沉浸于这种虚拟环境中。作为“‘图形’总是倾向于移动”的运动特性，其本身便说明了张力因素的存在，运动的影像装置艺术相较于静止的画面，其张力远甚于静止画面所带给人的视觉冲击力。因此，以动态见长的数字公共艺术及其存在的场所，同样有了更大的张力也就不足为怪了。[②] 与真实现实世界不同的是，相较于数字虚拟现实，真实现实世界一切不可能发生的事情，在虚拟现实中都能够发生。如数字虚拟影像能够赋予任何物体以人格化的面貌出现，或者以动态的属性出现。它既可以使石头“说话”，也能使铁树“开花”，“这就给物质世界本身造成了一个显现其内在力量的机会”[③]。这类现实中不曾出现的现象，能够轻易地驱使观众产生动态联想，从而使之形成富有张力的想象空间。总之，运动是张力最显著的基本属性之一。

① 鲁道夫·阿恩海姆.艺术与视知觉：视觉艺术心理学[M].滕守尧，朱疆源，译.北京：中国社会科学出版社，1984：524.

② “底”与“图”关系的确定是相对的，一般没有严格的规定，这主要取决于设计者对作品中“底”与“图”角色的安排。

③ 鲁道夫·阿恩海姆.艺术与视知觉：视觉艺术心理学[M].滕守尧，朱疆源，译.北京：中国社会科学出版社，1984：526.

二、频闪:产生张力

对于数字公共艺术来说,以动态化见长的视觉张力,远胜于静态艺术的视觉特征。科学试验证明,人的大脑如同复杂的电场,当场中的物体产生相互对抗交叠时,脑中便产生了运动,从而导致运动张力的形成。早在数字公共艺术诞生之前,与其动态原理十分类似的频闪广告就已出现,户外广告常利用霓虹灯的频闪功能表现图、文的运动感。如"在一个利用闪光式样所制造的广告牌上,其中的灯泡、字母、花边、小丑等等,看上去似乎都在动着。其实,在这个广告牌中,并没有发生任何物理运动。真正发生的只是灯光的时亮时灭,但它们并没有移动。举例说,为了使牌子内一个圆盘状的物体看上去在移动,构成圆盘式样的那一组灯泡就应快速地改变着闪亮次序"[①]。这就是频闪运动所致。再如,一条用闪光式样制成的鱼从水中跃起,一头扎进火锅中的过程就是典型的频闪运动(图 6-3)。其原理是用灯泡制成鱼的形态,将起跳—跃起—进火锅等连续不断的相似性跳姿,按照预先设定好的间隔时间和先后次序,快速频闪鱼的不同姿态,使鱼被知觉为完整的富有张力的动态化形象。

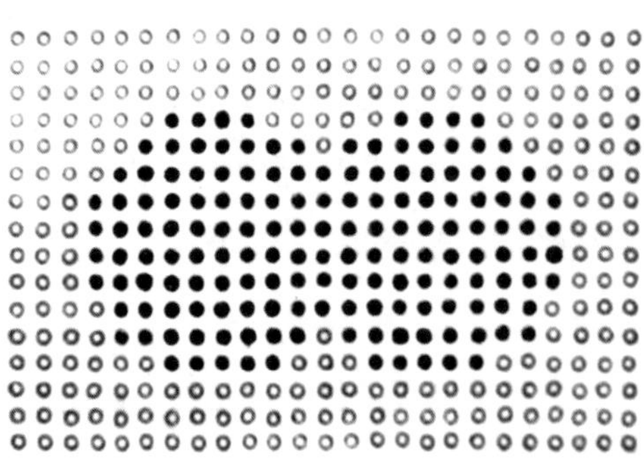

图 6-3 频闪运动,选自《艺术与视知觉》

① 鲁道夫·阿恩海姆.艺术与视知觉:视觉艺术心理学[M].滕守尧,朱疆源,译.北京:中国社会科学出版社,1984:536.

不仅如此，司空见惯的城市人行横道线上的红绿灯所使用的人形图标也是频闪张力原理的反映。对于这一问题的研究，心理试验给予了运动张力现象以强有力的理论支撑，“韦太默得到的研究成果是最成功的。在试验中，韦太默让两个在暗室中相距一定距离的光点每隔一定的时间相继闪烁，这样就观察到了光点在空间中的运动”，“既然我们看到了这一运动，这种运动经验就必然是由大脑某个相应的区域的运动引起的。韦太默认为，这两个相距不太远和不太近的刺激点，很可能是投射在同一个生理区域之内的，这个区域也就是大脑视皮层。在皮层的这一区域中，这两个被刺激点很可能不是分离的，当这两个点很迅速地相继在两个相距不太远的位置上出现时，就会产生某种生理短路，结果，神经兴奋就从第一个点迅速地传向另一个点。而与这样一个生理过程相对应的心理经验，就是我们看到的同一个光点的位移”①。上述试验例证证明，利用频闪原理所揭示的运动张力心理现象，在数字化时代依然存在，它并没有因电脑的出现而彻底改变，所不同的只是数字化的使用，使得视觉所获得的张力方式更加自然有力。

设若回到绘画史上来看待这一现象就会发现，早期的未来主义画家曾用此手法表现速度和工业化大生产。1912 年贾科莫·巴拉(Giacomo Balla)的绘画作品《拴着皮带的狗的动力》，运用频闪的方式表现运动、速度和力量，试图“打破二维的静止形式，引入动作维、时间维”。同样，另外一位未来主义画家马谢·杜尚(Marcel Duchamp)也曾用类似的手法“创作了油画《走

① 鲁道夫·阿恩海姆. 艺术与视知觉：视觉艺术心理学[M]. 滕守尧，朱疆源，译. 北京：中国社会科学出版社，1984：538.

下楼梯的裸体女人》(*Nud Desendinga Staircase*),采用连续摄影的方式描绘行动中的人体,开创了艺术创作中的第四维空间——时间”①。未来主义画家所作的这类频闪作品,虽然只是架上绘画,与数字公共艺术并不是同一种类的艺术,但其所反映出来的频闪张力原理却是一致的。在现代大型公共集会开幕式上,用频闪表现开幕式表演内容是一种常见的方式,尤其是在大型团体操表演上,更是不可缺少的重要表现手段之一。如2009年北京天安门阅兵式上,由5 000名演职人员组成的团体操表演矩阵光立方便是一例(图6-4)。

所有参演的演职人员均持有用LED发光管制成的小型电子频闪“发光树”,“每一棵‘发光树’的LED管都通过电脑程序

图6-4　2009年北京天安门阅兵式上,由5 000名演职人员组成的团体操表演矩阵光立方《五星红旗》

---

①　王受之.世界现代平面设计史[M].广州:新世纪出版社,1999:145.

操控可以变换7种颜色。‘树’的高度也可以变换”[①]。这些“发光树”拼合成超大型“电子视频”，在电脑程序操控下，这个超大型“电子视频”不停地频闪变换内容，如《我的祖国》《白鸽》《五星红旗》《牡丹》《中国结》等。与普通电子视频不同的是，这个“电子视频”并不是平整的，而是一个能够根据内容变换造型和高低落差的“活动视频”。光立方的频闪原理与早期的霓虹灯频闪现象十分类似，只不过这一现象经数字化后，频闪的效果更加丰富、生动，张力感更加强烈。

通过以上分析可以证明，频闪运动所产生的张力，其实质仍没有脱离运动，仍是运动的表现方式之一。在数字时代这一表现手法依然存在，仍具有独特的艺术魅力，所不同的只是利用数字技术，使得频闪运动所产生的张力视知觉更加顺畅自然。

第四节　静态图式内含运动倾向的张力

一、动感倾向内含张力

既然以动感见长的数字公共艺术能够产生视觉张力，那么数字公共艺术同样能以内含动感倾向的静态图式表现张力。静态图式呈现张力主要通过具有运动趋势的图像来体现，因此，静态图式是否具有动感倾向显得至关重要。数字公共艺术的图像动态张力主要来自于电能驱动。一方面，物体运动影像可通过

① 国际在线，http://news.xinhuanet.com

机器镜像摄取；而另一方面，静态视觉图像可运用电脑虚拟出具有运动倾向的视觉形式，因此，无论是数字静态艺术还是动态艺术，其产生张力的核心均与运动有着密切的联系。为此，本研究试图从数字静态公共艺术中所隐藏的动感倾向，找出静态图式的张力规律，以此证明具有运动倾向的静态图式同样能够产生视觉张力，从而揭示出数字公共艺术所具有的视知觉动态张力属性。

"'不动之动'是一种动感。有动感才能使画面具有张力。但动感和我们通常所说的具体艺术作品的张力还不完全一样。前者大体是指，由刺激而引发的生理活动的心理对应物；后者包括了由此而引发的艺术想象意味，观赏者能看出作品艺术张力的多具备一定的艺术修养。"①但不管怎么说，动感画面内含张力。"按照达·芬奇的说法，如果在一幅画的形象中见不到这种性质，'它的僵死性就会加倍，由于它是一个虚构的物体，本来就是死的，如果在其中连灵魂的运动和肉体的运动都看不到，它的僵死性就会成倍地增加'。很明显，在绘画作品中，是根本看不到什么真实的运动的。"②虽然，绘画表现张力的途径无法通过物理驱动力实现，但却可以通过"视觉形状向某些方向上的集聚或倾斜"来实现，"正如康定斯基所说，它们包含的是一种'具有倾向性的张力'"③，将传统绘画进行数字化处理，将有助于增加这类艺术的运动张力。这种把传统绘画数字化的做法，实际上是

① 宋家玲，宋素丽．影视艺术心理学[M]．北京：中国传媒大学出版社，2010：160.

② 鲁道夫·阿恩海姆．艺术与视知觉：视觉艺术心理学[M]．滕守尧，朱疆源，译．北京：中国社会科学出版社，1984：569.

③ 鲁道夫·阿恩海姆．艺术与视知觉：视觉艺术心理学[M]．滕守尧，朱疆源，译．北京：中国社会科学出版社，1984：569.

想运用人的知觉经验和艺术修养来增加艺术作品的张力,但静态的张力心理倾向却有别于真正的动感视觉张力。然而,"视觉文化的历史进程表明,视觉文化发展的每一步,总是伴随着技术的进步。可以说,人类文明史上的每一次重大技术变革,都在某种程度上导致了视觉文化的变化和发展"①。当人类进入数字信息时代,人们惊奇地发现,神奇的数字技术能够帮助人们将原已存在的经典传统静态艺术作品,转化为动态的数字化作品并呈现于公众社会。值得注意的是,那些能够被转化成动态画面部分的传统绘画,本身造型均含有运动趋势,或者是某个动态片段的定格。例如,2010 年上海世博会中国馆所展出的北宋画家张择端所作的风俗画《清明上河图》便是一例。这幅作品"通过对市井生活的细致描写,生动地揭示了北宋汴梁(开封)承平时期的繁荣景象,它不是一般表面的热闹场面的记录,而是以各个阶层的人物的各种活动为中心,深刻地把这一历史时期的社会动态和人民的生活状况展示出来"②。为了表现作品的张力,设计师对原作进行了二次创作,把画中的仕、农、商、医、卜、僧、道、胥吏、妇女、篙师、缆夫及驴、马、牛、骆驼等形象,以及图中的赶集、买卖、闲逛、饮酒、聚谈、推舟、拉车、乘轿、骑马等场景均采用数字动画的方式使之成为动态造型。虽然,"图中有大街小巷、百肆杂陈,有河港池沼……又有官府第宅,也有茅棚村舍"等,不过这类元素均保留了原作静态的造型。这幅作品采用数字化动画手段去表现画中场景,并非是对原作"具有倾向性的张力"的否定,而是为了进一步揭示和增强不同环境中隐藏的动感趋势,其

---

① 周宪.视觉文化的转向[M].北京:北京大学出版社,2008:142.

② 王伯敏.中国绘画史[M].上海:上海人民美术出版社,1982:266.

目的在于强化静态画面中具有动态要素的艺术张力。相反，如果画面原有的景物造型不具有动感倾向，如桥梁、房屋等视觉经验中的静止景物，那么在数字动态化处理时必须保持与知觉经验一致的不动状态。否则，不仅不能增加原作的动态张力，而且还会使人的知觉经验因审美对象与人的心理活动不能成为相应的对应物而造成读图心理混乱，从而丧失应有的艺术张力。可见，静态画面所具有的动感倾向，不仅内含张力，而且通过数字化处理还可使之得到增强。

二、能动的知觉活动包含张力

为了弄清静态图式内含动感倾向所具有的张力规律，在此有必要运用鲁道夫·阿恩海姆的知觉现象学原理，对数字公共艺术所涉及的能动的知觉活动包含张力作进一步分析。阿恩海姆认为："在艺术家的眼中，任何物体或物体的组成部分都是一种能动的'事件'，而不是静止不动的物；物体与物体之间的关系也不等同于几何图形与几何图形之间的静态关系，而是一种相互作用的关系。"①人类观察事物的知觉活动是能动的，知觉所涉及的所有外界刺激景物都是"一种外部的作用力对有机体的入侵"，外界事物对知觉体的刺激并非是平静的、微风温柔般的轻抚，而是对知觉体"猛刺一针的活动"。并导致知觉体与刺激物的相互对抗，其结果产生相应的心理张力。对静态视觉艺术张力的体会使知觉对象与观众大脑中的对应物一致，如此，能动的知觉活动才能产生张力。观众在静止形态中知觉"运动"，是由

---

① 鲁道夫·阿恩海姆.艺术与视知觉：视觉艺术心理学[M].滕守尧，朱疆源，译.北京：中国社会科学出版社，1984：602.

于大脑对外界刺激物进行有意识的、能动的秩序组织的结果，它使得知觉对象与心理对应物产生某种视觉思维联系。阿恩海姆指出："在任何情况下，刺激都不会造成一种静止的式样……我认为，我们在不动的式样中看到的'运动'或'具有倾向性的张力'，恰恰就是由这样一些生理力的活动和表演造成的。换言之，我们在不动的式样中感受到的'运动'，就是大脑在对知觉刺激进行组织时激起的生理活动的心理对应物。这种运动性质就是视觉经验的性质，它与视觉经验密不可分，正如视觉对象的那些静态性质——形状、大小、色彩，与视觉经验密不可分一样。"[①] 在张力与动觉紧密联系的过程中，反映在静态数字公共艺术与动态数字艺术中的动觉与张力的先后次序是不同的。知觉经验表明，数字静态艺术的张力会消耗一定量的时间，只有当视知觉先经验到张力之后，才有可能体会到动觉。动觉只是张力的辅助因素，它的出现需要一定的特殊条件，而并非必然要素，动态数字艺术则与之相反。不仅如此，对于这类艺术的体会，并不是所有观众都具备这样的能力，体验的关键还在于艺术修养。以动态见长的数字公共艺术，观众首先感知的是动态，其次才是张力，这与生物体先天对运动的敏感性有关。从上述分析中可以得出，张力与知觉心理密不可分，张力的产生是因视觉刺激物对视知觉的刺激所引发，并通过视觉心理对刺激物产生一定的联想，如果没有外界的视觉刺激，张力便无从谈起，那种将视觉对象与视觉思维割裂开来的看法，不能够从本质上客观认识张力。进一步而论，要想弄清知觉的能动性是如何感悟到具有动态倾

① 鲁道夫·阿恩海姆. 艺术与视知觉：视觉艺术心理学[M]. 滕守尧，朱疆源，译. 北京：中国社会科学出版社，1984：574.

向的张力的，需首先借助“伽玛运动”的研究成果加以论证。阿恩海姆认为：“‘伽玛运动’就是当一个物体突然出现和突然消失时，我们所能观察到的一种运动。”如信号灯、航向灯等，在闪亮和熄灭时都是以中心轴为扩展和收缩方向，但当物体本身的构造骨架发生变化时，其运动方向便会随着中心轴构造骨架一同变化。

不难发现，观众欣赏静态作品时，人的视觉便会自动寻找并产生与图中形式相类似的张力，即使不能与例图中图形完全一致，但隐藏在知觉对象结构中的近似形同样会产生类似的张力。用“俄普海默和布朗对运动的研究”来证明，当直线或长方形的空间定向与运动方向一致时，它在通过视域时的运动速度看上去就比它们的空间定向与运动方向垂直情况下的运动速度快得多。此外，视觉对象的运动方向还最倾向于和对象本身的主轴方向一致，其次是倾向于与对象本身的主轴相垂直的方向相一致。一个圆盘状的物体，当它向上方运动时，看上去就要比它向水平方向运动时速度快得多。如果向上的运动比向两侧的运动费力得多，那么当这两个方向上的客观速度相等时，向上运动的速度看上去就似乎是快一些。（这种现象十分类似于我们在讨论大小现象时所见的那种现象，如果一个正方形的四条边相等，垂直方向上的边看上去就比水平方向上的边长一些）[①]可见，能动的知觉活动包含张力原理，是人的知觉能动性的体现，这些现象绝大多数来自日常物理经验中，但其中某些现象则具有先验性。

① 鲁道夫·阿恩海姆．艺术与视知觉：视觉艺术心理学[M]．滕守尧，朱疆源，译．北京：中国社会科学出版社，1984：578.

三、“运动”图式包含张力

所谓的运动图式，特指那些能够引导人的视觉产生运动方向的视觉形式。虽然图式本身是静态的，但其内藏的视觉动力要素却有着强大的张力。例如，楔形能够产生张力。“16 世纪的画家和作家拉玛佐在论述绘画中的人体比例时，曾经对于楔形的运动感作过如下有名的评论：‘一幅画，其最优美的地方和最大的生命力，就在于它能够表现运动，画家们将运动称为绘画的灵魂。在所有那些能够造成运动的形状中，没有一种能够抵得上火焰的形状，按照亚里士多德和其他一些哲学家的看法，火焰的形状是所有形状中最活跃的形状，因为火焰的形状最有利于产生运动感。火焰的最顶端是一个锥体，这个锥体看上去似乎是要把空气劈开，向上伸展到一个更加合适的地方。’拉玛佐在评论中还得出了‘具有楔形形状的人体是最美的体型’的结论。”[①]毫无疑问，楔形具有方向性扩张的张力功能，并且几乎所有具备楔形倾向的图式都含有运动张力感。再如 1919 年，俄国构成主义大师李西斯基所设计的宣传画《用红色的楔子打击白军》(图 6－5)便是一例。作品采用简洁的楔形几何图来象征革命者对敌人的打击。“白色、黑色方块代表克伦斯基的反动势力，而红色的楔形代表布尔什维克的革命力量。”[②]不仅如此，那些带有方向性的箭头符号、呈梯形的透视图也都具备这样的特性。

① 鲁道夫·阿恩海姆. 艺术与视知觉：视觉艺术心理学[M]. 滕守尧，朱疆源，译. 北京：中国社会科学出版社，1984：580.

② 王受之. 世界现代平面设计史[M]. 广州：新世纪出版社，1999：178.

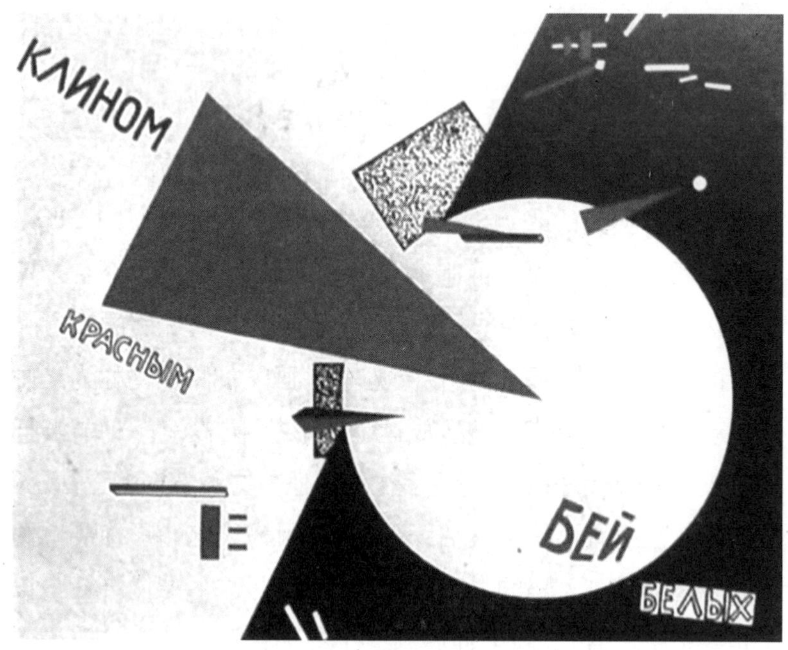

图 6-5　李西斯基的作品《用红色的楔子打击白军》

在运动图式中,倾斜所形成的动感同样含有张力倾向。被视知觉界定为倾斜的图式,是从水平与垂直定位中偏离出来的运动感,这种偏离使得图式在原有纵横、水平垂直位置与偏离距离之间形成一股张力,它被知觉为:要么彻底游离于原有的平稳位置,要么再回到静止的原状。这种既排斥又吸引的视觉原理是形成张力的内因。《数学符号的启示——模数组合》是一幅由纵、横静止式样构成的稳定图式,经加力后,纵、横方向逐渐急剧旋转成螺旋式图形,动感强烈,极具张力。[①] 虽然张力可以通过动态化倾斜图式来实现,但选择倾斜的角度是涉及能否将张力

① 陈小清.媒体艺术与设计[M].北京:高等教育出版社,2007:182.

表现最大化的关键。静态倾斜不同于数字化倾斜运动,静态倾斜是动态过程的一个环节,它表现形态在时空中运动的瞬间性和凝固性。莱辛认为:“既然在永远变化的自然中,艺术家只能选用某一顷刻,特别是画家还只能从某一角度来运用这一顷刻,既然艺术家的作品之所以被创造出来,并不是让人一看了事,还要任人玩索,而且长期地反复玩索,那么,我们就可以有把握地说,选择上述某一顷刻以及观察它的某一个角度,就要看它能否产生最大效果了。”[①]莱辛在此所称的“顷刻”指的就是“瞬间性和凝固性”,而“最大效果”则为视觉张力。不过,把握倾斜角度的最佳时机应选在将要接近顶点但尚未达到顶点的临界状态,此时,倾斜能够最大限度地蕴藏张力,使人产生无限的想象空间。与表现静态运动图式张力特性相比,数字公共艺术(尤其是数字影像艺术)表现完整的运动过程是其内在的规定性。虽然,表现张力的方式不像静态艺术那样需要截取某个动作片段,但所选择的运动姿态、运动角度和运动路径依然是为了谋取张力效果的最佳化,这与静态运动图式并无区别,二者都需要艺术家的精雕细琢。运用静态图式去表现艺术张力必须考虑运动的完整过程,最终所呈现的静态图式是艺术家脑海中完整链条中的一个环节,一个静态的定格。在当代,许多艺术家在创作静态艺术时,往往直接运用数字技术虚拟成完整的运动路径,然后再从中选择片段定格制成作品。数字静态艺术的运动图式本质上是连续运动的一个截点,只是在选择表现角度时,艺术家应尽量选择那些能够发挥其内在张力的“特殊时刻”。如《孤独的跑步者》(图 6-6),

① 莱辛.拉奥孔[M].朱光潜,译.北京:人民文学出版社,1979:18.

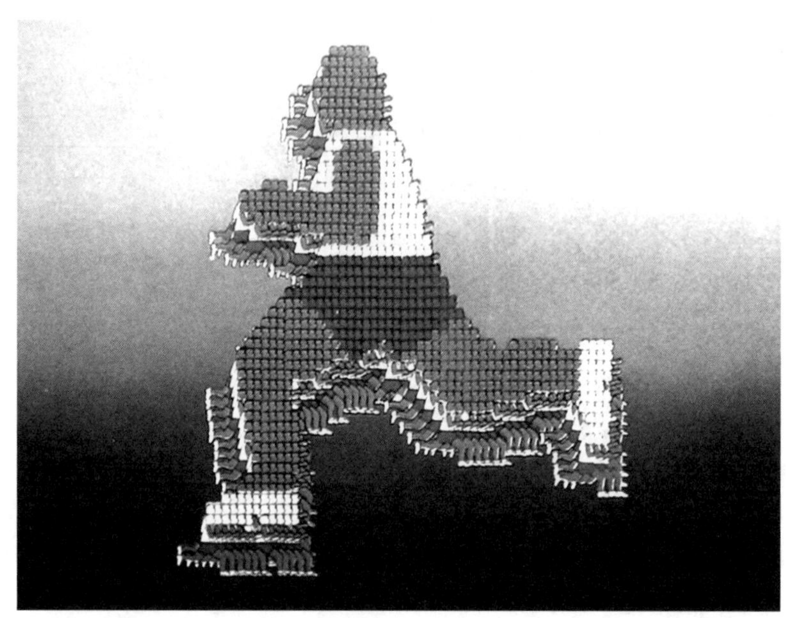

图 6-6　德国艺术家托马斯·拜乐的作品《孤独的跑步者》

作者根据设计好的草图,运用计算机将人体运动姿态设置成理想的运动路径,并从中定格选取某一片段作为数字静态作品,每数秒钟频闪播放一次,以反映连续的运动过程,从而使张力得以体现。可见,“运动”图式包含张力。

四、形状变形包含张力

图式除了因偏离正常位置而形成倾斜动感张力外,其形状变形能够产生张力。此类张力实质上也是一种偏离,只不过它有别于位置上的偏离而已。静态的数字形态,由二维图式变形后,可拉伸成带有强烈张力的立体形态。它分为以下几种方式:

(一) 结构变形包含张力

所谓结构变形指的是那些偏离正常视觉经验的形态,如人体比例、自然景物、工业产品等，这类造型一般都有着自身的标准比例，并符合自然规律和力学规律。就此问题，阿恩海姆曾举例指出："在莫底格里尼所绘制的那些蛋圆形脸形上所见到的那种趋向于苗条性的张力，一方面应归功于式样本身的知觉性质，另一方面还要归功于这些变形形状所由之偏离的那些为人们所熟悉的人物的体型比例。"[①]很显然，莫底格里尼作品的张力来自于作品中人物造型结构的变形，作品所呈现的曲变形状偏离了人们所熟悉的正常形态。再如，托马斯·拜乐(Thomas Bayrie)的实验性数字公共艺术《超级名星》(图 6-7)，是用计算机制作的变形人物，作者运用计算机技术，将构成人物结构的细胞元素拉伸曲变，从而，使得整个人物结构也随之产生扭曲变形的视觉张力。虽然这件放置于机场候机厅的数字公共艺术，最初的展呈只以数字静态的形式每隔 2 分钟播放一次，但随着作品获得良好的社会公众评价，作者又进一步将作品进行了动态化设计，使之有了更加强烈的视觉张力。对于《超级名星》这件作品的评价，正如布利吉特·科勒(Brigitte Koiie)和斯特芳尼·

图 6-7 《超级名星》(*Thomas Bayrie*)

① 鲁道夫·阿恩海姆. 艺术与视知觉：视觉艺术心理学[M]. 滕守尧，朱疆源，译. 北京：中国社会科学出版社，1984:591.

史着(Btephanle Schreer)所分析的那样:“将某要素分解为结构要素,并将其组合……他运用斑点、粒子、光栅、像素,始终不渝、锲而不舍地追求着这一课题,并通过这些要素的堆积、复制、再生的循环过程形成其作品的外部框架……拜乐采用硅树脂图片的计算机手法,将静态的图片制成动画。由9个正面人物特写组成的9个镜头,在运行中逐步地变化着面部表情。当摄影机慢慢摇入由数以千计的细胞组成的面部时,突然,爆炸的飞机、弯曲肘臂的女人、消失于太空的飞机及一对男女等特写镜头出现在眼前。紧接着摄像机又转入缓慢的移动,镜头从搏动着的皮肤毛孔拉出,将整个由网状皮膜图覆盖的面部一览无余地显露出来”①。由此可见,托马斯·拜乐运用结构变形的方式,使得作品呈现出剧烈的张力变化。

（二）构成要素曲变包含张力

导致形状变形产生张力的另一个重要因素是构成主体因素的曲变。在托马斯·拜乐的作品中,特别强调和彰显点、线、面对主体形态的塑造,或者干脆将点、线、面以图形化的方式构成主体造型。这类作品不仅可利用点、线、面的曲变原理构成主体形态,而且点、线、面的曲变使得主体图形产生二维和三维的视觉张力。如《蜂巢型旅馆》(图6-8),表现的是一对男女肖像,作者先将结构用网状线设计好,然后再将基本单元图形填进预先设计好的网格内,这些基本单元图形犹如画面中密集的点,经过曲变使得肖像在没有明暗阴影的条件下,运用同等明度的平光使画面产生剧烈的膨胀张力。再如《衬衣人生》,作者用线绘制

① 托马斯·拜乐.托马斯·拜乐作品集:1967—1995[M].李建华,译.北京:中国青年出版社,1997:3.

图 6-8 《蜂巢型旅馆》

衬衣,使线成为肖像曲变的基本单元要素,线经凹凸曲变后,自然成面,从而引起强烈的视觉立体感。

诸如此类由构成要素曲变产生的张力,无论是在数字静态作品中,还是在剧烈运动的动态作品中,都会产生极为强烈的视觉冲击力。

第五节 “声”“光”“电”“水”“火”等环境产生张力

在自然界中,闪电与雷声是人类所知觉到的最强烈的声、光、电现象之一。电闪雷鸣、天崩地裂,不仅使人类能亲身感觉到大自然释放能量所带来的巨大威力,而且还能够领略到物理力的运动与扩张;不仅能对人类社会造成一定的财物破坏,而且还会对人类心理形成巨大的威慑张力。与此相适应的是,自从人类掌握了光、电的自然规律后,光、电便成为人类赖以生存的必不可少的能量。也因如此,它在人的意识中形成了强大的心理力。人类惧怕光、电,崇拜光、电,直至依赖光、电,其根本原因均在于此。阿恩海姆认为:"物理运动是完全能够做到给那些能够呈现出它们的力量和轨迹的形状以生命感的。当然,即使创造这些式样的力与传递到眼睛里的信息之间没有关系,在这些式样中仍然能展示出强烈的张力。"①数字公共艺术以光、电的形式呈现于人的感知器官,它的张力特性可赋予动觉形态以生命感,其根本原因就在于物理运动。虽然光、电的这一物理特性带有浓烈的机械色彩,但这并不影响它能够唤起人的张力知觉感。如在静谧的夜空中,人所看到的因光、电运动而形成的五彩斑斓、火树银花般的生动造型和朦胧的"光晕";由数控镭射光和焰火礼花所营造的光、电"场"的张力运动等均属此类。再如,永无静止的海岸边,因受海水长年累月潮起潮落的冲刷、侵蚀,沿岸的礁石、沙滩轮廓逐渐形成了深深的水纹曲线。潮水退去,或地貌改变,人们即使不能亲眼看见当时现场潮水冲刷的过程,但从岩石的痕迹上,依然能够感受到水的张力所带来的运动、扩张与收缩。"这就是说,我们能够从中看到运动的自然物,实际上乃是以往发生的自然事件的化石,过去的运动历史,并不是人的理性根据某些线索推理出来的,而是眼睛根据这些自然物体的形

① 鲁道夫·阿恩海姆.艺术与视知觉:视觉艺术心理学[M].滕守尧,朱疆源,译.北京:中国社会科学出版社,1984:599.

状中所活跃着的力和张力,直接知觉到的。”[①]数控喷泉利用水的物理特性,塑造了千姿百态的水景“雕塑”。“水雕塑”常高达数十米甚至百米以上,伴随着音乐节奏,形成有韵律的起伏。人们之所以不厌其烦地利用水资源去兴建水景,只是因为水所蕴含的审美价值,人们可欣然观赏水景,体悟水的张力所带来的视觉美感。在中国的书法艺术中,人们崇尚“屋漏痕”线条的美感,也源于水。用笔墨线条模仿雨水张力对墙体缓慢渗漏、侵蚀所形成的“迟滞”“阻断”和“曲折”的流淌痕迹,是自然美的体现。人们之所以欣赏这类带有迟涩味的线条,就是因为此类线条中蕴藏着“水滴石穿”的运动张力。

光景“雕塑”艺术也同样蕴含着迷人的张力,表演类数字公共艺术的表演场景中便能体现这一点。艺术家和摄影师常合作使用 LED 光源棒、闪光灯等光影绘制工具制作光影“涂鸦”绘画(图 6 - 9)。“涂鸦”时,摄影师用数字照相机长时间曝光,使得 LED 光源棒的运动光线轨迹能够形成随机的曲线。表演者试图使用控制力控制那些预先设想好的图形。虽然,从作品线条中能够直接感受到艺术家挥“笔”对创作形象的竭力控制,但由于挥笔的运动速度和形态控制力的不确定性,使笔的运动张力所形成的光影线条千变万化。如果绘制时运力充分、速度快,图的形态轮廓就会连贯平滑;若需转角锐利,就必须缓速运笔,使转角与大圆轮廓形成曲与直、锐利与平滑的对比。如若把握不好力“度”,便会出现杂乱、松软的形态。从运笔的速度、笔迹以及画面的张力上便能反映出一个人的气质、意志及其创作才能。

① 鲁道夫·阿恩海姆.艺术与视知觉:视觉艺术心理学[M].滕守尧,朱疆源,译.北京:中国社会科学出版社,1984:597.

图 6-9　艺术家正使用 LED 光源棒进行表演

与上述举例不同的是，“恰同学少年”大型音乐焰火晚会（图 6-10），是以声、光、电、水、火等综合创作元素为主题的公共艺术，主要通过数控焰火来塑造公共艺术作品。青年毛泽东巨幅肖像的制作材料主要为芯片礼花弹，燃放时，通过计算机编程控制，将烟花控制在规定的高度、方位、朝向燃放，使之呈现出所需要的图形。夜幕下，由焰火构成的巨型肖像，伴以礼花为背景，使得现场的雕像显得格外的宏伟、壮观。在光、电、焰火的映照下，肖像与现场的光、水、气混融，使在场观众完全沉浸在火树银花般的艺术场景中。类似于这类表演性数字公共艺术，通常多出现在节假日和大型公共活动中。而与此接近的“光”“电”“水”相混合的数字公共艺术则多出现在有条件的公共场所。如水景雕塑是欧美国家公共环境中极为常见的环境艺术，隶属于水景雕塑的数控雾化喷泉艺术是数字时代的新生事物，它是一种用计算机编程技术雾化水分子的数字公共艺术。这一艺术形式以造型“诗意”化著称，常见于社区、校园等公共环境。

图 6-10 “恰同学少年”大型音乐焰火晚会现场

图 6-11 为美国哈佛大学数字雾化喷泉雕塑，作品中雾化的水汽如一团白云悬浮在校园绿地中，从内往外膨胀、扩张、升腾，具有迷人的张力。这一艺术形式拉近了人与自然的关系，但又不同于纯自然的云雾，天然云雾仅是一种自然现象，具有不可控制性，若使之成为艺术品，必须通过人化的艺术再创造才能符合人的审美需要，从而使水雾的张力能够得到体现。

综上所述，在数字公共艺术“场”性所有的知觉范畴中，无论是真实现实，还是虚拟现实；无论是单体独立数字影像装置艺术，还是综合性的展览展示、娱乐表演、开幕式等大型公共艺术活动，其最终目的都是通过视觉张力来增加数字作品的艺术表现性和艺术魅力。数字公共艺术张力的形成，集中表现在如下几个方面：首先，张力是以“对立统一”为前提的“二极扩张，双向

图 6-11　由计算机控制的雾化喷泉雕塑

统一”的视觉感知，它包含着与运动联系的基本性质和构成张力要素的动态性质，如“扩张和收缩、冲突和一致、上升和降落、前进和后退”[①]等形式法则。其次，张力隐藏在具有动力倾向的静态图式中，它通过人的知觉能动性与自身的艺术修养、唤醒意识以实现对静态图像张力的认识。然后，不同形态的曲变是形成张力的驱动因素，表现出张力与应力曲变的内在联系。最后，材料性质及其物理力是导致数字公共艺术张力知觉形成的直接成

① 鲁道夫·阿恩海姆. 艺术与视知觉：视觉艺术心理学[M]. 滕守尧，朱疆源，译. 北京：中国社会科学出版社，1984：640.

因。无疑,“声”“光”“电”“水”“火”能够展示出强烈的张力。数字公共艺术虽然形式多样、“场”境复杂,但不管以什么样的形式出现,都应该把表现性放在知觉范畴的重要位置,只有这样,张力才会呈现出更为深刻的意义。正如黑格尔所指出的:“艺术美的职责就在于它须把生命的现象,特别是把心灵的生气灌注现象按照它们的自由性,表现于外在的事物,同时使这外在的事物符合它的概念。”[①]显然,“表现于外在”的数字公共艺术张力,符合人们审美秩序的“概念”。

① 黑格尔.美学:第一卷[M].朱光潜,译.北京:商务印书馆,1979:195.

第七章　数字公共艺术的“气场”张力

数字公共艺术的动态知觉不仅能够产生确切的艺术张力，而且能与环境、气氛、情调、动能等要素相互激荡形成相应的“气场”效应，因此，“气场”张力是数字公共艺术的内在特性之一。依据美国格式塔心理学家库尔特·考夫卡对“心物场”的分析研究，“气场”实际上就是“心物场”[①]，由心理场与物理场构成。数字公共艺术的“气场”现象即是“心物场”张力原理的客观体现，之所以能够产生迷人的“气场”张力，一方面在于物理场中的数字化艺术所具有的智能动态性、公众在场的互动参与性；另一方面则在于计算机艺术本身所特有的审美感染力、心理场的知觉心理效应等因素构成。为了能够揭示数字公共艺术“气场”张力特性，需要对与之相关的客观现象进行必要的分析，力求弄清其

① “心物场”一词，源自美国心理学家库尔特·考夫卡(Kurt Koffka)的《格式塔心理学原理》。

来龙去脉并从中发现其本质规律，所以，首先必须对历史上繁芜驳杂的“气”论与艺术“气场”张力关系进行必要的分析；其次，将对中国传统文化驳杂的“气”论观、西学中用的“气”研究给予一定的探索；最后，运用考夫卡的“心物场”理论，对有关数字公共艺术“气场”张力现象进行相应的分析。

第一节 “气场”作为学术语词解释艺术张力现象之可能

客观上，“气场”作为学术用语并没有得到清晰确切的诠释，为此，法国学者希恩·德玛认为：“一方面，人们普遍接受气场的存在，但另一方面，人们又说不清楚这种奇妙力量背后的本质。”①“正确界定‘气场’这个词十分困难，普罗大众对其原则的理解又如此有限。字典对于这个问题给不了我们多少帮助，虽然字典中所谓的定义十分模糊，也许最好的定义是：‘某些个人在不同程度上施加的强大、独特但很少被人理解的力量，令他人能够被拥有这种力量的人吸引、控制或者支配；某些人对于他们接触的人施加的一种精神影响力。’”②可见，这一释义非常含糊。尽管“气场”一词缺乏权威的学术界定，使用上模糊繁芜，不过，可从现实普遍适用范围上对之进行归纳，主要有“环境”“氛围”“意境”等含意。例如，《基于风水理念的园林景观植物气场营造》一文认为：“植物既是地区大气场的宏观调控者，也是一家一

① 希恩·德玛. 气场修习术[M]. 马晓佳，等译. 北京：中国青年出版社，2011，12.

② 希恩·德玛. 气场修习术[M]. 马晓佳，等译. 北京：中国青年出版社，2011，13.

户小气场的微观调节者。”“地球上万物之间，都存在‘场’。在场的作用下，各物体的微粒子能够互相影响、互相转移变化。植物与植物之间也存在一种‘场’，叫作植物生物场，它与人构成了天人合一的生态环境。”①此处的“气场”，与“环境”之意联系紧密。再如《余秋雨：台湾文化“气场”渐失》一文中说：“文化创造需要‘气场’，需要很大的公共空间，当这个‘气场’不复存在，整个社会不再关注文化时，这个社会不可能有大的文化创造。”②联系全文的语境便会得知，这里的“气场”实际上指的就是“文化氛围”。而《“气场”与群体性事件的发生机制——两个个案的比较》一文中，对“气场”的解释是：“所谓‘气场’指的是未组织化的群众为了发泄不满，相互激荡而形成的一种特定的情感氛围。”在此“气场”只是作为与人情绪相关的“情感氛围”解释。而“氛围”一词本身就含有“周围的气氛和情调”之意。③即此处的“气场”等同于“氛围”。类似于上述释义和使用，驳杂多义，不一而足。当然，与数字公共艺术相联系的“气场”张力现象，不仅涉及类似于上述例证对此问题的具体使用，而且还远超其应用范围。不过，与“气场”现象有着广博丰富、深奥精微的理论联系的乃是中国博大精深的传统“气”论观，而相对能够科学合理地解释“气场”张力现象，且令人信服的理论依据，则体现在库尔特·考夫卡的“心物场”研究成果上。

① 谢祝宇，胡希军．基于风水理念的园林景观植物气场营造[J]．中南林业科技大学学报(社会科学版)，2010(6)：76－79．

② 廖翊．余秋雨：台湾文化“气场”渐失[N]．新华每日电讯，2006－08－21(8)．

③ 现代汉语词典[M]．北京：商务印书馆，1978：322．

一、历史上繁芜驳杂的“气”论与艺术“气场”张力的关系

在中国古代思想史中，“气”是传统文化主干范畴之一。历史文献中有着大量关于“气”的论述。“场”原本就有着丰富的要义，将单一“气”“场”二字组合，形成“气场”语词便有着合理的内涵。诸如：

第一，“气”是形成宇宙万物最根本的因素，“气场”则与生存环境联系紧密。杨先艺在《〈周易〉哲学对中国古代生态环境理论的解析》一文中，对“气场”从哲学角度给予了剖析，认为：“‘气’是中国传统哲学中最重要的范畴之一，是构成自然万物的基本要素。‘气’是动态的，但从地理上讲，又是静态的。这种所谓‘气’构成天地、生成万物的观念，就是所谓‘天人合一，万物一体’的思想。”“《周易·说卦》中有“天地定位，山泽通气’的论断，郭璞《葬经》里也说：‘气乘风则散，界水则止，古人聚之使之不散，行之使之有止，故谓之风水。’”“在中国哲学中，自然的基本要素是‘气’。‘气’就是一种力，一种场，气的存在是不断流动着的，重浊的气属阴，轻清的气属阳，阴阳相对，生成万物。中国风水对‘气’极为重视，并引出‘天气’、‘地气’、‘阴气’、‘阳气’、‘风气’、‘水气’等等成对成双的范畴。既然‘气’对人类的生存如此重要，那么，好的‘气场’如何选择呢？第一，如在有山川之地区，则按‘地理五诀’的觅龙、察砂、观水、点穴、定向来确定。‘龙’即建设区后的主山；‘砂’即建设区左右及前面较次的山；‘穴’即聚‘生气’的建设区最集中的‘气场’。凡是后有靠山，左右有砂护卫，前面有水界气，山水呈环抱状的地区或地点，就是‘聚生气’的风水宝地。第二，如在平原地区，无山则可按水来寻

找聚‘生气’之地。”清代风水家吴鼒在《阳宅撮要 · 总论》中说：“凡京都府县，其基阔大，其基既阔，宜以河水辨之，河水之弯曲乃龙气的聚会也。若隐之与河水之明堂朝水秀峰相对者，大吉大宅也。”因为“‘气乘风则散，界水则止’，‘萦回’的水，即可‘聚气’；此外，数百里外的山水，亦要来此交会，造成聚‘气场’所……”从上述引文来看，这里的“气场”，显然指的就是自然环境与人的关系。

第二，在中国传统艺术领域，对于“气”或与“气”相关的画论，人们有着不同于上述观点的解释。例如，南朝画家谢赫在其所著《古画品录》中曾提出“六法”。“所谓‘六法’，即是‘一曰气韵生动，二曰骨法用笔，三曰应物象形，四曰随类赋彩，五曰经营位置，六曰传移模写’。”“‘六法’中，谢赫首先提出‘气韵生动’是‘六法’中最重要之‘法’，概括了‘骨法用笔’以下四者的表现特质。”其意在强调绘画应具备“壮气”、“神气”、“生气”、“神韵”、“神韵气力”等。[①] 唐代著名《历代名画记》的作者张彦远，在“‘论画六法’中，对于‘气韵生动’，发挥了谢赫的说法，以为‘古之画或能移其形似而尚其骨气’”。“又说：‘骨气形似皆本于立意，而归乎用笔。’”[②]在这里“气韵”可以理解为“神韵”“精彩”“魅力”“活力”等，均与“张力”有关。若从“气的审美意蕴是宇宙万物共有的构成元素”角度出发，用来解释艺术的“气场”张力现象的话，显然具有一定的合理性，毕竟“同一个画面中的各个元素并不是孤立的，它们具有相同的气，气与气之间相互激荡，形成一

① 王伯敏.中国绘画史[M].上海：上海人民美术出版社，1982:116.
② 王伯敏.中国绘画史[M].上海：上海人民美术出版社，1982:209.

个不断运动的‘气场’”[①]。可见,“气”是中国绘画表现的根本。

第三,绘画的“气场”张力可体现艺术应有的生命力。关于“气”与生命力关系的问题,在中国历史上有着诸多论述,具有代表性的著作是王充的《论衡》。早在东汉年间,王充(约公元27—104年)在《论衡》一书中对“气”便有着深入的研究。其气论的核心思想蕴含着深刻的“泛生命”性。首先,关于生命。王充认为“阴气主为骨肉,阳气主为精神”,[②]骨肉之躯是由阴气化生而来,意识则由阳气化生而来。阴阳之气均为元气,即天之元气和地之元气,所以,世界万物皆由阴阳二气组成。因此,阴阳相对,泛指事物的相互对立。阴气构成骨肉可理解为具体的物质。而阳气则代表着人的生长壮老、身体机能以及精神意识。由此可知,形为阴气,神为阳气,形、神兼备则生命诞生。其次,关于死亡,王充认为:“形体腐于水中,精气消于泥涂。”[③]意味着“人死如灯灭”,否认人死后精神以转世的形式存在。再次,王充虽然不承认人死后存在着灵魂转世,但他却坚信鬼神之气的存在。与世俗鬼神观不同的是:世俗认为鬼神由死人亡灵转世而成,王充则认为太阳之气可化成鬼神,因此,太阳之气化成的鬼神只以精神的形式存在,并无外观可直接感知的躯体。不仅如此,王充的神鬼观还与人类早期世界其他原始部落在鬼神观上有着惊人的相似。如“夫人之精神,犹物之精神也”,这与英国人类学家爱德华·伯内特·泰勒(1832—1917)所认为的“‘万物有

---

① 陈丹.试论中国古代画论中“气”范畴的审美意蕴[J].中华文化论坛,2009(2):80-85.

② 王充.论衡全译[M].袁华忠,方家常,译注.贵阳:贵州人民出版社,1993.

③ 王充.论衡全译[M].袁华忠,方家常,译注.贵阳:贵州人民出版社,1993.

灵论'或'泛灵论'"[①]有着类似的含义。王充作为中国古典"气"论代表人物之一,其思想虽然具有很大的模糊性和不确定性,但他把阴阳之气的相互对立归为物质与精神的范畴,显然就是人类早期朴素辩证法的反映。究其因,一是,王充通过对"气"论思想的把握,将阴阳气论引入"泛生命"体系,使物质与精神(形与神)既相互对立,又互为统一,从而使"泛生命"中的"相互对立、互为统一"的"气"论思想,延伸至可被理解的"两极扩张、双向统一"的思辨中,对此,虽然有些不够具体,但至少使"气场"张力现象有了可以支撑的理论依据。二是,表面上看,虽然王充的"气"论思想只着重对生命的解释,与绘画艺术中的"气与气之间相互激荡"之"气"并没有直接的联系,但是,其"世界万物皆由阴阳二气组成"的观点和"泛生命"理论价值体系却涵盖了所有人化的物质性创造对象。如国画中的笔墨之"气"旨在代表人的生命活动轨迹,是生命的指代符号。一个人若无生命活力就不会留下生命轨迹,便无"气";修养全面生命力旺盛便会有"气"。即是说,运气自由挥洒,生机毕现,笔墨所及之处,气韵生动,生命盎然,以至"气与气之间相互激荡","生命"与"生命"不断"碰撞","碰撞"与"激荡"的"生命"之"气"便能"形成持续运动的'气场'"张力。反之,生命枯萎,运笔上气不接下气,笔墨毫无"气"机。如此来说,"气场"张力即是生命力,无"气"何来"气场"?无"气场"张力便谈不上生命力。可见,王充的"气"论思想与艺术中的"气场"张力现象存有某种必然联系,从而使"气场"作为学术语词被引入艺术领域,用以解释数字公共艺术中的相关艺术现象

---

① 夏建中.文化人类学理论学派:文化研究的历史[M].北京:中国人民大学出版社,1997:24.

成为可能。

进一步说,“气”论除了广泛盛行于东汉时期之外,实际上,之后的历朝历代文化里也都大量使用与之有关的概念,用来“诠释自然、生命、精神、道德、情感、疾病等一切认知对象的起源与本质”[①]。然而,诸此解释,若按照西方现代科学标准来衡量的话,只能算是带有几分神秘色彩的前哲学概念而已。它不能明确、科学地解释相关领域中所出现的现象,故此,中国古代与“气”有关的思想,便有着“概念范畴驳杂、模糊、含混矛盾”的文化特征。[②] 尽管如此,这并不妨碍“气场”作为学术语词用于解释艺术中所存在的张力现象。

二、西学中用的“气”论

在探讨“气场”作为学术语词去解释艺术张力现象之可能时,西学中用的“气”论是一个绕不过去的重要话题。中国近代史上,严复是一位系统介绍西方民主与科学的文化巨擘,被首推为“西学中用”“气”论的代表,对中国传统“气”文化曾进行过严肃的思考,其相关论著对历史上广泛流传的“气”论学说给予了科学的阐释。虽然他的著作并没有直接涉及具体的艺术张力问题,但其“气”论思想所内含的普适性规律,依然闪烁着对艺术“气场”张力现象指导的光芒,故,在此必须对其“气”论作相应的分析。

严复认为:中国的传统“气”论在具体使用上具有模糊性和不确定性。他说:“有时所用之名之字,有虽欲求其定义,万万无

① 曾振宇.“气”作为哲学概念如何可能[J].中国文化研究,2002(4):53-62.

② 曾振宇.“气”作为哲学概念如何可能[J].中国文化研究,2002(4):52-62.

从者。即如中国老儒先生之言气字。问人之何以病？曰:邪气内侵,问国家之何以衰？曰元气不复。于贤人之生,则曰间气。见吾足忽肿,则曰湿气。他若厉气、淫气、正气、余气、鬼神者二气之良能,几于随物可加。今试问先生所云气者,究竟是何名物,可举似乎？吾知彼必茫然不知所对也。然则凡先生所一无所知者,皆谓之气而已。指物说理如是,与梦呓又何以异乎!"[①]以上论述,显然是严复反对用中国古典"气"论去解释相关现象,因为其缺乏"精深严确之科学哲学"涵义所列举的事实。但他并没有否定中国古典气论说本身,或否定用气论的方法去解释宇宙间所涉及的相关现象,他只是对用"气"论的方法去解释客观现象的模糊性和不确定性所造成的结果持怀疑态度。为了弄清"气"论所涵盖的本质要旨,严复站在西方近代科学的立场上,对中国传统的"气"论观给予了深刻的反思与诠释。

首先,他认为"气"是构成宇宙万物的本原,指出"化学所列六十余品,至热高度时,皆可以化气。而今地球所常见者,不外淡(氮)、轻(氢)、养(氧)三物而已"[②]。严复曾对西方近代自然科学有过一定的研究,悉知宇宙间一切物质皆由"六十四余品"化学元素构成,"气"作为构成物质的基本元素,不仅体现在有机体中,而且也体现在无机化合物中,大千世界凡物皆"始于一气,演为万物","物类繁殊,始惟一本"[③]。因此,中国传统的"气"论思想在得不到明确、清晰的解释时,严复用近代科学的眼光去界定"气"作为构成宇宙万物的基本元素,具有严密的科学依据。

---

① 耶方斯.名学浅说[M].严复,译.北京:商务印书馆,1981.
② 耶方斯.名学浅说[M].严复,译.北京:商务印书馆,1981.
③ 严复.严复集[M].北京:中华书局,1986:15-17.

其次，他将物质所具有的排斥力与吸引力的对立统一规律引入宇宙观中。严复站在近代科学的立场上，并用审慎的科学眼光“将排斥力译为‘拒力’，将吸引力译为‘爱力’。他将沿袭数千年之久的阴阳理论从气本论中驱逐出去，用西方近代哲学理论重新规范气本原的内在物质结构。用‘爱力’与‘拒力’的对立统一规律来诠释宇宙万物的生成、运动与变化。严复的这种哲学努力，实质上是以西方近代哲学与自然科学成就为鞭子，催促中国传统哲学向近现代形态快速过渡。值得注意的是，‘爱力’、‘拒力’概念从此在近代中国学术界迅速地流行起来。传统的阴阳理论已被学术界抛弃，代之而起的是西方的吸引与排斥理论”①。

西方哲学认为，作为宇宙万物构成的基本元素，“气”具有相互排斥、互为吸引的属性，其“两极扩张、双向统一”的动能，可推动物质产生运动与变化，这与中国传统“气”论学说所认为的阴阳二气能够相互转化、互为循环形成宇宙万物的思想极为类似。在此，“气”“这种宇宙生成理论与古希腊阿那克西美尼将‘稀散和凝聚’视为气本原内在属性的观点有相近之处”②。因为，“稀散和凝聚”本身就体现出“排斥与吸引”的物质特性是“两极扩张、双向统一”的外在形式。尽管相互排斥与互为吸引只是西方哲学的概念，但它与中国传统“气”论对宇宙的认识并无本质上的差异，只是表述不同而已，体现出人类早期哲学对宇宙认识的相似性与趋同性的探索。既然，“气”具有排斥力与吸引力的性质，与其他构成宇宙的基本物质无异，也同样拥有相同的“基本

① 曾振宇.“气”作为哲学概念如何可能[J].中国文化研究，2002(4):53-62.
② 曾振宇.“气”作为哲学概念如何可能[J].中国文化研究，2002(4):53-62.

性质——扩张和收缩、冲突和一致、上升和降落、前进和后退等等"属性。故此,"气"有理由被认为符合艾伦·退特为张力所下定义的基本特征,即"所能发现的全部外展和内包的有机整体"①。就是说"各相互联系又相互对立的因素之间都存在着张力并构成张力场"②。

最后,否定了"气"的广泛抽象性,而将"气"具体物质化。严复指出:"气由微小粒子构成。"认为"今夫气者,有质点、有爱拒力之物也,其重可以称,其动可以觉"③。"气"作为一个统称概念,种类繁多构成成分复杂,但不管属于哪一种类型的"气"都是由不同种类的微小粒子所组成的。例如,空气的主要成分为氮气和氧气,"以体积计,氧约占 1/5,氮约占 4/5。实际上除氧、氮外,尚含有水汽、二氧化碳、氩、氖等气体"④。西方除了近代对空气的成分用科学的手段分析外,在更早的古希腊时期人们就一直对虚空与原子进行不断的探索。德谟克利特是古希腊最早提出原子论的哲学家,他认为:宇宙的本原是原子与虚空,原子是物质最小的微粒,虚空则是原子存在的场所。原子被认为是客观存在,虚空是非存在,存在与非存在都是实在,区别在于,一个是充实的实在,另一个则是非充实的实在。然而,近代西方科学的发展已经打破了早期的虚空理论。正如罗素所指出的:近代的物理学家虽然仍然相信物质在某种意义上是原子的,但是并不相信有空虚的空间。就在没有物质的地方,也仍然有着某种

① 金健人.论文学的艺术张力[J].文艺理论研究,2001(3):38-44(原文:赵毅衡."新批评"文集[M].北京:中国社会科学出版社,1988:119-120.)

② 金健人.论文学的艺术张力[J].文艺理论研究,2001(3):38-44.

③ 曾振宇."气"作为哲学概念如何可能[J].中国文化研究,2002(4):53-62.

④ 辞海[M].上海:上海辞书出版社,1980:1792.

东西，特别是光波。地球大气，看似是透明无色的空气，实际上并非是虚空，而是由各种不同的原子粒子所组成，因此，地球上任何一个自然场域所形成的“气场”都不是虚空。继德谟克利特之后，就此问题黑格尔论道：“伊壁鸠鲁认为，由于重量，原子也具有一种运动，但是这种运动的方向稍稍离开直线。”“伊壁鸠鲁以重量为原子的基本性质，但是能不让原子作直线的运动，而是使它沿着一种从直线稍稍偏出的曲线而运动，这样原子便在曲线上相撞，并造成一种只是表面的对于原子来说并不是本质的统一。”[①]黑格尔在此所要证明的是，虚空是充满“原子”运动的虚空，原子运动是在虚空中的自由运动，它不受方向的约束，表明了宇宙没有真正空虚的空间，并且其张力来自于物质内部的排斥力与吸引力的相互作用。

从上述“气”论中可以看出：严复的“气”论既是“西学中用”的产物，也是西方近自然科学对中国传统“气”论重新解构与重组的结果。基于西方世界对于“气”的探索，严复从科学的角度给予了论证。中国的古典“气”论经过严复的整合和重新释义，使之“蜕变为有重量的、有广延性的、不可入的、细微的物质基本粒子”。从此，“中国古典气论，以严复气论为界石，进入一个崭新时代”[②]。它对于用科学的方法去阐释数字公共艺术中所出现的“气场”张力现象提供了切实可行的方法论，从而使“气场”作为学术语词去解释艺术张力现象成为可能。

① 黑格尔.哲学史讲演录：第三卷[M].贺麟，王太庆，译.北京：商务印书馆，1959：75.

② 曾振宇.“气”作为哲学概念如何可能[J].中国文化研究，2002(4)：53－62.

第二节　“气场”张力现象是“心物场”原理的客观反映

将“气场”作为学术语词引入艺术领域用于解释张力现象，其反映的内容实际上等同于“心物场”，或是说“气场”张力现象是“心物场”原理的客观反映。考夫卡认为：“世界是心物的，经验世界与物理世界不一样。观察者知觉现实的观念称作心理场(Psychological Field)，被知觉的现实称作物理场(Physical Field)。”①“心物场”能够形成张力在于：一方面张力来自心理场对物理场的直观感悟；另一方面是由于心理场的自我张力诉求扩张的结果。二者相较，物理场是制约心理场张力来源的决定因素，处于支配地位。实践表明：“‘场’是两个物体吸引与排斥时的中介过程，具有一定的张力特性。”格式塔心理学以科学为依据，将牛顿的引力定律，迈克尔·法拉第(Michael Faraday)、克拉克·麦克斯韦(Clerk Maxwell)有关物体发生运动时的“场”概念引进心理学中，并以“场”为核心，展开一系列心理现象的研究，具有严密的科学性。考夫卡据此解释说，“牛顿(New Ton)是如何解释物体运动的？按照他的说法，运动的每一种变化是由于一种力，根据牛顿的引力定律(该定律为这种力提供了一种量化公式)，这种力或者通过撞击(Impact)而产生(两只台球的撞击)，或者通过物体的相互吸引(Attraction)而产生。牛顿假设这种力的作用是没有时间性的，它在一定距离产生一定

---

① 库尔特·考夫卡.格式塔心理学原理[M].李维，译.北京：北京大学出版社，2010：5.

作用。那里是太阳，这是地球，它们之间没有什么东西，只有无限的空间，也没有任何东西去介入太阳对地球的引力，反之亦然。后来，过了很长时间，当人们发现磁和电的吸引和排斥定律，并证明它与牛顿的引力定律在数量上一致时，便给予它们以同样的解释，它们被解释成超距作用"①。然而，真正发现两个物体排斥与吸引形成中介的电介质的却是法拉第和麦克斯韦，这种电介质能够"及时地从一个地方传向另一个地方"。法拉第就此现象曾用不同的术语对其实验结果做出了相应的解释，并就电介质作过系统的阐述。麦克斯韦则给出了数学的形式，"他引进了更为一般的术语：电磁场，以此作为力的载体；他推断出电磁力传导的速度，并证明这种传导速度在空间与光速相一致"②。在爱因斯坦(Einstein)的引力理论出现之后，"超距作用消失了，就像它们以前从电磁学中消失一样，而引力场(Gravitational Field)就此问世"。当人类需要了解物体、观察并推断物体处于某种环境场中的特性时，可以通过观察磁针以确定地球的磁场，也可以通过处于不同地点、位置、时钟钟摆的长度周期变化测出地球的引力场。不难看出，物体的场与行为是一个相互联系的整体，物体的行为取决于场，故此，场的特性指标可通过物体的行为来反映，并且与场有关的物体运动不仅涉及物体行为，而且还涉及物体所要经历的某些变化，"例如，一块铁将在磁场中被

① 库尔特·考夫卡. 格式塔心理学原理[M]. 李维，译. 北京：北京大学出版社，2010：52.

② 库尔特·考夫卡. 格式塔心理学原理[M]. 李维，译. 北京：北京大学出版社，2010：52.

磁化”[①]。

当然，上述科学史中有关“场”的概念与心理学上所要研究的“场”内容并非完全是一回事。格式塔心理学只不过是把科学领域中关于“场”的概念引入心理学中，它虽有联系但还是有别于物理学上的物理场的概念。为此，库尔特·考夫卡在《格式塔心理学原理》一书中，提出了与心物场紧密联系的同质场、异质场概念。考夫卡指出：“把场的概念引入心理学中去，意指它是一种决定实际行为的应变和应力的系统。”并且提出了两个问题，认为：“心物场由心理场和物理场组成，其中心理场反映的是人知觉现实的观念，而物理场反映的则是客观世界的知觉现实，物理场属于地理环境的场。”心理场对视觉形式的体验往往会产生错觉，而物理场却拒绝这样的错觉，它要求知觉的内容必须是事物的本来面目。例如，图 7－1 为纵向长方形画框，黑点位于视觉中心，并非真正处在画框的正中心，它的实际位置略高于几何中心，但看上去却感到十分居中平稳，人的视知觉以为这就是客观正确的视觉中心。相反，图 7－2 中的黑点才是真正处于正确的几何中心，但给人的感觉却是位于画框中间偏下的部位，而不在正中

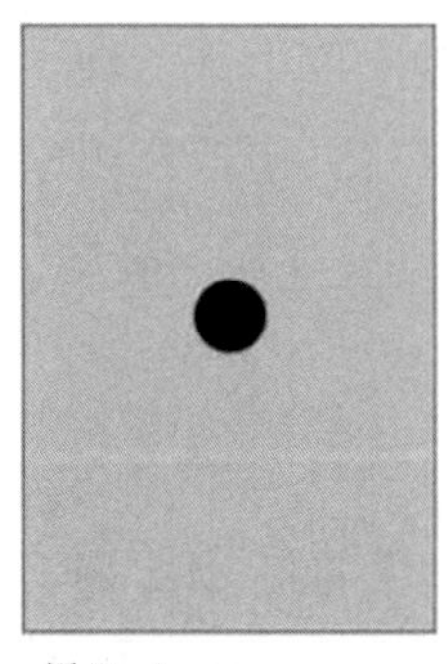
图 7－1

图 7－2

① 库尔特·考夫卡. 格式塔心理学原理[M]. 李维，译. 北京：北京大学出版社，2010：52.

心。这种错觉现象,就是人的视错觉,是心理场的反映。图7-2中黑点的真实位置则为物理场。虽然,心理场与物理场之间存在着一定的知觉差异,而不是平行的对应关系,但人类心理活动的"心物场"张力却必须由心理场和物理场两方面的感悟结合才能形成。这一点类似于佛教徒对"禅"的直观感悟,"所谓'不立文字,直指人心'。在古代禅师们表达禅机理念的过程中,直观的事物起着重要的启示作用……禅机所用之图形,并不仅仅与自然现象相连,更重要的,是借自然事物之形,传达思维智慧之心。因此,在禅的图形世界中,往往智慧洋溢,处处机锋毕现"[①]。尽管形成"心物场"的张力感受方式与佛徒"禅"的直观感悟不尽相同,却有着类似之处,即"借自然事物之形",其实,是借助于"物理场"表达"机锋毕现"的"心理场"张力。由此而言,"气场"张力与格式塔"心物场"理论存在着内在的必然联系,抑或说,"气场"张力现象就是"心物场"的客观反映。

一、"气场"张力形成于心理场

数字公共艺术"气场"张力的体现最终取决于心理场,它是由外及内的心理"气场"张力所致,属于意识范畴的精神活动。在物理"气场"环境中,人们对于"气场"的知觉,一方面依赖于对具体环境要素的直接感知;另一方面,取决于知觉系统对场所氛围、环境景物的心理体验,如奥运会开幕式现场,数万观众有机会与各类数字公共艺术互动,现场观众情绪高涨,促使参演者尽情表演。表面上看,参与者和表演者的行为表达,仅仅是人的生

① 杭间,何洁,靳埭强.岁寒三友:中国传统图形与现代视觉设计[M].济南:山东画报出版社,2005:33.

理肢体语言的外在形式，但其根源却是因人的心理场而引发。即心理场是由现场某种情绪而导致的知觉心理反应，它通过人与人之间情绪的相互激荡，最终形成在场的“心理场”张力，“气场”由是形成。“气场”源于观众的心理感应，其强弱取决于场内心理情绪的能量波动。“柯特·勒温认为，人的心理、行为决定于内在需要和周围环境的相互作用。”①当人的内在需要与周围环境相互感染引发整场内力的震荡导致观众个体心理力变化时，这种既吸引又排斥的力，最终形成“气场”张力。在大型公共性群众集会场所中，以动态形式出现的数字艺术多为影像互动艺术，影像的读图场所是群体性的公共场所，是由公众临时组合自由构建的群体参与环境。由于这类集会存在着人数密集的特点，相较于私人狭小的阅读处所，公共读图场所必然有着自身的空间优势，而汇入这一空间的观众，因人数众多，密集拥挤，使得受众群体容易形成一定的场所氛围，进而使观众个体之间因近距离接触，导致群体性心理波动和情绪感染，“气场”张力由是产生。从“气场”张力形成的特性来看，因距离紧密而产生的心理张力，极易对周围人群的心理形成辐射。单个人的心理变化及其表露的行为必将波及周围其他个体心理行为，而其他个体再次向外辐射影响更多的个体，依此类推，最终辐射整个现场。奥运会比赛现场，在场观众自发形成的人浪实际上就是这种心理辐射联动行为的真实反映。不可否认，观众在一定群体环境中会受某种行为的暗示和蛊惑，表现出个体行为的盲目跟风性，但这种跟风本身恰恰属于心理显露，是受场内心理辐射影响的结

① 宋家玲，宋素丽. 影视艺术心理学[M]. 北京：中国传媒大学出版社，2010：252.

果，也是场内观众群体性合力互动诱发成“气场”张力的体现。无疑，张力形成于心理场是客观现实的反映。

二、“气场”张力源自物理场

物理场是形成数字公共艺术“气场”张力的直接诱因之一，它包括地理场、环境场以及同质场、异质场等。一方面，物理场是以物质的基本形态存在于真实现实空间中，具有确切的物质含义，如电磁场、引力场等；另一方面，则以抽象的指代泛指“空间区域本身，不一定是物质存在的形式，而是有时为了研究方便才引入的概念。例如在生有火炉的房间里，空间不同位置有不同的温度，就可以说在房间里有一个温度场；河流中不同地点有不同的流速，就可以说在河流中有一个速度场。如果所论问题是物理量或函数标量（如温度），有关的场可统称为‘标量场’。如果是矢量，则有关的场统称为‘矢量场’。不随时间变化的场‘稳恒场’或‘静止场’；随时间变化的则称‘可变场’或‘交变场’”[①]。若将这一概念运用到数字公共艺术研究中，无论“场”是以确切的物质形式存在，还是以抽象“场”的概念指代“空间区域”，“气场”张力的形成都离不开物理场的支撑。根据格式塔心理学对“心物场”的研究得知，物理场是引发场所“气场”张力的直接动因之一，也就是说，数字公共艺术“气场”张力，是物理场与心理场结合的产物，只不过物理场在二者中起到支配作用罢了。早在古希腊时期，人们对形成物理场的物质现象就已有过深入的研究，并因此发现了气、水、火、土四种基本元素是构成宇

① 辞海[M].上海：上海辞书出版社，1980：526.

宙万物的本原，而与这四种物质形态密切联系的等离子体，和“气场”张力关系尤为密切。这是因为：

首先，任何发光物都会产生电离气体。如火炬、焰火、LED电子发光管、电子显示屏等。所谓“‘等离子体’，也称‘等离子区’。一般指电离的气体，由离子、电子及未经电离的中性粒子所组成。因正负电荷密度几乎相等，故从整体看呈现电中性。像火焰和电弧中的高温部分、太阳和其他恒星的表面气层等都是等离子体。在等离子体中电磁力起主要作用，能引起和普通气体大不相同的内部运动形态，例如电子和离子的集体振荡”①。“等离子体是物质的第四态，即电离子的‘气体’，它呈现出高度激发的不稳定态，其中包括离子（具有不同符号和电荷）、电子、原子和分子。其实，人们对等离子体现象并不生疏。在自然界里，炽热烁烁的火焰、光辉夺目的闪电以及绚烂壮丽的极光等都是等离子体作用的结果。”②可见，等离子是物理“气场”的重要组成部分。

其次，“气”与其他物质一样，是以某种物质形式存在的客观实在。不同的物质因其原子成分不同，故而存在体积与重量的差异。而与原子相联系的虚空并非空无一物，其空间被空气和光波占据着，从而使具有波粒二象性的光以复杂的物质属性构成光粒子“气场”。这其中，物质之间的相互排斥、互为吸引，能够推动“气场”的不断变化和运动。

除此之外，自然科学研究证明，相同属性的物质一般表现为实物、粒子形态和场、波的形态。例如，当光的波粒二象性被发

① 辞海[M].上海：上海辞书出版社，1980：1884.

② 百度百科：http://baike.baidu.com。

现后,科学家又提出了物质波的理论,认为比原子更小的微粒子,如质子、中子、电子、夸克等都有实物和波两种现象形态,而且量子场论也认为,场的物质性具有普遍意义,它使时空成为连续体,而微粒子只是场的构造基本元素,但却是构成“气场”的重要物质形式。

最后,“气场”张力表现为物质的动态反映。物质是运动的,此起彼伏是气场的表象,时聚时散则为粒子的属性。如此来说,“表象”是“属性”的显现,“属性”只有通过“表象”才能呈现自身的性质。“气场”动态性为“波”,而粒子则为波包,波与波包具有对立统一的特性,从而使“场”形成“两极扩张”的张力。波不停地形成波包,波包也不停地汇入波中。如果把场比作大海,那么浪花就是大海中的粒子,大海不停地产生浪花,而浪花也不停地汇入大海。即场产生波粒子,波不停地扩展,其张力就一直可得以持续,“气场”张力由是形成。

不过,值得强调的是,虽然物理场是心理场形成“气场”张力的外在条件,但并不等于所有物理场都能产生“气场”张力。只有那些能够引起心理场波动的物质材料和动人的艺术造型才具备这样的外在条件。诸如,物理场中的数字水景音乐喷泉艺术、数控焰火艺术、数字灯光艺术、数字投影艺术以及各类数字动态化互动艺术等当属此类。2008 年北京奥运会开幕式就是该类成功的典型案例之一(图 7-3),其物理场“气场”张力主要由四方面构成:(1) 现场表演火焰与焰火作为等离子体,具有电离“气体”的物质性,可形成“场”的物质扩展张力。(2) 场所空间存在多种类物质辐射和复合气体传播。如电磁辐射、人体热量、味觉分子、嗅觉分子等,使得场内的空气质量、温度、物质悬浮颗

图 7-3 2008 年北京奥运会开幕式，现场环境、气氛、情调等能量相互激荡产生强大的“气场”

粒浓度远远高于体育场外部自然环境，从而形成物质扩散张力。(3) 数字发光体形成光子“场”张力。开幕式现场使用了大量的电子灯光照明、数字光景艺术、数字影像投影、大型电子屏幕以及种类繁多的发光设备，这类物体能够产生等离子体、光子基本粒子，通过相互混合、碰撞便会形成张力。(4) 声响是搅动物质性“气场”稀散和凝聚的重要因素。体育场内人声鼎沸、嘈杂，各种音响设备和播音声、歌唱声、音乐声、礼花声、乐器声等混合在一起形成分贝极高的音量。从物理特性上看，“声音源自物体振动，它是通过固体或液体如金属、空气、水等传播形成的运动，其中空气是主要的传播媒介。声音具有压力特性，也是一种机械纵波，而波是能量的传递形式，因此能够产生一定的效果”①。可

① 辞海[M]. 上海：上海辞书出版社，1980：530.

见,声响能够促使“气场”张力的形成。

总之,“气场”张力源自物理场。物质性“气场”的形成并非是空无一物、虚无缥缈的抽象概念,而是由多种复杂的物质基本粒子构成的现实实在。上述气体分子之粒子、光子等要素,通过稀散和凝聚,由声音振动与空气流动所产生的场所区域内的物质扩张,就是物理“气场”张力的体现。此类物质因素为心理场张力的产生提供了不可或缺的外因。毋庸置疑,以上站在现代科学的角度,通过对物理之“气”的综合分析,使“气场”概念的形成,以及对“气场”张力形成的判断有了确切的物理学依据。

(一) 张力源自环境场

物理场包含着地理场和环境场,环境场则是引发“气场”张力的直接动因,如此说来,数字公共艺术“气场”张力的形成离不开环境场。考夫卡指出:“心物场张力实质上包含着人的自我意识和环境两个层次,自我意识反映的是人的自主欲望与心理诉求,而环境则由地理环境与行为环境构成。前者是真实现实中的环境,后者则是主观意识中的环境,行为决定于行为的环境,行为环境的产生是因地理环境的变化而得出的结果。虽然行为环境受控于地理环境,但是,心物场的自我意识并未停止运转,它仍旧运作着,因此,心物场实际上是一个自主意识、行为环境、地理环境等相关动力因素共同交互作用的‘场’。”[①]因此,对于数字公共艺术来说,环境场是“气场”张力形成的最主要原因之一。尤其是对那些沉浸类虚拟现实影像作品,环境场是体验作品不可缺少的重要组成部分。数字影像公共艺术所具有的沉浸性表

① 库尔特·考夫卡.格式塔心理学原理[M].李维,译.北京:北京大学出版社,2010:52-53.

明,“电影要抓住观众,必须使观众与剧中人的环境同化,为达到这种目的,我以为创造剧中的空气是必要的”①,费穆如是说。所谓的“剧中的空气”,实际上指的就是欣赏氛围,即“气场”,由欣赏者、欣赏对象、欣赏环境共同营造。要想使数字公共艺术作品本身所具有的迷人魅力能够最大限度地吸引观众,使欣赏者忘我地沉浸于欣赏对象,必须设法使观众所处的现实环境与欣赏对象中的虚拟环境融为一体,如此,才能使观众忘却自我,真正静心化身浸入虚拟环境中,浸没于物我两忘的超然境界,使真实现实与虚拟现实混合成完整的“气场”。例如,人类在常态地理环境下行走与奔跑,是自身行为最基本的活动方式之一,离开了地面人就无法行走。相反,设若借助工具能在空中行走必然会引起人的好奇心。2008 年北京奥运会的点火仪式采用的就是这一方法。设计师为了将开幕式点火仪式设计得别具一格,使观众心理能够沉浸于现场环境并使之更具有期待张力,故采用表演者手持火炬行走于空中的方式,模拟比赛跑道上运动员奔跑的姿态,缓慢接近主火炬塔,以引起万世瞩目的轰动效应。表演的行进跑道是用数字影像画卷虚拟而成,以此反映中国悠久的传统文化。空中行走也只是模拟,并非是正常环境行为,用此方式表演可增加观众的心理期待力。由于行走地理环境的改变,人的行为只有得到调整才能完成这样的创作设想,否则,漫长的空中行走,表演者根本无法克服地球引力所带来的行走困难。为了消除这一障碍,行走行为必须根据行走地理环境,选择切实可行的方案,才能使既定的设计计划变成现实。设计师借

① 宋家玲,宋素丽.影视艺术心理学[M].北京:中国传媒大学出版社,2010:161.

助于计算机控制技术，采用钢索轨道悬挂法，使表演者能够在体育场上空如同太空行走。与空中行走相配合的艺术创意关注点体现在运动员向前奔跑时，其身后展开的历史画卷。奔跑者跑得越疾，画卷则展开得越快，历史图录一览无余。这一过程也正是人们心理场期待张力的最大扩展过程，观众的心理张力是因体育场表演行为环境的变化而引起的反应。由此可见，“场”的张力来源，一方面是自我心理诉求扩张的结果，另一方面则受限于客观行为环境，前者是人的自我欲望膨胀的体现，而后者则属于现实物理场范畴内的行为环境，但归根结底，张力产生于环境场。

（二）张力产生于同质场与异质场

公众在体验“场”的环境组织关系时会遇到同质与异质问题。同质环境意味着，“一切意向和目的都是同质的，人与场处于一种平衡状态”。而异质场则表现为，“场的平衡遭到了破坏，从而使整个场产生了高度的张力”，它由活动而引发。“因为活动预示了异质的场，它是具有一系列力的场，具有潜在变化的场。”[①]在行为环境中，具有动力特征的同质场和异质场的张力一般表现在：“场”的平衡与失衡、“场”的低凹与突显（起伏）等方面。

1. “场”的平衡与失衡

“场”的平衡与失衡是数字公共艺术“气场”张力形成的重要因素。考夫卡所称的“同质场”，就是指周遭环境场的一切景物和人的行为都处于平衡状态，若在同质平衡状态中加入异质场

① 宋家玲，宋素丽．影视艺术心理学[M]．北京：中国传媒大学出版社，2010：161.

的动态因素，那么，平衡将被打破进而产生“气场”张力。人们所处的“场”对于人的意向感受来说都是同质的，人与场共处一个平衡状态，既没有奇特的事物引人注目，也没有什么不安的紧张。实际上，处在这样的场景中，个人与环境已融为一体，人是环境的一部分，环境也是人的一部分。关于“场”的平衡与失衡问题，考夫卡在《格式塔心理学原理》一书中曾有过具体的论证：“想象一下你在山间草地上或在海滩上晒日光浴，神经完全放松，而且与世无争，你什么事情也不干，你的周围环境如同一块柔软的斗篷，将你罩住，从而使你得到休息和庇护。现在，你突然到尖叫声：‘救命啊！救命！’这时你的感觉变得多么的不同，你的环境变得多么的不同。让我们用场的术语来描述这两种情境。起先，你的场对于一切意向和目的来说是同质的（Homogeneous），你与场处于一种平衡状态。既没有任何行动，也没有任何紧张。实际上，在这样一种条件下，甚至自我(EgO)及其环境的分化也变得模糊不清；我是风景的一部分，风景也是我的一部分。因此，当尖叫声和意味深长的声音划破平静时，一切都变了。在此之前处于动力平衡中的一切方向，现在只有一个方向变得突出起来，这便是你正在被吸引的方向。这个方向充满着力，环境看来在收缩，好像平面上形成了一条沟，你正在被拉向这条沟。与此同时，在你的自我和那种尖叫声之间发生了明显的分化，整个场产生了高度的张力。”①这段论述表达了考夫卡关于“‘场’的平衡与失衡现象”的看法，所要传达的含义表明，“场”在没有受到外力干扰的情况下，“平静”其实就是“平衡”，若外在

① 库尔特·考夫卡.格式塔心理学原理[M].李维，译.北京：北京大学出版社，2010：53.

因素搅动了“场”的平静，使“场”失去了平衡，那么就会导致“场”的紧张，从而产生“气场”张力现象。类似的例子还有，“夜幕下的美国纽约时代广场，行人神情悠闲，现场氛围默然平静。突然间，广场中心出现一件由激光组成的三维全息数字影像《光雕》作品(图 7－4)，在音乐伴奏下不断变换着造型。此时广场平静已被打破，人们的目光全集中到这突如其来的突发行为上”。原先夜晚平静的广场气氛立刻变得热烈起来，而此前“场”的已有平衡已被打破，人的目光均聚焦于《光雕》上，使其显得尤为突出。由于人们的注意力大都被吸引到这个方向，从而产生了强大的心理驱动力。周围的环境似乎也在收缩集中，仿佛平面已逐渐凸起，正引导人们聚向凸起的部分。此时，人与数字公共艺术作品之间出现了明显的分化，整个场充满着活跃的“气场”张力。对于“场”来说，同质与异质是相对的。一个平静的“场”在城市中较为罕见，而在人群活跃的集会中更是如此，活动由力引发并会导致异质场的产生。例如，2004 年雅典奥运会开幕式上，当现场观众正平静地欣赏着体育场中央虚拟爱琴海别具一格的美景时，开幕式的节目正

图 7－4 《光雕》

有条不紊地按计划进行着，虽然每一时段的节目变化丰富，活动有起有伏，但总体上波澜不惊，力的分布较为平衡。然而当节目进行到 14 分 37 秒，由人马合一的神把“标枪”投向“爱琴海”时，代表人类文明的希克那利克数字雕像便从“爱琴海”中缓缓升起，从而打破了场的平静，使场中的力失去了平衡，人们的目光一下子都聚焦于雕像上。它显然搅动了现场氛围，使场内气氛活跃，从而形成了“气场”张力。

2. “场”的低凹与突显

数字公共艺术特定的现实真实“场”中的平衡与失衡，是导致“气场”张力产生的原因，那么，低凹与突显也同样具有这样的“场”性特征。所谓的低凹与突显，指的是那些处于同一秩序和高度中的节奏突变和高低落差的变化，它表现为事物直线连续的中断。在一般情况下，视知觉观察物体时，特别高的地方易引起视觉注意，而极端低的位置容易形成空洞，也同样容易引起关注。考夫卡称低凹为“空洞”，贡布里希则称之为“视觉显著点”。贡布里希“用一串带有空缺的珠链和取自沃尔夫冈 · 梅茨格式(Walfgang Metzger)的《视觉原理》一书中的金字塔来举例，表明低凹在正常秩序中是连续的中断，它具有视觉显著点的张力特性”①。在一个场中，低凹与突显是张力普遍存在的现象，也是同质与异质的外在表象之一，低凹与突显既是“气场”张力显示的突破点，也是力的中心。无论低凹还是突显都是行为环境的异质表现。2010 年上海世博会开幕式主会场中的大型数字公共艺术：灯光、喷泉、焰火表演被安排在黄浦江两岸，按照“气场”

① 贡布里希. 秩序感：装饰艺术的心理学研究[M]. 范景中，杨思梁，徐一维，译. 长沙：湖南科学技术出版社，1999：124.

张力的原理，面积狭小的空间易于积聚“气场”能量，然而，设计师把浦江两岸与江水一同作为超大型数字公共艺术呈现“场”时，显然具有很大的挑战性。按常规，空旷的自然环境并不利于行为“气场”的积聚，但设计师为使展演内容能够得到合理布局，运用形式法则使布展要素之疏密、大小、纵深、高低、起伏等方面错落有致、有条不紊。不仅有利于夜幕中低凹的江面展现江南文化的水语诗韵，而且也使得整个开幕式的亮点集中突出。设计才俊们为了表现江水的动感与层次，运用了 LED 数字发光管、船只、气球等道具置于宽阔的江面上，编排出一系列别具一格的图形，随波逐流，荡漾闪烁。现场辅配音乐演奏，高达百余米的数控灯光喷泉(图 7 - 5)随着音乐节奏不断上下起伏，变换着不同的动感造型，从而成为场中突显和引人注目的设计之“眼”。

图 7 - 5　高达百余米的数控灯光喷泉

除此之外，另一个与众不同的突显景物为浦江大桥，此时的大桥已被火树银花盛装成巨大的等离子“气团”发光体，燃放的礼花使大桥好似“银河”悬浮于江面上。不难看出，从低凹的江面到突显的喷泉、大桥，在同质的环境中表现出异质的“气场”起伏变化，从而使“在场”由水气、光色、焰火、数字影像等诸多要素组成混合音响、发光景物，最终凝结成巨大的动态张力“气场”。人们在这样一个内燃炽热的场中，能够感到巨大的“气场”能量张力和震撼力。考夫卡认为：“仅就我们所说的环境中的那些‘显突’物体而言，便表明了一种异质：物体存在的地方要比空洞存在的地方更受注意。当然，空洞也可以成为十分显突的部分，从而空洞中的东西要比空洞周围的物体更受注意，也就是说，现在空洞成为具有吸引力的东西了。”[①]考夫卡在这里所说的“空洞”显然指的就是低凹。可见，就突显与低凹成为注意力的关系而言，并非一成不变，江面位置低凹被称为“空洞”，只是相较于岸上景物与江面低凹所形成的高低落差。而 LED 组成的发光图形与漂浮在水面上的激光文字所引起的人的注意力同样会在低凹处转化为突显的部位。为此，它“证明了我们的最初主张，即物体而非空洞乃是显突之点，也即力的中心”[②]。总之，无论是突显还是低凹，最终引起人们关注的是受力点，即“气场”张力的引力“中心”。

综上所述，“气场”张力是心物场的客观反映。心物场张力

① 库尔特·考夫卡.格式塔心理学原理[M].李维，译.北京：北京大学出版社，2010：54.

② 库尔特·考夫卡.格式塔心理学原理[M].李维，译.北京：北京大学出版社，2010：54.

反映的不仅是人的心理场自我诉求的扩张,而且也是环境场决定心理场张力来源的内因,因此心物场张力是心理场对环境场直观感悟的结果。与此相联系的是,数字公共艺术“气场”张力反映的是一个问题的两个方面。一方面,“气场”体现出数字公共艺术“场”性的扩展特征;另一方面,“张力”反映的则是数字公共艺术“场”境的表现性与影响力。故此,“气场”张力不仅是“两极扩张、双向统一”的体现,也是“场”境和艺术感染力的体现。进一步而论,若站在中国传统文化的角度去理解“气”“气场”与人居场所的关系,它反映的是人与自然环境的关系;若与绘画“气”论相联系,则反映的是人的“灵魂”与生命的“精神”活力。如果以西方现代科学的标准来验证中国的“气”论思想,那么,中国的“气”论总体规则显现出驳杂、含糊、不确定的特征,而不能用明确、科学的实证依据去解释相关领域与气有关的“场”性现象。若以西方实验科学的方法对“气”与“张力”现象进行深刻的探索与研究,便会发现“气”属于自然现象,是由各种物质元素构成的“物理气体”,具有“稀散和凝聚”的扩张本质,赋有一定的“气场”张力特性,现代物理场也证明了等离子体之类的物质是构成“气场”的重要成分。尽管如此,“气场”张力现象主要属于人的心理范畴,因此,真正能够解释数字公共艺术“气场”张力现象,并以科学实验依据为支撑的格式塔心理学最具权威性。这也表明,用“心物场”理论去解释数字公共艺术的“气场”张力现象,显然最具科学性,反映出数字公共艺术作品、公众、公共场环境、公众心理体验等诸要素之间所形成的完整的知觉场关系。

第八章　数字公共艺术营造“诗意之场”

“环境最具体的说法是场所。”①诗意，即“像诗里表达的那样给人以美感的意境”②。数字公共艺术营造城市环境，就是以城市公共环境为场所，将城市规划、数字技术与环境艺术等要素相结合，创造出秀美的城市意象，从而呈现出诗画般的城市意境，“诗意之场”由是诞生，因此，“诗意之场”是数字公共艺术“场”性的本质反映之一。塑造城市环境，一方面，离不开传统的城市规划、建筑设计、环境艺术、视觉传达等各类艺术的综合统筹、整体协作；另一方面，也离不开新时代高科技技术条件下数字艺术新形式的适时介入。“诗意之场”与城市环境的关系正是这一规律

① 诺伯舒兹.场所精神：迈向建筑现象学[M].施植明，译.台北：田园城市文化事业公司，1995：6.

② 将“数字公共艺术塑造城市环境”列为研究内容，并非意味着抛弃和忽略传统公共艺术在建造城市环境中的作用和地位。在此强调数字公共艺术与城市环境的关系，显然是为了突出本课题对相关“场”性问题的思考。

的客观反映。实用功能上，诗意的城市环境是人们工作、生活的理想场所，自人类文明发端起，便始终对之孜孜不怠地心仪向往。

从历史上看，一部城市环境史，就是一部人类文明史。诗意的环境，不仅要求具备天然的碧水蓝天，而且还需要人类用独有的创造力，对工业化所形成的环境逻辑进行不断的自我审美修正与应时创新，在本然优美的环境条件下，拥有与之相适应的精神场所。纵目寰宇，“诗意之场”的环境理念不仅是人类的共同追求，也是现代国际环境普适价值观的客观体现。联合国《环境宣言》早就指出：“人类既是他的环境的创造物，又是他的环境的塑造者，环境给予人以维持生存的东西，并给他提供了在智力、道德、社会和精神等方面获得发展的机会。生存在地球上的人类，在漫长和曲折的进化过程中，已经达到这样一个阶段，即由于科学技术发展的迅速加快，人类获得了以无数方法和在空前的规模上改造其环境的能力。人类环境的两个方面，即天然和人为的两个方面，对于人类的幸福和对于享受基本人权，甚至生存权利本身，都是必不可少的。”[①]宣言的核心表明，人类对于环境的改造直接关乎“人类的幸福”和“生存权”。2010 年上海世博会所提出的绿色化、数字化城市理念“城市，让生活更美好”，其核心内容就是对城市环境的重视。除了城市低碳、绿色环保等话题成为大会关注的焦点外，美化城市环境、追求诗意的城市视觉意境是与会各国共同重视的课题。由此来看，虽六合天地四方存有地域、民族、风俗不同，可是，对于“诗意之场”中所

---

① 1972 年联合国斯德哥尔摩《环境宣言》。

涵盖的绿色环保、美观舒适的环境观却是这些差异中的共识。然而，若追根究底，一些西方老牌资本主义国家也曾经历过工业化初期对环境问题漠视的深刻教训，其中不乏忽视并破坏城市环境的典型案例，只不过吸取教训之后，经所在国的反省并倾力治理，通过一百多年的苦心经营，已然旧貌换新颜，许多城市环境俨然已是“诗画之境”。生活在这样的环境里，人的审美理想与客观环境之间相互浸染，心物交流，互为促进，使人的审美境界不断提升，进而对环境存有越来越高的审美期盼，反映出人类文明的进步。现实环境的不断改进，就是这种观念心路的客观体现。回眸历史，每一个不同的历史发展时期，时代潮流无不促使人们与时俱进，不停地寻找新的环境表现方式，用理想的审美语言抒发真情实感，营造栖居场所，也只有这样才能创造出与时代合拍、崭新的“诗画之境”。信息时代，以合理的环境规划和数字艺术表现形式介入城市公共环境，就是这种新的审美表现方式的具体体现。反观中国，在世界首轮工业化进程中，因国力不济，落后于西方，迫于基本生计，自然也就与环境问题无干。如今已然崛起，在新一轮城市化进程中，公众可把握信息时代的新机遇，将数字艺术与城市环境问题紧密结合，用崭新的环境造景方式构建城市意象。这既是历史的发展机遇，也是当代环境现状所迫。所要解决的问题，不仅内含与人类生存息息相关的大气、水、土壤、食品等基本生存要素，而且还包括环境构建与环境审美问题。为此，以“诗意之场”作为城市环境建造理念，借助于数字化公共艺术塑造城市审美环境，有着务实、积极的现实意义。进一步而言，当人们追问“诗意之场”的城市环境理念因何而起时，显然，它与城市文明的“副产品”——环境危机、环境缺失有关。“诗意之场”的本质在于,一方面,环境恶化使得人类渴望回归前工业化时期的自然环境状态;另一方面,人们又希望享受工业文明所带来的物质快乐。回归的实质,并非真归于远古蛮荒的乡野村庄,而是在现代城市文明中运用虚拟真实现实的审美造景手段,师法自然,以此创造出如诗如画般的美好意境,此意境既不同于乡村非人化的大自然风景,又与之相联系,是在抽取自然景观审美要素的基础上塑造人化景观。在保证工业文明所带来的物质盛宴毫不受损的前提下,改造环境,其最终目的是为了满足更美好的生活需要。显然,数字公共艺术符合这一理念,并正发挥着极其重要的社会作用。鉴于此,本章将从“‘诗意之场’的缺失:城市环境危机的现实性”“‘诗意之场’的营造:城市环境审美的本然回归”“‘诗意之场’的理性营造:科学完善的城市公共环境规划”“‘诗意之场’的形成:环境间性营造城市意境”“‘诗意之场’的当代性:数字公共艺术营造城市意境”等方面,具体论证数字公共艺术塑造城市环境与人类追求城市“诗意之场”之间的关系。

第一节 “诗意之场”的缺失:城市环境危机的现实性

“诗意之场”诞生的最初动因,源于消解城市化进程中所出现的环境危机。这场危机充分显示出城市环境因极端化追求经济效益,缺乏科学化管控和对环境审美的忽视而导致。前者为主因,后者是表象,二者联系紧密且相互影响。对于数字公共艺术来说,关键还在于后者。前者是经营层、管理层思想认识不足的反映,后者则是审美意识的物化体现。其实,“对于人类居住来说，‘诗意的’标准，最重要的当然也就不只是城市的经济品质，而是一个和谐、自由的生活空间。这种审美化的城市空间的营构，一方面固然离不开经济及技术品质的保证，另一方面更主要的还是要真正做到‘以人为中心’，在人与自然、个人与社会的亲近与和谐之中追求每个人的自由与自适”①。城市环境的“诗意”性本身就应该含有极高的审美价值，人所具有的天然生物性，要求其自身必须具备适应自然环境的生存能力，而其精神性则强调对自然环境进行不断的征服与改造。正如马克思所指出的：“人创造环境，同样环境也创造人。”人类对自然环境征服与改造的目的，无疑是为了满足自身的需要。可是，征服与改造是一把双刃剑，利弊兼具，其负面性使得征服的过程难免不会对自然环境造成破坏。工业化进程中，以城市为代表的人化自然所引发的环境危机，乃为此症结使然，这与城市的基本内涵、性质及其功能有关。实际上，危机并非不可避免。

一、城市的二元对立：征服、破坏与保护、建设

任何一个城市若想具备“诗意之场”的属性，不能忽视解决城市二元对立的问题，即征服、破坏与保护、建设。工业化进程中，城市环境危机的出现和城市本身的内涵直接相关。一方面，城市的产生是人类征服自然的结果，也是文明水平外化的体现；另一方面，当人类征服自然的同时，也对环境造成了某种程度的破坏。回溯历史，辨析“城市”语词的内涵时就会发现，城市是由“城”与“市”两个概念构成。刘易斯·芒福德说：“城市是什么？

① 施旭升.城市意象与诗意栖居[J].文化艺术研究，2010(5)：8-15.

它是如何产生的？……很难用一种定义来概括”，但“圣地、村庄、要塞”[①]是形成早期城市的主要三种类别。中国自古以来就有“筑城以卫君，造郭以卫民”的记载。“市”是以“日中为市，致天下之民。聚天下之货交易而退，各得其所”。“城”乃以高墙围合为屏障，外围环以深壕、宽沟为御敌之能事。可见，“市”就是城内居民用以商贸交易的场所。“城”是人类对自然生存环境改造的结果，反映出人类征服自然的能力。合理的造城能够“卫君”“卫民”“聚天下之货交易”。虽然形成城市的因素远比上述三种情况复杂，但直接成因还是由乡村发展而来，它也是社会分工、生产力和生产关系、阶级矛盾和阶级斗争集中体现的场所，并代表着一个国家科技发展的总体水平，所以，城市是人类由混沌、蒙昧的幼年时期，逐步走向文明、成熟阶段的重要标志。也正因如此，城市与乡村的二元对立才会形成。马克思认为：“一个民族内部的分工，首先引起工商业劳动同农业劳动的分离，从而也引起城乡分离和城乡利益的对立。”[②]马克思还认为：“一切发达的、以商品交换为中介的分工的基础，都是城乡分离。可以说，社会的全部经济史，都概括为这种对立的运动。”[③]城市与乡村二元对立的结果，直接表现为乡村的消失和城市的增长。作为人类，乡村虽然具有宜居的自然生态环境，但乡村贫穷落后、精神资源匮乏的缺陷，使得人们宁愿选择城市居住而不愿回归

---

① 刘易斯·芒福德.城市发展史：起源、演变和前景[M].宋俊岭，倪文彦，译.北京：中国建筑工业出版社，2005：1-30.

② 韦建桦.马克思恩格斯文集：第1卷[M].中共中央马克思恩格斯列宁斯大林著作编译局，编译.北京：人民出版社，2009：520.

③ 韦建桦.马克思恩格斯文集：第5卷[M].中共中央马克思恩格斯列宁斯大林著作编译局，编译.北京：人民出版社，2009：408.

乡野。在城市中，人类所建立起来的文明秩序和自我逻辑价值体系，使得城市具有无尽的人文魅力。相较于乡村，城市是财富、先进、发达、时尚、文明的象征。反观乡村(尤其像中国这样的发展中国家，人的感知图像中，似乎总是呈现出贫困的乡野村民，带有浓浓的泥土气息，躬耕于贫瘠土地上的场景)，在人们的认知中，几乎等同于穷困落后、孤寂无望。由于城乡二元对立的不可调和性，使得人类不得不加快城市化建设以消除城乡差距。然而，城市化的进程往往以牺牲环境为代价，从而使得城市环境产生危机。具体来说，城市化在演进的过程中，其功能和内涵逐渐发生了变化，并分化成都市型和商贸型两类。工业化时期，由于人口激增，城市发展与商业竞争日益加剧，使得城市的污水、废烟、垃圾等不可降解污染物大量出现，造成城市化发展与环境破坏之间的矛盾日趋尖锐。与工业化时期相比，城邦时代的城市建造对环境的破坏，主要体现在农业、手工业生产方面，并以轻微改变自然地形、地貌为特征，该时期以自然经济作为主要生产方式，对环境的破坏还并不那么明显，城乡矛盾也并不那么突出。但到了工业革命时期，由于采用了高科技手段，大量使用工业化学品，以及运用威力巨大的物理方式改变地球的自然形貌、结构、性质，此时，人类的生存环境遭到破坏。换句话说，早期都市型城市主要以农业、手工业等小作坊模式从事生产经营活动，此阶段生产力低下，造城的主要目的在于集权和御敌，因此，对环境破坏的程度并不那么突出。如奴隶制时期的古希腊、罗马都城，以及中国封建社会历朝历代之都，便是这种类型的代表。人类工业肇始期，城市对环境的破坏处在可控范围内。可是，另一种以工业化大生产和商品贸易为模式的工业化城市，对环境的压迫和破坏使得问题变得日益严重。这类城市多位于水陆交通口岸,便于生产和自由贸易。如意大利的威尼斯,荷兰的鹿特丹,美国的纽约,中国的广州、上海、天津等沿海城市便属此类。然而,无论何种类型的城市,规模如何,其内涵都是人化自然的结果,无论发展怎样,均会对环境造成破坏,只是破坏的类型和破坏的程度不同而已。人类要想生存,要想生活得富有"诗意",城市建设必须要制定和实施与其发展相适应的环境保护措施,其目的在于征服自然的同时,最大限度地降低环境破坏。这一切需要人类诉诸科学、合理的方法,唯此,才能减小对环境的伤害。可见,城市发展与自然环境的关系是征服、破坏与保护、建设并存的关系,这一关系也是城市发展内涵的真实反映。

二、城市环境的消极面:文化缺失与审美危机

从审美与文化角度看,城市环境的消极面与文化缺失、审美危机直接相关,其主要反映在以下几个方面:

首先,表现为城市个性的趋同化危机。这一现象虽不会直接影响人的生存危机,但会潜移默化地影响民族文化的存在感,致使城市缺乏"诗意之场"的文化个性。现代设计所拥有的标准化、模块化与批量化属性具有普适价值,但并不等于完美无缺。个性的趋同化就是现代设计自身不足的写照,建筑设计也不例外。在建筑设计领域,不同建筑的相互克隆,使得城市与城市变得"千城一面",机械、僵化,程式化倾向严重。这一弊端削弱了国家、民族间多元设计的地域差异,降低了不同民族的文化特色,泯灭了艺术个性,使文化环境变得单一、冷漠。久而久之,积重难返,人们必然会趋向审美疲劳。目前的中国,这一现象显得

尤为突出。虽然造成这一现象的原因是多方面因素的汇集，诸如，社会经济、土地资源、居住条件等方面的因素，但最直接原因还是由于文化缺失和设计观念的趋同性所致。与此相关的建筑配套设计，如城市景观设计也具有相似或相近的视觉呈现，至少在风格上趋于雷同。当人们进入这样的城市环境之时，仿佛步入半个多世纪以前的纽约、芝加哥或鹿特丹等欧美城市化高潮时期所建造的城市环境中。这类克隆环境既不能反映环境设计的时代超前意识，也不能体现民族的传统特色，充其量就是一个欧美现代主义设计运动的拟仿物而已。

其次，表现为城市传统文脉的中断危机。审美与文化传统密不可分，文脉的中断就是传统美学与“场所精神”的缺失。改革开放初期，中国若能完整地保留一座古城，实为罕见。若有那座古刹得以幸存，当引以为豪。在中国的城市化进程中，新城的诞生往往是以古城消失为代价的文脉中断和传统审美符号的缺失。城市的“日新月异”使得人们进入了没有旧街老巷、宗室祠堂、民俗遗存的陌生环境，缺少了诺伯格·舒尔茨所说的“场所精神”。特定传统环境的消失，使得城市作为古老文脉的场所及其灵魂一同湮没在新城的改造中。由于城市特定的地理环境和人化环境构成了城市精神的独特性，体现了人的精神面貌和存在状况，使人对深藏于记忆中的城市环境、视觉审美符号有着精神上的归属感。古城的“推倒”实际上等于抹杀了人类过去的文明符号记忆和传统文脉。即使“重建”，也不再具有往昔的文化底蕴感和历史层次，它带给人们的只有拟仿、陌生、冷漠、遥远的距离感，甚至不再会有什么东西值得人们回味与留恋。城市传统文脉符号的中断，就是历史文化所依存的场所丢失了自己的审美“灵魂”和“场所精神”。

最后，景观环境整体性与连续性的缺失。现代城市景观环境设计着重强调整体性与连续性，这是城市环境重要的审美评价标准之一。“整体”，不仅仅是总体规划的科学性与合理性的体现，更是建筑设计师、环艺设计师对街道、广场以及环境艺术等相关要素的整体协作过程，它表现为视觉形式、品位、格调等方面的一致性、统一性。而“连续”，则是环境要素通过相关文脉的联系，运用虚与实、疏与密、高与低、大与小等形式法则，在时间与空间上形成连贯，以营造出跌宕起伏的景观意象。然而，就目前来看，中国许多现代城市的环境设计，在整体性与连续性上并不能体现上述特点。如苏州古城干将路环境改造项目就是一例。改造后的干将路及其景观环境与邻近的古路径、旧河道在空间体量、比例尺度上存在着严重失调，以至造成环境整体性与连续性的偏差。虽然，某些古河道的旧址依在，并建造了一系列仿古拱桥，但原有的文化遗存已不复存在，新建的也只是些拟仿物而已。即使少数历史遗迹得以幸存，但由于新造道路及其环境体量庞大、新旧环境不成比例、古环境空间受到挤压，河道仿佛已然成为农业灌溉用“沟渠”，架设的新拱桥犹如“模型”“道具”摆设一般。尽管河道四周也做了景观设计，但这样的景观好似“舞台布景”，从而使古城已完全没有了往日记忆中那种“小桥流水人家”的诗画意境。与新建干将路相交的平江老街、古河道，虽被完整地保存下来，但由于与之相邻的干将路原有环境已不复存在，致使该区域的周围环境整体性遭到了极大的破坏。残存的人文环境只有平江古道一小片街区，作为姑苏老城区旅游目的地而得以幸存，只不过已然成为专供游人参观游览的景点、拍照的"道具"而已。

总之,城市景观环境的消极面,虽然是多种复杂因素综合形成的结果,但城市个性的趋同化、传统文脉符号的中断以及环境整体性与连续性的缺失等要素,是导致城市景观环境消极面形成的最主要因素,也是城市缺乏"诗意之场"属性的重要原因。

第二节 "诗意之场"的营造:城市环境审美的本然回归

通过上述分析,国内城市部分景观环境消极面已彰明较著,这是不争的事实。西方资本主义国家对环境治理的成功经验和现实案例表明,要想改变这一状况,只有通过营造合理的城市环境审美秩序,才能促使"诗意之场"环境内涵的本然回归。为此,除了需要经济支撑外,还需要人们切实树立起环境审美意识,这将直接关系到能否抓住历史发展机遇,彻底改变城市环境发展的不利因素。

一、环境改造的必然性:把握实现"诗意之场"的历史机遇

营造"诗意之场",该为当下城市环境的理想目标,它与"诗意的栖居"一脉相承。以中国为例,一些新建小区被冠以"山水江南""东方威尼斯""香格里拉"等富有人类理想栖居地称号者皆由此理念为缘起。显然,中国国力正处在一个快速上升期,人们已不再满足于居所的基本生存需要,而是将如何提高环境质量放在了首位,环境审美正是人们这种要求的真实反映,也是经

济水平提高后所带来的栖居必然。国内目前有关“诗意之场”的审美理念，主要涉及城市环境两方面因素，即新城建设和老城改造。其一，中国已然由一个发展中的农业社会正向新兴的工业化国家迈进，且奋力加速城市化进程以追赶欧美发达国家。大量的农村剩余人口正由乡村迁往城市，在保证新建城市基本功能的前提下，如何规划建造一个如“诗画”般优美的环境是政府必须优先考虑的关键。其二，随着中国经济的高速发展和公众生活水平的不断提高，原有的老城居民迫切希望政府能对旧城环境进行彻底改造。近年来，在全国各地所掀起的旧城动迁翻新如火如荼，就是这种契合民愿的现实反映。

从历史上看，民众这种对环境的总体认识并非是当今社会独有的现象。与“诗意之场”有关的环境审美问题是一个永恒的话题，它既离不开所属时代人们的思想意识对环境审美的判断，也离不开当时的科技水平对环境审美的影响。如，古希腊时期雅典卫城的设计建造，采用的是以古典审美为营造法式的黄金分割。在当时，一切环境设计均以数理分析作为其崇高的审美法则。影响这一审美理念的代表人物毕达哥拉斯就曾认为：数是万物的始基，主张用数的方法来解释一切自然现象。根据这一学派的观点，世界是可知的，看似混沌的宇宙却隐藏着审美“秩序”和“结构”，运用数可找出其中的审美规律。同一时期，限于科技水平低下之羁缚，与古典环境公共艺术相关的环艺[①]建

① 前资本主义时期，人类史上的公共环境艺术大多为皇家或贵族的私人财产，不同于现代意义上民主国家的公共环境艺术。不过，在当时，这类艺术多处在大众日常活动场所中，其使用性上含有公共性质。如皇家广场、公共绿地、宗教场所等。对此，有些学者将这类艺术归为早期环境公共艺术。

造，多以手工构建和现实再现为主，即便运用工程器械，也必以人畜驱动作为动力来源。这类环境艺术的展呈，皆以真实现实的物理实体诉之于人的五感(视、听、触、嗅、味)，如广场、街道、植物园艺、古典雕刻等，不一而足。工业化时期，由于科技水平发生了质的飞跃，环境艺术开始大量使用工业科技成果，如玻璃、塑料、合成金属、喷泉艺术、灯光艺术、焰火艺术等纷纷登上历史舞台。在驱动方式上，电能作为主要动力已登上了历史舞台。从此，高度理性化、秩序化、工业化、标准化的设计与生产、工艺与营造便成了环艺审美的感知符号，人类也因此对环境审美发生了巨大的变化。进入数字信息化时代，数字科技逐渐介入环境艺术之“场”，信息技术开启了一个崭新的时代。这是历史的选择，也是时代的必然。客观上，数字公共艺术和“诗意之场”的联系，在于数字艺术本身所拥有的计算机技术与艺术相结合的机能性可满足人们对环境的审美需求。如数字灯光艺术、数字水景艺术、数字焰火艺术等，便是营造“诗意之场”的具体体现。新城营建和老城环境改造离不开这一艺术手段，公园、水岸、绿地、广场等公共场所同样离不开数字艺术所赋予环境的艺术魅力。各级地方政府为了将新老环境塑造成“诗画”之境，大多不遗余力地采用数字手段设计建造公共艺术，并以动、静兼顾的艺术形式扮靓公共空间，从而使数字技术在美化环境中扮演着不可替代的角色，“诗意之场”便因此诞生。可见，这一现象的出现，既是实现“诗意之场”环境艺术社会价值的历史机遇，也是历史发展的必然。

二、“诗意之场”理念的普适性：城市环境审美理想的理论依据

“诗意之场”所表达的环境美学理念，其精神内涵古已有之，

而非后工业时代专属。其暗含的普适价值,以学理典籍的形式常散见于人类不同历史时期的鸿篇巨制中。如中国传统古典美学中的“意境”“意象”[①]说等,便是耳熟能详的词例。中国人对栖居环境的追求历来讲究“诗、画”一体的境界。“意境”说最早源自中国古典画论,通常用于山水画的情境语词表述,多以山川、花鸟、虫鱼等意象为基础,目的在于借景抒情,以情传意,是“情”“境”“意”的相互交融。“意境”是人的自我意识对“意象”感悟的结果。“意象”即“形象”,是构成“意境”的主要成分。“形象”营造意境,其实质就是将意象物化为场所可“感”可“悟”的意境,即“场”境。“场”境的形成,实为意象在真实现实场所中的综合反映。即“意”是“情”借助“象”表达出来的结果,至于“象”的呈现具有何种境界,“仁者见仁,智者见智”,如同唐代禅师青原惟信所言:“老僧三十年前未参禅时,见山是山,见水是水。及至后来,亲见知识,有个入处,见山不是山,见水不是水。而今得个休处,依前见山只是山,见水只是水。”[②]这段禅语关乎“象”的释意,其实就是对形象的心灵感悟,是观众对作者心路解读的实现过程,表明了境由物造,情随景生。“诗意之场”与传统的“意象”

① 将城市环境用城市“意境”论进行解释,或用城市“意象”论表述,其本质并无差异。林奇认为:“环境意象论是观察者与所处的环境双向作用的结果。环境存在着差异和联系,观察者借助强大的适应能力,按照自己的意愿对所见事物进行着选择、组织并赋予意义。尽管意象本身与筛选过的感性材料在互相作用过程中不断得到验证,但如此产生的意象仍局限并看重于所见事物,因此对一个特定现实的意象在不同的观察者眼中会迥然不同。”(凯文·林奇. 城市意象[M]. 方益萍,何晓军,译. 北京:华夏出版社,2001:5.)林奇在此强调城市意象的确立,认为:必须拥有良好的城市环境,只有当现实环境与欣赏者的主观需求相统一时,意象才会产生。因此,意象是主客观统一的产物。然而,更为重要的是,城市要获取良好的环境,城市发展规划之初就必须树立城市意象意识,将合理的建造观念与情感投入城市环境建设中去,以使城市意象理想化。

② 《五灯会元. 卷十七》。

"意境"说学理相统一。在"场"境的彼此关联上,"意象"微观具体,"意境"则宏观抽象。不过,后者在语词的表述上更富于"诗意""神韵"。再者,"诗意之场"论还与卷帙浩繁的堪舆理论中的某些学理类似。"堪舆"即"风水",肇始于中国古代社会,是先民们顺应自然、改造环境而总结出的生存哲学。虽然现代科学指责其愚昧、迷信、蛊惑人心,但其作为中国传统文化对环境的研究并非毫无道理。一方面,堪舆术历来珍视自然环境与人文审美之间的联系,如"无水则风到而气散,有水则气止而风无,故风水二字为地学之最。而其中以得水之地为上等,以藏风之地为次等。"所谓的"藏风得水"是先民们对气候环境、水土植被、地形地貌长期观测、总结的结果,也是将之作为易居环境的选址与营造标准。"藏风得水"是在民间长期所形成的风俗化思想意识,本身便暗含着中国古典"诗画"美学认知和思想评价。另一方面,"堪舆"以"气"作为研究目的,通过对"山""水"环境的选址与人文营造,实现对"气"的获得,其实质在于寻找和确定"诗画"般居住场所,以达到把握环境、珍惜生命、益寿延年之目的,因此,"堪舆"术之"气",实为生命"动能"之"力"。正如《易经》曰:"星宿带动天气,山川带动地气,天气为阳,地气为阴,阴阳交泰,天地氤氲,万物滋生。"由此可见,堪舆术的部分学理高论与"诗意之场"所表达的环境理念有着异曲同工之处。

反观现代,"诗意之场"所表达的环境美学理念,尤以海德格尔为代表的哲学巨擘最为著名,他借用荷尔德林的诗句以表达自己的环境观,认为:人类不仅需要创造出一个人造环境,更需要营造出一个符合人类居住和审美需求的精神场所。早在19世纪,德国诗人荷尔德林,便提出"诗意地栖居",深刻反映出"诗意之场”的学理内涵。习见商家嗜爱借用其诗句“人诗意地栖居”去做商业宣传，尽管诗的原意并非如人们所想象的那样浮于表面的构词语义，但人们依旧喜爱诗句直意的表达。海德格尔对之考释后认为：“如果我们按这里所指出的角度来寻求诗的本质，我们便可达到栖居之本质。”“充满劳绩”，但人诗意地栖居在这片大地。荷尔德林作为诗人用浪漫、混沌的抒情诗句以唤起人们的情感共鸣。哲人海德格尔则以晦涩、深奥的学理博得人们无限的遐思。公众之所以接受地产商对之套用，是因为它符合人们潜意识中梦幻、仙境似的栖居图式，与公众诗意般的美好理想相吻合。“人诗意地栖居”就是营造“诗意之场”，是公众对环境不断追求的终极目标。为此，公众对诗句原文内涵的理解正确与否已不重要，重要的是人们痴迷于诗句字面所传达的恬适、清静、优雅的意境。它不仅能唤醒人们深藏于灵魂深处的理想，而且还能使这种理想化为现实。

三、“诗意之场”的实现途径：城市环境艺术的主要表现方式和审美欣赏

“诗意之场”是人的审美心路对客观环境体验的结果，感受如何很大程度上取决于环境艺术本身的表现力。尽管环境艺术在具体表现方式、审美欣赏等方面多样、驳杂，但大体上归纳起来主要有以下几种情况。

第一，以真实现实或虚拟现实的表现方式营造景观环境。

就环境艺术实体存在形式来看，无论是真实现实，还是虚拟现实，其艺术表现方式都是物理世界客观现实的反映。真实现实是指对物理世界客观物象的真实描绘，用写实的表现方式塑

造形象，犹如模型化再现，以达到营造景观环境的目的。如将现实既存物作为景观雕塑设置于市民广场，老百姓常见到的欧洲主题公园、浙江宋城等微缩景观便属此类。欧洲主题公园的表现方式在于，用真实现实的再现手法，将欧洲著名的人文景观客观真实地复制到公园中，让游客不出国门就可领略异国风情。虚拟现实，即对物理世界的客观对象用幻化虚像的表现主义方式塑造，数字艺术在其中发挥着巨大作用。如迪斯尼乐园就是典型的案例。鲍德里亚认为："狄斯奈乐园是所有纠缠于一体的拟像秩序的完全模型。首先，它是幻象与奇境的拟像——例如海盗船、前线边境，以及未来世界等等娱乐设施。这个想象世界应该要确保操作程序的成功，但是，最吸引游观群众的，应该(毫无疑问地)是社会的微观宇宙——那宗教化的、微型化的真正美国式乐趣，就是它的局限与喜悦。""如此，在狄斯奈乐园的每一角落，美国的客观性图像就被绘出来，直达所有个体与群体的生体结构。所有的价值都被微缩模型与漫画故事所提升。"[①]毫无疑问，虽然，迪斯尼乐园的幻化虚像景物是以物理世界真实现实的实体方式建造，然而，其创作手段、艺术造型却是真实世界虚构、夸张、虚拟现实的产物。

第二，以稳定与多变相结合的二元对立展示方式呈现。

卡尔松认为："环境是不断生成的，时刻都处于变化中，一旦我们移动，我们就是与欣赏的对象一起移动。"[②]环境艺术作为人类生存环境的一部分，不仅是场所的组成部分，而且也是作为艺

---

① 尚・布希亚. 拟仿物与拟像[M]. 洪凌，译. 台北：时报文化出版企业公司，1998：34－35.

② 陈望衡. 环境美学[M]. 武汉：武汉大学出版社，2007：18.

术欣赏对象而存在。生存环境需要哪一种类型的环境艺术是规划选择的依据，所选择的艺术形式一旦被确定，将会以一段相对稳定的时间而存在。不过，从现存环境艺术存世时间的一般规律来看约分为三类。第一类表现为规划合理、材料考究、工艺精良、创意独特的旷世之作，多会以人类文化遗产的地位留存于世。这类环境艺术主要涉及重要的市民广场、宗教仪式聚集地、象征国民权益的公共场所等。第二类表现为普通公民日常一般性的社交公共场所，如公园、居住公共绿地等。第三类表现为社会艺术团体或独立艺术家为某类文娱节目、商业活动、文化综艺、体育比赛等大型公共活动而临时建造的景观、环境艺术等。第一类环境艺术，由于涉及人类经典的人文遗产而受到各国政府的保护，因此，存世时间永久、固定。第二类环境艺术直接涉及公民的居住环境，政府主管部门会根据需要适当调整使用周期。如调整环境艺术的表现形式，或在原有的基础上增加新的艺术种类，删减原有的老旧艺术，以保持公共环境新颖持久的艺术魅力，防止审美疲劳。第三类环境艺术，多为短期展呈或以实验性探索类环境艺术为主。动态化、易变性是这类环境艺术的主要特征。显然，数字公共艺术的物理特性符合这类环境艺术的展示目标，因此，以数控灯光艺术、数控水景艺术以及多媒体综合展示等艺术形式介入公共环境，是体现环境艺术变动性最有效的展示手段。

第三，以参与和分离共存的审美方式体现其公共性。

作为公共艺术审美欣赏和审美评价的城市市民，虽不是环境艺术创作过程的执行者，却能够以参与者的身份影响环境艺术的创作意图，因此，他们往往与“诗意之场”的场所体验直接相关。功能上，环境艺术属于实用艺术，有别于仅以欣赏为目的的纯艺术，由于二者承担着不同的艺术使命，因此，其艺术评价体系迥异。纯艺术的欣赏强调欣赏者以超然的距离，静观品味艺术构思、技艺工巧之美。而赋有公共性的环境艺术则强调观赏者需化身为环境一分子，融入具体的环境中去，从而实现主客体的统一。其原因在于环境艺术不只是纯粹艺术品，更重要的是实用品。作为艺术品，观众可以批判者的身份与之保持距离，对其发表个人见解，甚至批判、指责，如此才能保持相对客观。而作为公共实用品，欣赏者要介入现场，亲临体验环境，感悟景、物、人的和谐关系，如此，才能有助于消解主客体相剥离的弊端。在消除距离的情况下，方可完全融入环境中去。这种距离不仅表现为真实现实中人与物的物理距离，更重要的是心理距离，只有当物理距离与心理距离保持一致时，才能对环境艺术形成真正的体验。也正是这一原因，才使得环境艺术欣赏有别于纯艺术。由于纯艺术所反映的内容均以表现或再现的手法虚拟现实世界，观众对纯艺术作品的欣赏，自然使自身与艺术作品相分离，使处在真实现实物理世界中的主体区别于表现虚拟世界的作品客体。反观环境艺术的场所，构成因素复杂，人处在现实环境中，心理上自然与环境融为一体。对于欣赏者来说，若将人与环境对立剥离，使人在独处冷寂的状态中保持对环境的距离，虽有习惯上的不易，但也并非难事。相反，大多数纯艺术，尤其是绘画艺术，便不具备这样使人融入画中，栖身于物理真实环境的特性。实际上，无论是对具有实用价值的环境艺术的体验，还是对纯艺术品的欣赏，都需要人们以一定的距离客观审视自己直面的对象。距离的确定是为了避免自我功利因素和认知确认度的偏差,使体验以纯然的审美方式诉之于感观知觉。同时,还需要观赏者用另一种眼光,以超视距的观察,跨越主客分离的界限,进入主客彼此不分、水乳交融、浑然一体的境界。

第四,以动态与静态相结合的表现方式营造城市环境。

环境艺术以真实现实的物理形态存在于不同的城市环境中,其静态造型与动态语义表现成为人们欣赏体验的依据。静态,不仅表现为物的固稳、安静,而且也包括观众以闲雅、静穆的心绪对物的默然感受。数字公共艺术以动态表现见长。动态分为两类:其一,以静态的形式表现动态的趋势。观众以不动之动欣赏环境艺术,或者观赏者以动态的视野行进在静态环境场中,体验环境艺术的绝妙。其二,公共环境场中独立的艺术形式,本身就是动态化的数字公共艺术。动态化或人机互动是数字公共艺术的本质特征。不过,数字公共景观艺术与环境艺术并置共存于同一场所,虽彼此皆赋有公共艺术的属性,但各自的艺术形式和艺术功能却大相径庭。若从单件数字公共艺术作品存在的角度来考量,数字艺术和环境的关系是底与图、正形与负形、动态与静态的关系。底、图相较,面积大的环境总是以衬底的形式充当单件独立作品的背景。作为主体艺术品,将发挥着审美宣传、启迪教育的功能,具有强烈的动态效应,处于衬底地位的环境艺术则多扮演着静态的审美作用。

上述四个方面,体现出城市环境艺术迈向“诗意之场”的主要途径,同时也反映出城市公共环境艺术审美欣赏、体验接受的重要表现方式。可见,“诗意之场”所呈现出的城市环境审美普适价值,不仅是当代人文思想的体现,也是人类不同历史发展时期环境学类似观点的反映。无论是历史还是现实,无论是国内还是国外,与“诗意之场”类似或相关的经典论籍,在历史纵横的经纬中所呈现出的美学价值无不闪耀着广泛、普适的光芒。它既是人类过去城市环境发展总结的结果,也是未来发展的方向。

第三节　“诗意之场”的理性营造:科学完善的城市公共环境规划

城市公共环境是城市存在和发展的基础。一方面,环境规划发挥着城市其他构成要素不可替代的功能作用;另一方面,公共环境作为艺术品置放、展呈场所,担负着美化城市环境的任务。换言之,城市景观本身就是城市公共环境艺术,反之亦然。所以,城市公共环境规划的科学合理与否,直接关系到数字公共艺术品作为景观艺术,对能否将公共环境营造成“诗意之场”起着决定性的作用。

现实中系统完善的城市犹如结构庞杂、生命律动的有机体。城市环境作为“诗意之场”的重要组成部分,由自然环境和人文环境构成。城市规划决定着“城市天际轮廓、城市公共空间”①,即无论城市形成怎样的视觉表象,均离不开科学合理的城市环境发展计划。因此,环境规划是“诗意之场”形成的基本条件之一。毫无疑问,合理全面的城市环境规划能够使城市审美因子处在完整良好的系统中,使各类零散分布于城市的公共艺术景

① 吴志强,李德华.城市规划原理[M].北京:中国建筑工业出版社,2010:73.

观，组合成一个完善有序的整体。“规划”，好似文学的谋篇章法、绘画的版面构图、设计的编排布局，因此，它直接关系到城市公共环境的审美表达。对城市公共环境而言，既要科学规划、合理设计城市总体结构系统，又要符合规划本身所规定的“功能”与“审美”相统一的原则。“功能”，讲的是与人类生产生活密不可分的城市基本效能和作用。城市作为市民生活、工作的聚集地，其环境规划必须符合这一基本要旨。“审美”反映的则是建立在城市功能基础之上的环境视觉审美秩序。合理的环境规划本身就能够产生秩序美，而秩序是实现城市“诗意”之境的决定因素，反过来又可促进实用功能效益的最大化。它表明，秩序的本质暗含着功能，功能与秩序是一个问题的两个方面，二者密不可分。秩序须以功能为前提，离开了秩序，仅存纯粹的功能必会枯燥、机械。不讲秩序美的功能，功能将会走向冰冷、僵化和衰微，且功能常以秩序的形式表现出来。若抛弃实用功能，空谈秩序美，最终只能是海市蜃楼、镜花水月。尽管如此，不可否认的是，二者相较，环境的秩序美是营造城市意境视觉表象的直接成因，只有营造出动人的环境秩序美，“诗意之场”才会萌芽肇始。故此，环境秩序美离不开规划，规划决定环境秩序的形成。

虽然城市环境规划成分驳杂、要素繁多，然而，无论怎样复杂，只要能准确把握住城市环境基本构成要素在规划中的尺度，诸如城市功能、城市文化、城市特色、城市历史、城市意蕴等，就能够使“功能”与“审美”和谐统一。因此，唯有理顺城市环境规划与相关构成要素之间的关系，且真正做到科学规划、完善设计，使构成要素特性合理融入规划中，才能为“诗意之场”的形成创造必要的条件。

一、“诗意之场”的城市环境：功能设施与环境一体化的完美体现

城市是一个复杂的有机体，由多重繁杂的节点和庞大的功能设施构成，并形成城市功能设施与城市环境的一体化。“城市功能即城市职能，是城市科学里的专门术语。对于城市功能概念的理解，不同的学科有其不同的着眼点。”①城市环境美学认为，“城市结构和城市节点是城市基本的反映。”②城市功能设施与城市环境以此为基础，形成一体化审美意象，从而使城市成为“诗意之场”。

历史上，欧洲古代政教合一时期，城市功能设施多以宗教、政治、经济等为优先考虑的重点。现代城市功能设施与城市环境规划早就撇开了神性至上的桎梏，以人性替代神性，将完善、宜居的城市功能设施放在首位，极大限度地满足人们的各种社会需要。现实中，优美易居的城市环境易于吸引外来移民，也容易使本地居民有着栖居的场所归属感。只有当市民将所在城市周遭栖居环境当成自己的家园，城市环境才会体现出真正的社会价值。与城市环境紧密联系的城市功能设施，其规划主要分为三类：(1) 铁路、公路等交通设施类；政府办事机构、商场、银行、餐饮等服务性商业网点类。(2) 医院、学校、公共体育设施、娱乐设施类。(3) 广场、公园、休闲场所类。前两类作为市民出行、工作、学习、医疗等刚性需要的基础设施，其配置合理与否、

① 高宜程，申玉铭，王茂军，刘希胜. 城市功能定位的理论和方法思考[J]. 城市规划，2008(10)：21-25.

② 陈望衡. 环境美学[M]. 武汉：武汉大学出版社，2007：376.

公共环境规划怎样，直接关乎城市的正常运转。第三类作为市民的闲适生活、交际往来、修身养性的场所，具有娱乐、调节情绪的功能，是数字公共艺术重点营造的对象。尤其在信息化社会，人们的情绪如何适应快节奏、高效率的工作生活方式，是当代社会所面临的共同课题，因此，对这类场所公共环境的规划设计，其数字化互动式公共艺术所扮演的角色，所起的作用显得尤为重要。以上三类城市功能设施如何统一协调与自身相关环境审美之间的关系，是问题的关键所在，它直接涉及环境规划的技术功能与艺术审美两方面。

首先，道路交通环境规划中所涉及的技术功能与艺术审美问题。城市环境规划多以交通道路作为区域分割的手段，纵横交错的道路具有城市街区的联结功能，各种形态多变的建筑融入道路分割的街区，形成了赋有审美价值的街景意象，体现出自身所拥有的社会审美功能和实用价值。如在上海老城区旧式法租界内的任意一个街道，孤立地欣赏一幢临街西式别墅，并不觉得有什么吸引人的地方，若周遭道路环境得到合理的规划，通过景物烘托，无疑会突出建筑体的审美性。若将建筑外环境用数控动态灯光艺术进行装扮，使之与数控音乐喷泉、雕塑相映衬，建筑物则会光辉四溢，透出浓浓的典雅气质，显得更加温馨、古朴、庄重。虽然，现代城市环境规划理性、秩序，道路设计重在功能，但理性、秩序则易产生相似、重复等视觉疲劳。为消除这一不足，避免道路两侧出现雷同的景观，规划时往往利用街景意象、道路曲直来消解这一弊病，使之形成时缓时急、高低起伏的节奏变化，并在道路节点，运用数字公共艺术的动态特长对其装饰、标记、美化或警示，使之既不失去实用功能，又有助于观瞻审美。同时,对数控交通视觉导向符号和数控灯光进行合理布局,以此达到既能够促使道路安全畅通,又能够亮化沿途景观的目的,实为营造城市意境不可替代的选择,从而达到技术与艺术的完美结合。

其次,广场环境规划中所存在的技术功能与艺术审美问题。城市广场大多由数条街道节点交汇而成,往往是数字公共艺术打造的重点区域。上海老城区中的广场大多有此特点。由于广场功能可起到城市节点的聚、散作用,因此是城市公共艺术和环境审美的主要关注点。许多情况下,超大的广场景观能够主导城市的总体意境。如天安门广场不仅是群众集会、游玩的公共场所,也是举行外事活动、大型庆典、文艺表演等群众集会的场所。广场辐射面大,影响广泛,对北京城市意境起到了很好的主导组织作用,足以彰显城市的历史厚重感和传达城市的视觉审美品位。上海人民广场是上海市民重要的集会场所,市政府以此为中心,建造了一系列现代城市数字化公共景观和动态雕塑。广场与周围建筑高低搭配,错落有致。高耸入云的摩天大厦鳞次栉比,和广场环境交相映衬,形成了富有现代感的城市意境。除了大型广场外,城市中还拥有数量不等的中小型广场,每一广场都设有千态万状的数字媒体公共艺术、动态装置艺术、数字光景雕塑等,能够起到组织周围景观的作用。仅上海南京东路一个路段,就有多个中小型广场。由于人流量过大,多年前已将整个街道改成"广场式"步行街。原有的街道中段广场经扩大后,加强了广场设施的功能性,使之更加美观、实用。本地市民每天都在此聚集娱乐,互动交流,呈现出祥和、温馨、淡然甜美的"诗意"氛围。可见,只要妥善解决广场环境规划中所存在的技术功能与艺术审美问题，“诗意之场”的城市环境便可水到渠成。

然后，桥梁环境规划中所存在的技术功能与艺术审美问题。桥梁的基本功能只是作为行人、车辆过河的通行路径，其实用功能、技术性占有主导地位。然而，随着人类文明的发展，桥梁在满足行人基本需求的前提下，其体量、形态也因河宽、地形、地貌、科技水平、审美情趣等多种因素被赋予了更多的社会审美意义，由此诞生了千姿百态的创意造型，成为城市重要的景观环境，其艺术性是城市意象的重要组成部分。尤其是进入数字信息时代，对桥体及其周围环境的数字化审美装扮已成为城市环境规划中重要的一环。

城市中的桥梁主要分为三类：第一类为横贯水路的交通桥；第二类为横跨路面的过街天桥；第三类为城市高架立交桥。功能上，任何类别的桥梁无一不是为了起到方便行人、安全行路、分流车辆、疏通交通而架设。古往今来，由于桥的存在使得城市的溪壑、水道不再成为阻碍人流、车辆过往的障碍，因此是城市中必不可少的基础设施，同时也承担着美化城市环境的社会使命。譬如，小巧的拱形过河石桥，散落在江南水乡古老的城镇中，与粉墙黛瓦组合，构成了传统江南的城市意象。雄伟的南京长江大桥、上海浦江大桥、杭州湾跨海大桥等，诸多个性独特的造型，均已成为时代的审美符号和现代化城市的标志，是现代城市意象的重要组成部分。再者，城市高架桥原本只是为缓解城市交通压力而建的大型疏通桥梁，多以主城区为中心环城而建，环环外扩，宛如蜘蛛织网，四通八达。如北京城，原先只有三环高架，发展到目前的七环。这些高架桥将整座城市的节点串编成整体，畅达无阻，成为象征城市现代化水平重要的意象符号，因而是城市彰明较著的景观。对这些形形色色桥梁的欣赏，人们若转换视野，俯瞰大地，便会感知到它们是城市环境中的主体亮点之一。特别在夜晚，连接河流两岸的桥体及其周围的数字光景艺术，与水景、喷泉、雕塑相互辉映，俨然是秀美的城市风景中最为炫目亮丽的景观。

最后，雕塑化建筑环境规划的技术功能与艺术审美问题。雕塑化建筑具有城市意象的象征性功能，也是人们关注的焦点。一方面，雕塑化建筑本身就是城市总体环境中的一分子；另一方面，建筑体能够决定、左右和带动附属环境的设计形式、风格，使配套的周遭环境成为城市意境的审美关键。显然，“城市景观的形成，基础在于了解城市建筑群体布局周围的景象变化，城市布局或结构多依赖于周边景观及如何加以利用使之具有价值”，“由各个建筑物集中形成的景观也反映着城市和辖区的结构，包含着多重空间布局形态，空间秩序组织”。不仅如此，“所属场地与周边建筑用地的交融性和从属关系之间的融合性，需要更大限度地融入多层次与多方位的对话，才能较好体现出项目的从属性及特有性，并良好地反映区域规划布局与各个景观支撑点的关系”[①]。大多数情况下，所有的设计均以功能为主，审美为辅，审美似乎永远都处于从属地位。尽管功能与审美兼具是设计的最高境界，这是亘古不变的规律，不过，现实中并非总是如此，地标性雕塑化建筑往往便是打破这一规律的典范。在国力允许的情况下，人们为了强调某一景观的社会象征性，规划上常常会做出一些让步，但并不表明设计基本功能的全部丧失，而只

① 吴晓冬，何伟. 城市公共广场景观分析与大尺度建筑下的整体空间体验：CCTV媒体公园景观设计思考[J]. 风景园林，2006(4)：32－38.

是强化某些审美功能。如 CCTV 演播大楼主体建筑(图 8-1)是荷兰建筑设计师雷姆·库哈斯(Rem Koohas)的代表作。该建筑体以歪斜、扭曲的造型展现了后现代主义的设计理念,因其造型采用矩形折叠,正立面酷似“大裤衩”,故常成为公众戏谑调侃的对象。尽管如此,该建筑在某种程度上象征性仍大于实用性,形式大于内容,委实为一件极为优美的佳作,故而始终受到专家的好评,并屡获国际建筑行业各类最高奖。如果按实用功能的标准来衡量该建筑造型,在等量资金投入的前提下,用理性主义横平竖直的造型手段设计楼体,可利用的实用空间,要远大于目前该建筑所采用的非理性主义歪斜、扭曲的设计造型。实际上,对于绝大多数公众来说,库哈斯所创作的 CCTV 主体建筑以拟态造型呈现,其真正的创作动机、创意、象征是什么,人们并不十分清楚。客观上建筑造型本身的体量、形态、造价等因素

图 8-1 CCTV 演播大楼外立面

已经表明，建筑象征着中国经过改革开放后所展现的强大国力。要成功营造这样一个赋有象征意义的建筑物，景观配套环境设计的成功与否，无疑具有举足轻重的作用。数字公共艺术介入CCTV主体建筑外环境，主要以光景雕塑的形式呈现于媒体公园场所中。如此来看，运用计算机控制数百米高的光柱，“通过巨大的镭射光柱直接回归天空，将二维再次变为三维。从现实平面到心理空间随着思想无限扩展”，“沿着巨大弧线的每一道波的边缘，等距离布置的灯具，并且在四个地块内部都成序列布置，在夜晚便可以营造出环状照明系统，在周边高层建筑中容易被感知环状体系”①，从而使整个建筑群被营造成美轮美奂的“诗意之场”。上述几个方面足以证明，环境规划必须在技术功能与艺术审美两方面均具备的前提下，才能营造出迷人的、“诗意之场”般的城市环境。

二、“诗意之场”的城市环境：城市非凡文脉的反映

城市环境是城市文脉的具体体现，没有卓越的城市文脉便谈不上“诗意”的城市环境。即所有的城市环境规划均离不开城市文脉要素的影响和指导，反之，城市环境规划又可潜移默化地影响城市文脉的形成和发展。人类所创造的一切精神财富和物质财富都属于文化范畴，无论是世俗文化，还是宗教文化无一例外。因此，城市文脉涵盖精神文明与物质文明两个方面。权且撇开物质文明不谈，仅就精神文明而言，主要包括科学、宗教、哲学、艺术等。尽管数字公共艺术是计算机时代的新生事物，但其

① 吴晓冬，何伟．城市公共广场景观分析与大尺度建筑下的整体空间体验：CCTV媒体公园景观设计思考[J]．风景园林，2006(4)：32－38.

艺术形式、文化内涵仍是城市文脉的具体体现。相反，数字公共艺术也能够影响城市文脉未来的发展趋向。城市环境规划中如何合理规划数字公共艺术，使其发挥特有的精神文化作用是数字信息时代赋予的新的使命。

一部城市文明史，也就是一部文化史，历史传承必须借助于特有的文化才能得以体现。文化并非是空无一物的抽象概念，其呈现须以具体的形态才能传达暗含的精神性，城市环境规划在某一程度，或某一角度上便能够承载这样的历史使命。古谚曰，文化累积犹如“九尺之台，起于垒土”，而非一朝一夕。今天的文化是昨日文化的结果，明天的文化则是今天文化的延续。城市文化以文脉为纽带，将今日的文化现象、昨日的文化成果、明日的文化理念紧密地联结起来，形成了一条清晰可见的文化长河，日夜奔腾，生生不息。这一文化长河是一个民族永不枯竭的思想源泉，也是驱动该民族不断向前发展的能量供给源。人类史上，最能体现文化影响城市环境规划的例子，首推宗教建筑，或与宗教文化相关的公共雕塑、公共景观等。如梵蒂冈、耶路撒冷等城市便属此类。其城市景观、建筑均以宗教为核心存世于今，从而使得城市意象具有无处不在的宗教痕迹。再如，现代科学起源于欧洲，欧美等西方发达国家的现代建筑，均建立在现代科学与现代艺术的基础上，其建筑成果是现代科学、现代艺术思潮的综合反映。进一步而言，影响人类一个多世纪，并正在继续影响当今人类生活的现代构成主义、风格主义等西方现代理性主义设计文化，体现在艺术设计上，便是有力的例证。如是表明，虽然城市环境规划离不开城市文脉的影响和指导，但反过来，城市环境规划在一定程度上又可引导城市文化。显然，二者是相辅相成的关系。当然,在城市文化漫长的历史演进中,其城市文化特色是构成城市环境的主要内涵。荷兰海牙是一座以围海造田著称的低洼城市,与水利设计建设相关的文化特色十分鲜明,这也是荷兰的传统。海堤上的公共设施,如喷泉、水上游乐场、数字光景艺术、数字水景、雕塑等公共艺术均围绕着近海水利主题展开,以此形成了独特的文化意象。苏州工业园区是中国与新加坡政府联合开发的高新技术产业区,经过 20 年的规划发展,园区已成为新兴的现代化城市。园区开发依托金鸡湖、独墅湖、阳澄湖等自然环境,已打造出现代版的东方水城,具有鲜明的现代气息。园区环境并没有复制老城区原有古典园林的造园理念,而是将水城特色文化与现代西方理性主义城市环境设计思路相结合,通过引进欧美优秀的环境设计方案,将新城环境建造成富有现代理性主义色彩的城市文化意象。如大量采用数控灯光艺术、数控水景艺术、数控动态雕塑等数字公共艺术形式,使园区环境成为理想的栖居地。毫无疑问,在苏州现代城市文化主导下的理性主义规划设计和富有现代性的数字公共艺术、传统公共艺术、自然水景、绿色植物一起综合构成了园区特有的"诗意之场"的城市环境。在此,有理由认为"诗意之场"的城市环境是城市优秀文脉的客观反映。

三、"诗意之场"的城市环境:环境规划决定城市的审美特色

有什么样的城市规划就会有什么样的城市审美特色,城市环境规划决定着城市的审美特色,因此,审美特色是城市的重要内涵之一,内涵丰富,城市就有活力。历史古老、资源丰富、文化

底蕴深厚是城市特色；历史短暂，但现代科技产业发达也是城市特色。不过，形成城市审美特色的原因，主要由城市环境规划本身和城市功能两方面因素所决定。一方面，城市环境规划自身必须独具特色。如同绘画一样，形式优美、思想深刻的作品必然具有个性。而规划合理、特色鲜明的城市环境规划同样具有魅力，从而呈现出诗画般的城市意境。在现代意识主导下，城市环境规划特色多与现代城市人文环境相联系，而城市管理者和规划设计师的主观意识，是城市环境特色形成的直接动因。对规划设计师来说，城市犹如绘画作品。规划师以天空大地为画布，以创思构想为画笔，用富有激情的"浓墨重彩"，精心塑造着城市的壮美景物。不过，规划师有别于画家，绘画作品毕竟只是画家个人主观个性化的反映，社会接受与否无关宏旨，往往仅为了实现个人的艺术理想，是自我满足的指代符号；规划师则不同，他们必须用负责任的态度，以历史使命感和社会责任感，科学、合理地把握城市审美特色的发展方向。他们既要考虑大众的接受心理，又要满足城市环境个性化发展需要，所以，其社会使命任重而道远。例如，古希腊雅典卫城的城市规划，"从毕达哥拉斯学派的'数的原则是一切事物的原则'可以看出，西方美学的主要形式更强调秩序均匀与明确的数比关系"[①]。将数作为审美的最高原则，因此产生了理性、秩序的城市审美特色。反观中国传统古典规划，强调因地制宜，应物造景。古城苏州，以"水陆相邻、街河并行的双棋盘城市布局"，"从宋绍定二年(1229年)的《平江图》上可以看出：古城严整的布局，水陆两套交通系统，河

① 吴晓冬，何伟. 城市公共广场景观分析与大尺度建筑下的整体空间体验：CCTV媒体公园景观设计思考[J]. 风景园林，2006(4)：32-38.

路与居住单位的有机组合等，都反映了我国古代城市规划的优秀成就，特别反映了江南水乡城市规划的独特手法”[①]。另一方面，城市功能必须具有特色。由于各个城市所承担的社会发展任务不同，不同的城市功能各有侧重，这就是城市特色。环境规划应根据城市这一特点，有目的、有选择地去进行布局、规划，以促使城市意象特色化的形成，而与之相适应的环境规划与公共艺术也必须配套构建、协同发展，以此强化、突出城市的审美特色。如作为中国商业中心的上海和以政治、文化为中心的北京，其城市环境意象就存在着明显的差别，这是由于城市的功能特色不同所致。而美国的纽约、华盛顿、底特律三座城市，分别承担着政治、文化、商业贸易和汽车制造业的社会使命，无疑，其城市环境意象各有所表，这也是缘于城市功能特色不同所致。上海是中国对外开放的窗口，尤其是自贸区的开设，使得上海的商业地位更显突出，城市功能特色能够帮助将上海打造成富有中国城市特色的“华尔街”，以彰显上海城市的开放理念。不仅如此，上海市政建设格外强调国际化思路。摩天大楼、玻璃幕墙，数字媒体艺术等建筑表皮装饰成为城市意象，反映出经济活动的主导性，形成了“欧风劲吹”、时尚、新潮、富有国际化特色的城市意境。北京则是另外一种城市功能特色。由于北京是首都，政治与文化功能必须作为城市意象突出构建的主旋律，因此，在规划建造长安街、天安门广场、人民英雄纪念碑、人民大会堂、历史博物馆、国家大剧院等综合建筑群时，必须体现国家权力意志和悠久的文化历史。可见，京、沪两座城市的环境意象差异皆源

---

① 缪步林.吴文化对苏州古城规划建设与繁荣发展的影响[J].档案与建设，2003(11)：48-49.

于城市功能特色不同所致。然而,值得注意的是,有两种不良倾向会对城市特色产生负面影响。其一,在老城环境规划改造中,城市规划主要决策者对于所在城市历史未给予足够的重视。为了强调城市特色,常忽略历史而急功近利地在老城原址上重建新城。规划时又割断了新城与老城的文脉联系,使老城原有的珍贵古建筑受到破坏,或为了遮蔽古建筑功能不完善的缺陷,强行翻新古建筑,使之蜕变成赝品。严重的甚至将整座城市古建筑彻底拆除,从而使古城的文物特色消失。这一乱象在中国不断上演,已给城市造成物质与文化上的双重损失。如新中国成立之初,北京古城的拆建翻新便是典型的例证。而 20 世纪 90 年代,苏州古城在改建中也犯了同样的错误。由于当时某些主管部门领导缺乏保护水乡古建环境的文化意识,主张大规模拆除古建,除了少数街道为了旅游需要而得以幸存外,绝大部分均被假古董所取代。虽然现在人们意识到了古建的重要文化价值,但悔之晚矣。其二,城市的发展没有科学严谨的规划,使之自由放任,导致城市环境处在无序、无特色的发展中,或者有了规划,但规划只是摆设,潜意识中仍缺乏城市环境规划的概念,说到底,是对城市环境特色整体发展概念认识不足。总之,城市环境规划决定城市审美特色。只有严格按照城市审美特色的发展规律办事,科学有序地整体布局,创造性地规划未来城市,才能够彰显自身所拥有的独特的城市环境美。

四、"诗意之场"的精神"守护":卓越的城市历史

卓越的城市历史乃是城市的精神"守护"。城市的历史既能够将人类的昨天和今天维系在一起,也能够反射、预测人类未来

的希望和发展,故而是生动、亲切、温馨的记忆和宝贵的人文财富,它深沉地守护着人们的精神家园。城市规划设计师常常涉及城市历史问题,这是城市环境规划绕不过去的话题。提起城市历史,人们必然会与历史文化相联系,只有那些经过时间积淀、优质筛选以及历史检验的文化精粹,才能成为引以为豪的城市精神。现代城市环境规划须以此为凭借,将其塑造为城市之"魂",努力使之成为城市的精神"守护"。

中国作为古老文明的发源地,本应存有大量与自身历史相符的人文遗迹,然而,由于社会动荡、变迁,朝代更迭、变换,绝大部分历史文化名城的人文遗迹均已化为尘埃,湮没在外敌入侵、改朝换代、祸国殃民的历史浩劫中,因此留下了太多的人文遗憾。值得注意的是,当人们处在和平时期,回望逝去的历史,越来越多的人对本民族的文化产生了浓厚的兴趣。人们发现历史遗存作为文化意象,可以为城市带来经济收益,于是,旅游市场迅速发展。一时间,城市环境规划中经常涉及大兴土木、建园造景的文化产业项目。其表现,无非是将历史上曾出现过的,或传说中的历史遗迹,用现代赝品复古还原,其动机多为商业趋利。尽管历史文献记载能对城市仿制景观起到一定的旅游宣传作用,但若没有真正的历史遗存支撑,仅仅通过传说而"拟像""仿景",虚假造作地仿制,必然会导致城市精神的苍白空洞。规划这类复古还原项目,除了具有一些商业利用价值外,并不具备城市精神的"守护"价值。如西安的"阿房宫"、浙江杭州的"宋城"、江苏无锡的"三国"等,如此之类层出不穷。

保留真实的城市历史记忆,就是留住城市的精神"守护",这是现代所有历史文化名城、环境规划所面临的不可回避的重要课题，城市规划在市政建设、改造中遇到这样的现象，司空见惯、屡见不鲜。如苏州平江步行街有几处明、清时期的古井，这里的居民至今仍在提桶舀水。虽然，井的水质与几十年前相比，已今不如昔，但上了年纪的老人们仍乐于用之。老人们与古井存有深厚之缘，古井也将邻里之间的情感交流维系在一起。即使是那些已搬入新城区居住的老街坊，仍不时回到井边，洗涜擦刷。一来为了看望老邻居，二来为了回忆过去，叙说过往小巷发生的故事。显然，小巷、老街和古井就是小巷的历史遗存，它们既是小巷城市精神的一部分，也是城市精神的象征；既是古建，也是文化符号，它们将永久地刻在老人们的记忆中。再如，六朝古都南京，历史悠久，文化底蕴深厚。然而，由于屡遭劫难，绝大部分历史遗迹业已烟消云散，只有少数文化遗迹得以幸存，如南京明城墙石头城段，能够保留至今，实属侥幸，但也残破不堪，城垣近乎废墟。2000 年在老城环境规划改造中，人们对遗迹进行了“修旧如旧”的保护性修复，使古城墙的历史意蕴得以重现。许多海外华人，尤其是那些故都老人回到昔日的家乡，目睹古城墙，感慨万千，其情感得以慰藉，明显有了归属感。最后，南京长江大桥原本只是一座普通的跨江大桥，其规划始于新中国成立初期，于“文革”高潮期完工建成。然而，由于此桥集当时国家的科技、人力、物力、财力等于一体，成为历史特殊时期城市规划建设的精华，故此，有着非凡的意义。大桥在激情澎湃的岁月里，留下了中国人豪情冲天的时代烙印。大桥桥头堡三面红旗高耸入云，由工、农、商、学、兵形象组成的城市公共雕塑，与大桥桥体一起构成了南京城火热年代的城市历史象征和城市意象，也成了那一时代南京城的精神象征，在老南京人的心目中，这段历史永远是该城“诗意之场”的精神“守护”。值得称道的是,从历史文化中汲取精华,浓缩精粹,在赋予其现代性的基础上,创作成各种公共艺术作品是对城市精神重塑的“守护”。其中以数字化形式出现的公共艺术占有很大的比例,从而使仿古艺术成为构建城市环境的历史文化因子。如苏州金鸡湖畔的雕塑《圆融》便是一例。作品创意构思源自中国古钱币造型,在借鉴了后现代主义构形手法的基础上,采取扭曲变形的设计方法,与数字灯光艺术相结合,使之颇具当代性,创意上突出了苏州城自古至今重要的经济地位和商贸地位。此外,围绕金鸡湖而设计的数字水幕景观、数字音乐喷泉、光景雕塑等也属此类之例。

简言之,一座城市优良的历史就是一座城市的“灵魂”,它既是“场所精神”的体现,也是“诗意之场”的精神“守护”,因此,现代城市环境规划需倍加尊重和珍惜城市的优良历史。

五、“诗意之场”的城市环境:城市意蕴的集中体现

如果说,城市规划的总体框架结构是城市形态的反映,那么,“城市意蕴则是构成城市意境的主体内容”①,它“所包含的意思”是由许多抽象和具体的意象所反映出来的理性内涵,透过表象体现出“诗意之场”的真谛。在现代城市环境规划中,意蕴因富于“气质”内涵,而引起规划师的重视,故常将其放在显著突出的位置。人们常用“水墨江南”“仙风道骨”之类极富意蕴的语词,比喻或赞美城市环境的“气质”。因此,城市环境、城市风貌,便成为城市意蕴反映的主要内容和基本关注点。当然,由于每

---

① 陈望衡.环境美学[M].武汉:武汉大学出版社,2007:376.

一城市受关注的内容不同，其意蕴也就各有千秋。如北京，最重要的人文景观关注点是天安门广场、紫禁城、颐和园、长城等，这类建筑既反映了王朝古都的皇权意蕴，又体现出了现代北京作为首都的突出地位。而美国首都华盛顿的重要景观则是国会山、白宫、华盛顿广场等，这类景观早已成为美国国家权力和民主的象征，是华盛顿城市意蕴的体现。可见，当一个城市有了明确的定位，精心打造的建设项目就会成为有特色的景观关注点，城市意蕴便会自然形成。

从现实角度看，城市意蕴大多建立在有特色景观环境的基础上，大凡有个性特点的城市无一例外。这些景观和环境由人文和自然两大类组成，分为古代与现代两部分。同样以苏州为例，其历史人文景观主要以虎丘塔、报恩寺、盘门、拙政园、狮子林等为代表，而粉墙黛瓦、小桥流水，则是城市民居风貌的反映，这些均构成了吴文化恬淡、悠扬的传统城市意蕴，而现代特色景观及其环境，则以苏州新加坡工业园区的东方之门、环金鸡湖景观带、文化艺术中心等现代化建筑为代表，是苏州现代城市意蕴的反映。

除此之外，现代城市标志性景观同样是构成城市意蕴的主体内容。它如同城市“名片”一样，是身份的象征，涵盖着自然与人文两方面。如黄山作为皖南的自然景观，古往今来一直成为诗人抒情吟诵的对象，所谓“峰峰寒列簇芙蕖，静想嵩阳秀不如”，或“路尽清溪逼画图，乱云深处插天都”等之类的千古绝句，为文人骚客对黄山自然景观所给予的形象描绘，并赋予无尽的赞美。“鸟巢”是当今北京城重要的人文景观之一。之所以成为标志性建筑，就在于它以独特的竹编造型吸引着八方游客，由此带给世人以强烈的视觉冲击，其艺术影响效应之甚举世闻名。

连同“鸟巢”周围附近的市民广场一道，成为中外游客旅游观光的聚集场所，从而透射出浓浓的现代城市意蕴。不仅如此，如果一个城市同时兼具历史文化与现代科技特色，那么此城意蕴一定“诗意”袭人，充满活力。仍以吴地姑苏为例，苏州除了老城区园林密布、古朴典雅外，现代新城同样意蕴逼人，富有魅力。新城主要以新加坡工业园区为代表，虽只有短短二十载，却极富活力，这与其建园特色分不开。园区规划采纳的是以新加坡花园城市为蓝本的总体规划，围绕着金鸡湖、独墅湖周边环境打造城市意象。在西方现代景观规划理念引导下，主体环境设计选用的是美国易道公司的设计方案，以体现园区对外开放与西方接轨的决心和指导理念，使苏州新老城区拥有截然不同的环境风貌，从而构成了苏州城整体城市意蕴。

综上所述，合理完善的城市环境规划是构建“诗意之场”的基础。“诗意之场”不仅是城市意境盎然的生命表征，而且也是城市环境规划最高的审美理想。其形成与发展，离不开城市功能、城市文化、城市特色、城市历史、城市意蕴等城市环境综合构成要素，其中包括各类数字公共艺术。只有将相关构成要素合理融入目标环境中去，并坚持“功能”与“审美”相统一的原则，科学有效地规划构建驳杂的城市环境，才能营造出迷人的“诗意之场”。

第四节　“诗意之场”的形成：环境间性营造城市意境

城市“环境间性”是由不同形式、不同种类的城市环境构成，具有联系性、互渗性。环境间性能够呈现城市整体环境的视觉审美感受，从根本上来说，“诗意之场”的形成就是环境间性营造城市意境的体现，城市意境则是人的主观审美意识对环境间性感悟的结果。本节将从“环境间性”的角度对“诗意之场”进行探讨，旨在明晰城市环境中不同的景观环境之间所存在的相互影响、互为渗透的关系。这种“关系”能够使异质环境相互融合形成整体，从而呈现出“诗意之场”的审美意境。

一、城市“环境间性”的缘起

“间性”现象广泛存在于自然界、动植物界等众多科学领域，原本与人文社会科学毫不相干。由于人文学术巨擘从“间性”角度频仍解释某些文化现象，以致使之成为常用词。“间性”一词具有“关系”的含义，指的是“事物之间相互作用、相互影响的状态”。不过，尽管赋有“关系”的含义，但其强调的是在二律背反前提下的“关系”。与“关系”相比，“间性”则更具体、更有针对性。如胡塞尔首先提出了“主体间性”(Intersubjectivity，或译为：交互主体性)问题，以此来解释“自我”与“他人”的关系。胡塞尔认为：“正如他人以身体存在于我的感知领域中一样，我的身体也存在于他人感知领域中；而且一般地说，他人立即会把我经验为他的他人，就像我把他经验为我的他人。”①海德格尔立足于“在世界之中存在”的宏旨，以“间性”为出发点，揭示了“此在”“彼在”与“共在”的内在联系。而德国哲学家哈贝马斯在其“交往理论”中，则以“主体间性”的视角，提出了：“‘自我’是在与‘他人’的相互关系中凸显出来的，这个词的核心意义是主体间性，

① 埃德蒙德·胡塞尔. 生活世界现象学[M]. 倪梁康，张廷国，译. 上海：上海译文出版社，2002：194.

即与他人的社会关联。唯有在这种关联中,单独的人才能成为与众不同的个体而存在。离开了社会群体,所谓自我与主体都无从谈起。"①从而论证了"主体"与"主体"之间的关系。在国内,《网络间性——蕴含创新契机的学术范畴》一文则认为:"'间性'(Intersexuality)亦称雌雄同体性(Hermaphrodism),本是生物学中的一个术语,指某些雌雄异体生物兼有两性特征的现象。'间性'一词目前也被人文社会科学工作者所使用,指的则是一般意义上的关系或联系,除了'你中有我,我中有你'这一点相通外,与其生物学意义几乎风马牛不相及。如同'主体间性'(Intersubjectivity)可以译为'互主体性''文本间性'(Intertextuality)可以译为'互文性'那样,'网络间性'同样可以被称为'互网络性'(Internetivity)。如果'网络'仅仅是抽象的、大写的、同质的、单一的,那么,或许不存在网络间性问题。如果'网络'是具体的、特指的、异质的、多样的,那么,对网络间性的研究便提上了议事日程。"②从上述诸位学者对"间性"一词的使用来看,"间性"因具有二元对立的主客关系而形成二律背反。为了消除二元对立的悖论,主体间性强调主体事物间的"互溶"与"共存"关系。所以,"间性"在此反映的文化内涵主要是指某一学科通过不同主体间的相互交流、渗透、影响,由"纯粹"变为"混杂";由"纯合体"变为"杂合体";同一体中存在着异体特征,即"同种异质""异种异质"。实际上,这种"间性"现象同样普遍存在于现代

① 尤尔根·哈贝马斯.重建历史唯物主义[M].郭官义,译.北京:社会科学文献出版社,2000:53.

② 黄鸣奋.网络间性:蕴含创新契机的学术范畴[J].福建论坛(人文社会科学版),2004(4):84-88.

视觉艺术中。例如,德裔美国艺术家罗伯特·劳申伯格(Robert Rauschenberg)就是其中的典型代表。他“将达达艺术的现成品与抽象主义的行动绘画结合,创造了著名的‘综合绘画’,即实物与手绘结合的绘画”①。不仅如此,劳申伯格还将音乐、美术、观众三者混合在一起,形成新的互动式视觉艺术。“在劳申伯格与约翰·凯奇及康尼海姆舞蹈团的艺术合作中,常常是劳申伯格的舞台、灯光设计,加上结合体作品,和康尼海姆的舞蹈、凯奇的乐曲共同展览演出。当观众的身影投射在白色的画面上,观众即艺术创作中的一部分,被音乐和绘画包围并融入了他们的作品。”②在国内,采用“间性”手法的艺术家也大有人在。例如,“刘刚对铁片、铜条、油彩、画布、纸板进行了新的综合,这种综合突破了油画的边界,意味着媒介物质的自觉与自主化,使物质材料的矛盾与冲突成为绘画的中心,营造出寂静和理性的视觉秩序,强调物质自身的材质性格。尚扬在1993—1994年创作的《大风景》系列,综合运用油彩、丙烯和医用胶片,这些材料互融在他的作品中,彰显着肌理的美感,体现了工业化时代下当代人的生存状态,以及对人文历史的思考与自我反思。材料的运用是尚扬通过综合材料转换绘画语言的一种很直接有力的表达。周长江以《互补》为主题创作了大量强调形式意味的作品,在风格化的图式和鲜明的色彩处理基础上,‘他尝试用综合材料和实物的拼贴,以增强作品的物质表现力,质材的运用一定是他作品中的部分构件,并不起核心作用,他的主导风格仍是较为粗放、纯朴和

① 钱文艳.罗伯特·劳申伯格“结合”艺术中的美学[J].艺术教育,2011(7):158.
② 钱文艳.罗伯特·劳申伯格“结合”艺术中的美学[J].艺术教育,2011(7):158.

温文尔雅的'"[①]。凡此之类运用"混合""异质"的艺术创作手法，均可归属"间性"特质。其实，这一特性，好似色彩学中原色与间色的关系一般。原色"纯粹"，间色"混杂"。相较于视觉艺术，繁芜、驳杂的城市环境更加具有间性特征。故而，将城市中不同种类、形式、场所、区域等环境之间所产生的"互环境性"，用"环境间性"来表述其隐含的"关系"特质显得十分必要，并能准确表达与"城市环境"相关的主体环境之间所存在的异质、多样、交互、共生的内在联系。

城市"环境间性"的另一个问题在于对"环境"如何界定。鉴于"环境"一词内涵与外延的复杂性，对此有必要作深入的分析。广义上的环境(Environment)意为"围绕人群周围的空间及影响人类生产和生活的各种自然和社会因素的总和"[②]，即自然环境、人文环境、空间环境、社会环境、文化环境等。设若撇开自然环境因素，仅就人造环境而言，指的是由人文环境资源构成的，具有观赏价值、人文价值的场所环境关系。因此，环境与人的活动场所联系紧密，离开了具体场所的环境是抽象的环境，只有将环境置于一个与人发生联系的场所，环境才具有意义。关于场所与环境的关系，约·瑟帕玛(Yrijo Sepanmana)认为："环境围绕我们(我们作为观察者位于它的中心)，我们在其中用各种感官进行感知，在其中活动和存在"，"因此，环境总是以某种方式与其中的观察者和它的存在场所紧密相关，但从较宽泛的意义上说，环境可被视为这样一个场所：观察者在其中活动，选择他的

① 刘明．实验、互融、转换：关于绘画"综合材料"的美学思考[J]．美术教育研究，2011(12)：37.

② 环境学词典[M]．北京：科学出版社，2003：1.

场所和喜好的地点”[①]。可以说，“环境间性”就是“场所间性”。从瑟帕玛对环境与场所关系的界定来看，环境既是特定场所中被观察的对象，又是人生活在其中与之产生紧密联系的具体地点，因此环境构成了场所。场所只是空间中一个具体的环境点，场所景观则由不同的物象组合形成。无论是自然景观，还是人文景观，当人置身于其中，就会与之发生联系，景观便成为环境，即场所景观就是环境，反之亦然。使以人为中心的环境，与其他环境相剥离并形成一定的关系。如此来讲，这种关系就是“环境间性”，也是“景观间性”。因此，场所、环境、景观三者之间是一个交感、共存、互生的关系，三者的“间性”可互通互换。这就使“环境”与“环境”之间的关系成为不断开放、连接与交流的体系，使无数不同的“环境”因子能够合力形成总体“环境”意象，城市意境由此诞生。可见，“环境”并非是一个孤立的自然现象，无论是自然环境还是人文环境，每一种环境的出现都离不开人的存在因素。进一步而论，美国的环境学家阿诺德·伯林特(Arnold Berleant)把环境与人的关系分为两个层面。第一个层面认为，特定场所中的环境是人与自然共存的物质性关系，这种环境直接影响到人的存在，正如马克思所指出的“人创造环境，同样环境也创造人”[②]一样。第二个层面认为，以人为中心，将特定场所中的景物与人剥离，使之成为人的精神活动对象，从而使环境中的景物变成景观，作为人审美欣赏批判的对象，这些人化自然的

① 约·瑟帕玛. 环境之美[M]. 武小西，张宜，译. 长沙：湖南科学技术出版社，2006：23.

② 韦建桦. 马克思恩格斯全集：第3卷[M]. 中共中央马克思恩格斯列宁斯大林著作编译局，编译. 北京：人民出版社，1979：43.

最终目的是为了影响人类自身。他说:“我们日益认识到人类生活与环境条件紧密相连,我们与我们所居住的环境之间并没有明显的分界线。”在“环境间性”与景观问题上,阿诺德将人文景观视为影响人类生活的重要因素时指出:“它们就是地理学者们所说的‘文化景观’,而且随着期间的居住者发生变化,景观也会发生巨大的变化。”“这些景观与它的文化产物都是人类的创作。我们创作它们的同时,我们所居住的景观也在影响我们的行为模式以及我们的性情和态度,这些影响是极细微的,难以察觉的”,“正是我们创造的事物影响了我们。它们影响并渗入了我们的个性、信仰和观念”①。显然,阿诺德是从主体间性出发,以人的主体角度去思考这一问题;用哲学观点将环境与景观、环境与人之间的关系联系起来去理解人化的自然。他认为:虽然自然先于人的存在而存在,但不可称之为环境,这就如同火星上同样存在自然,由于没有人与之发生关系,火星的大自然只能是寂寞的宇宙天体。反观地球,只有当人类出现以后,人与自然发生了生产、生活的联系,自然才变成了人的环境。人化了的自然,自然便被客观地分化成两种状态:一种是原生态的自然,这种自然未经过人的改造,如河海山川;另一种则是与人发生生活联系的、经过改造了的自然,产生了乡村环境。当人类社会由文明的第一秩序进入第二秩序经过工业革命的大发展后,昭示着乡村环境经过漫长的演进,终于进入以理性主义为表征的工业化城市环境时期。

由此看来,“间性”现象不仅是自然科学研究的内容,而且也

① 阿诺德·伯林特.生活在景观中:走向一种环境美学[M].陈盼,译.长沙:湖南科学技术出版社,2006:8-9.

是人文社科领域探索的对象。类似于“网络间性”所使用的语词原理，“环境间性”概念的运用，并非是主观臆想的拼凑，而是对城市环境中所存在的“异质、多样”本质属性的抽取，并且“环境间性”是评价一个城市是否具有“诗意之场”审美意境的重要标准之一。

二、环境间性呈现城市意境

如果说城市环境规划为“诗意之场”的形成奠定了肇始的基础。那么，环境间性呈现城市意境的视觉表征，便是“诗意之场”形成的具体反映。“环境间性”体现出城市主体环境与主体环境之间的“互环境性”。城市环境作为场所，不仅是数字公共艺术依存的载体，而且也是体验者的感受对象，具有双重属性。因此，环境间性呈现城市意境主要表现在以下几个层面。

第一，设若体验者孤立地欣赏城市中某一独立的景观，只会产生局部、片面的感受，委实不能体悟到“恬适”“苍茫”“悠远”之类的诗画意境。唯有当景观与环境发生某种形式的审美联系，并相互联结、互为渗透，最终形成“环境间性”时才会具有这种意境体验。如此视觉感受类似于欣赏法国19世纪新印象派绘画作品。“霍默引用了毕沙罗的一句格言，即看画要站在一种‘可以使诸种色彩混融起来的’距离上，而画家通常把这段距离看作是画布对角线的三倍。西涅克也好像对色彩融合的必要性有过感触，而且试图发明一种能使那种在某一距离上看上去不能融为一体的笔触加以混融的技法。”[①]整体地看，城市意境是由纷繁驳杂的环境

① 约翰·凯奇. 再论修拉的油画技巧[J]. 丁宁，译. 世界美术，1993(4):9-13.

构成的，只有环境间性才能使光怪陆离的景观环境产生视觉“混融”。现实中，无论气势磅礴的宏伟巨制，抑或细枝末节的单体独立环境，若形成类似清逸、缥缈、隽永的“诗意之场”，无不如是。

第二，环境间性属于有形的“物质”层面，“诗意之场”则属于心理“精神”层面。形成真实现实“诗意之场”的条件，要求“物质”与“精神”二者兼备。当然，此“物质”非他“物质”，而是用城市道路、建筑、广场和各类公共艺术作品所构成的真实现实的环境实在，是人类从事社会活动的基本场所，其相互间的关系必然会产生“互环境性”。“精神”，则是在此基础上赋予城市环境一定的科学、艺术等相关的时代人文思想，且同样也会产生“互环境性”。环境间性所营造的城市意境，就是紧紧围绕着这两方面因素展开。城市中不同的环境关系，使得不同的“物质”与“物质”、“精神”与“精神”、“物质”与“精神”之间，始终处在不断的交流、影响、变化中。首先，城市环境以真实现实“物质”实体的形式成为人类的聚集场所，其环境并非铁板一块的孤立、封闭，而是流动、开放、相互联系的整体，并有着各自单体独立的环境范围，所以，“此”环境和“彼”环境之间必然会发生某种关联。城市“环境间性”使城市环境成为一个整体，其审美特性必然会在景观与景观、环境与环境关系的基础上体现出来。其次，城市环境作为公众欣赏对象，拥有自己的审美原则、评价标准和社会互动功能。面对欣赏对象，审美主体必然会对客体产生接受、欣赏、判断和评价，使主客体产生互动，并相互影响，互为渗透，直至共同创作完成拥有公共属性的艺术形象。最后，“诗意之场”审美心理的形成，是“精神”与“物质”交流的结果，虽然只是公众对城市总体意象知觉体验的心理反应，但感知者的心理状态，必然建立在被感知对象有形的“物质”基础上。城市环境正是被感知对象真实现实的“物质”实体，其意象如何、“诗意之场”意境能否出现，直接左右着公众的知觉心理。

第三，由于城市与城市、环境与环境之间的关系不是孤立、分割的，而是相互渗透、互生、共存的关系，不同环境间的相互影响必然形成“环境间性”并营造出城市意境，“诗意之场”由此诞生。以上海为例，20 世纪初叶的沪申，由江南传统的砖瓦木质小楼、中西合璧的石库门民宅和西方建筑群分片、分区、条块环境明确、街区间隔整齐建造而成。城市规划井然，街道区位分明，道路穿插有序，其总体环境带有殖民地遗韵，从而形成了中西合璧的城市意象。尤其是黄浦江外滩建筑最具欧洲城市特征。远眺外滩，拥有巴洛克和洛可可艺术风格的欧式大厦，虽然遮蔽了部分矮小的江南小楼，但仍然呈现出土洋结合、虚实相生、情景交融的上海城市意境，故此，当时有着“东方巴黎”的美誉。形成这样的城市意境并非源自孤立独一的单体建筑，而是由“西风东渐”，欧洲整体建筑环境和西式文化以“主体间性”方式对中国的影响、渗透、入侵所致。

由此而言，城市“环境间性”反映的是城市环境之间的“关系”问题，而“西风东渐”本身就是中西文化互溶“关系”的体现。处在相同时期同一城市的上海，异质景观环境不可能不相互影响。也可说，“环境间性”是形成上海城市意境最重要的原因之一。这也表明，有什么样的“环境间性”就有什么样的城市意境，只有美好的意境才能使韵味无穷的诗意空间变得活跃，形成令人着迷的“诗意之场”。因此，环境间性所呈现出的意境视觉表象，是“诗意之场”审美心理的具体反映，它所体现出的城市环境与环境之间的关系，是相互渗透、互生、共存的关系。只有规划合理、功能完善、形式优美的城市主体环境间性，才能营造出诗画般的城市意境。

综上所述，"间性"现象广泛存在于自然科学领域，一些人文社会科学巨擘将"间性"原理引入人文社科界，用来解释本学科相关的学术问题。有鉴于此，引入"环境间性"一词以分析城市环境中的审美现象。环境间性营造城市意境，是"诗意之场"形成的根据。环境间性体现出环境作为场所，不仅是各类公共艺术依存的载体，而且也是体验者的感受对象。反映出城市环境与环境之间的关系，是相互关联、相互渗透、互为共存的关系。因此，不同环境的相互影响必然形成环境间性，并营造出城市意境，"诗意之场"由是诞生。

第五节 "诗意之场"的当代性：数字公共艺术营造城市意境

不同的时代拥有不同的艺术，不同的艺术必然赋有不同的时代特征，由数字公共艺术所构建的城市环境尤为如此。"当代"一词，在时间概念上释意为"目前这个时代"[①]。在艺术史概念上，指的是区别于 20 世纪初所诞生的现代主义艺术。"它与现代、后现代有交叉、重叠，但根本上是我们当前的生活世界。"[②]

① 现代汉语词典[M]. 北京：商务印书馆，1984：213.

② 王俊. 论诗意语言的当代性：从对海德格尔诗意语言思想的批判谈起[J]. 求索，2011(11)：106-108.

或者说，"'当代'的概念不是指所有存在于此时此刻的作品，而是指一种具有特殊意图的艺术和理论的建构，其意图是通过这种建构宣示作品本身独特的历史性，为达成这样的建构，艺术家和理论家自觉地思考'现今'的状况与局限，以个性化的参照、语言及观点将'现今'这个约定俗成的时间、地理概念将其本质化"①。因此，"当代艺术是一个倾向观念表达的非语言时代，艺术与非艺术界限的打破，使得表达更多地运用实物装置、行为、影像、数字图片和多媒体等新形式、新材料和新技术"②。由此来看，无论是从时间概念上，还是从艺术发展现状上，数字公共艺术作为当代扮靓城市环境的新生事物，能够真实地体现当前城市环境的审美状况已是不争的事实，故而是城市"诗意之场"当代性的反映与展现。各类层出不穷的数字艺术形式，以公共环境作为其存在和装点的场所呈现，必然成为"诗意之场"意境的主体。换言之，意境是城市意象所表现出来的情调和境界在人心理中的反映，由大千景物构成。城市意象驳杂、繁复、形式多样，数字公共艺术作为形成城市总体意象的主要成分，能够反映出城市的情调和境界，其存在方式是人们欣赏、体验和感悟的对象。尽管传统静态景观艺术在承担城市环境任务时，有着不可替代的基础作用，但因受到数字化公共艺术的不断挑战，某些环节正逐渐失去引领当代城市环境艺术发展方向的主导地位，这已然是不争的事实。由于计算机科技对公共环境艺术的全面介入，使得传统公共艺术规律发生了颠覆性转向，也使得不同种类

① 殷双喜."当代艺术"与"当代性"[EB/OL].(2018-03-13).中国国家画院.http://www.artlinkart.com/cn/article/about_by/Y/505hwzl.

② 尹小斌.具象的当代性[J].美术研究,2012(4):102-104.

的数字公共艺术表现形式，诸如数控喷泉艺术、数控光景艺术、数控焰火艺术等，所拥有的智能化与动态化、真实现实与虚拟现实成为营造当代城市意境的主体和发展方向。

一、"诗意之场"当代性的反映：数字艺术的介入与艺术规律的转向

数字艺术介入城市公共环境，导致传统公共艺术规律发生了革命性的转向，从而使城市环境洋溢着逼人的数字艺术气息，故而，数字公共艺术营造诗画般的城市环境是"诗意之场"当代性的反映。进一步说，城市审美意境不仅是人化自然的产物，而且也是科学技术与人造环境结合的体现。无论什么时代，对自然环境的改造或物化人文成果，均离不开这一规律。后工业化时代，尤其强调数字科技对公共空间的介入，城市公共环境也必然会折射出数字艺术的时代特征。由于数字公共艺术广泛运用于城市环境，使得城市出现了新的不同于以往的建构手段和审美形式，营造出的"诗意"的环境赋有当代数字艺术的审美性，其特有的动态化、智能化、拟真、拟像等艺术属性，有别于传统静态艺术，从而导致当代城市环境艺术规律发生了新的转向。要义如下：

（一）智能与动态

与传统静态公共艺术相比，数字技术与环境艺术的结合，使得公共环境拥有数字化智能动态属性，这是传统静态公共艺术所不具备的艺术特点，也是当代艺术规律发生转向的关键。不过，值得强调的是，尽管数字公共艺术有此特性，但并非意味着将要全面否定和抛弃传统公共艺术对城市环境的审美塑造。数

字公共艺术的出现，完善并增添了环境艺术新的表现形式，如同电子书的诞生，并没有使传统纸媒体书籍消亡一样，只不过电子媒体书籍的产生，丰富了人类的阅读方式而已。二者之所以能够同时并存，在于尺有所短、寸有所长。同样，用数字公共艺术构建城市意象，能够弥补传统公共艺术营造城市环境的不足却是现实的体现，并由此导致当代城市公共环境的美化方式及其艺术规律发生了急剧转向。诸如，已出现的数控光景艺术、数控喷泉艺术、数控焰火艺术等便是不争的事实。此类艺术所拥有的动态化、交互性及其虚拟性实属数字信息时代的产物，除了能够营造视觉观感上"诗画"般的意境外，"数字化""动态化""交互性"所带来的欣然舒畅的快意，可蕴蓄"诗意之场"的审美心境。简言之，人们能否感悟到当代城市意象所具有的诗画意境，归根结底取决于公众的审美心理对欣赏对象的感悟与体验。显然，外界景物是导致人们内心体悟状态的关键。比如，宋代大诗人陆游曾在《练塘》一诗中就有过"水秀山明何所似？玉人临镜晕螺青"的生动描述，表明"青山绿水""山明水秀"的自然环境有着"诗画"般的意境。但这只是诗人处在农耕文明时代，自然环境在诗人心中的真实写照。它既不同于信息社会数字公共艺术所营构的真实现实与虚拟现实相混合的城市意境，也不同于传统公共艺术对城市环境的静态塑造，其吟诗颂词所抒发的真情实感，只是对自然景观的直观描绘而已。当人类社会进入数字信息时代，面对真实现实与虚拟现实相混合的城市公共环境，大众的审美体验必然会打上数字时代的烙印，智能动态的数字化艺术表现方式，也必然能为当代城市"诗意之场"意境的产生，营造出怡人温馨的场所氛围。

（二）创作与展示

当代数字公共艺术的创作与展示规律已发生新的转向。其一，尽管数字公共艺术在创作方法上与其他传统造型艺术一样，拥有象征、变形、夸张等不胜枚举的艺术创造手段，然而，它更强调对人类自我审美逻辑所创造的成果进行抽取、提炼，其艺术形式也更理性抽象，更远离自然。其二，当代数字公共艺术所拥有的动态性和便于修改、再造的巨大优势，为传统静态公共艺术所不可企及。尽管数字艺术与景观环境相结合会形成稳定、确切的艺术形式，然而，由于社会发展和人们对新的环境审美形式的不断追求，数字公共艺术的展呈始终处在一个不断变化的动态状况中，尤其当数字技术介入城市公共环境后，这种变化显得更加突出。绝大部分社会公益活动，诸如国庆节、奥运会、传统节假日等，需要在短期内对城市环境进行快速装扮展示，数字公共艺术可应时介入，且具有高效、节约、环保、互动等方面的优势。

（三）原创与复制

数字公共艺术作为当代艺术构建城市环境，其暗含的商品性和所呈现的艺术性具有不同于传统艺术的新规律。主要表现在三个方面：首先，当数字公共艺术成为某一场所独创作品时，如同原创油画等纯艺术一样，具有唯一性、不可复制性，原创和不可复制是该件艺术品的价值所在。其次，设若对某一数字公共艺术品进行工业化批量生产和复制，那么，这类作品不再具有纯艺术的收藏价值。所拥有的机械复制手段，使艺术原创价值以独有的创意方式隐藏在无数复制品中，从而成为具有机械复制属性的艺术商品，使得相同的艺术形式可在不同的城市环境中重复出现。最后，数字公共艺术在大多数情况下，创作成果是集体智慧的结晶。创作一件作品因涉及广泛的社会公众利益，且需要投入大量的资金，所以，社会性和公众性使得数字公共艺术成为公众合力完成的产物。正因如此，最后的成品往往由集体创作完成。

（四）接受与参与

从接受与体验的角度出发，当代数字公共艺术是公共价值体系下的物化的精神产品，有着多维、多视角的审美判断。如“是”与“非”、“善”与“恶”、“美”与“丑”、“假”与“真”等的公众参与评价，莫衷一是，使当代艺术接受与欣赏规律发生了新的转向。艺术品的欣赏若要获得公平与准确的价值评判，需要欣赏者站在无功利的审美视角才能做出相对客观的评判。而数字公共艺术作为大众艺术，其公共性决定了公众有权参与艺术作品的全过程评定。市民是利益攸关方，必然会与设计方案产生接触。然而，由于公众的审美认知参差不齐，意见往往难以统一，这就需要政府主管部门委派专家对之进行必要的引导、把关和最终的决定。专家的介入，拥有双重身份，既是评判者，又是参与者。当他们直面评判对象与之“对话”时，一方面，须将自身作为体验者与环境客体相分离；另一方面，又必须与环境融合为一，化身为环境的一部分，以动观的方式亲近并体验环境的独特性。换言之，体验者，若从纯粹欣赏者的角度来审视城市环境艺术，他会以静态默然的疏离方式介入其中审视阅读，而若以环境参与者的身份融入其中，那么他必须用全局的眼光，将静与动、整体与局部、形式与内容等诸多环节，进行通盘整体考虑，以防百密一疏。实际上，一般的普通市民并不具备这样的业务知识和专业能力。此时唯有专家以公众代言人的身份参与其中，引导公众，把关质量，才能彰显数字公共艺术作为当代人类自我审美创造物真正体现其应有的公共属性。

由此可见，数字公共艺术作为当代城市环境的主要表现形式，能够真实地体现出当前城市环境的审美现状，故而是“诗意之场”当代性的反映。它所拥有的智能化、动态化特征，既是数字技术与艺术结合的产物，也是当代艺术规律发生转向的内因。一方面，数字公共艺术自身所拥有的智能动态属性，能够弥补传统静态公共艺术的不足；另一方面，它的出现并没有抛弃和否定传统公共艺术对城市环境的审美塑造，而是在传统的基础上增添了新的表现手段。由于数字科技的介入，传统艺术的创作方式、审美评价、艺术价值等方面已发生了新的转向。

二、“诗意之场”当代性的展现：多种类数字公共艺术塑造城市环境

“诗意”的城市环境作为人类的主要聚集地，是每个公民心驰神往的理想场所，计算机信息时代数字技术与艺术的巧妙结合，能够使人梦想成真。各种不同的数字艺术表现形式对城市环境的塑造，展现出当代城市环境的“诗意”之美，表明数字公共艺术对城市环境的塑造，不仅是“诗意之场”当代性的反映，而且也是当代性的展现。处在这样的时代，人类所居住的城市环境不可能脱离具体、特定的数字艺术形式对环境的塑造，只有当城市环境经过种类多样、形式丰富的数字艺术装扮时，才能展现出“诗意之场”迷人的时代魅力。各种不同的数字艺术形式，诸如数字光景艺术、数字水景艺术、数字焰火艺术等艺术形式具有的拟真拟态、智能互动特性，所营造出的秀丽雅致的城市环境就是

其中的代表。

(一) 智能可控、多向选择:数字光景艺术展现“诗意之场”的当代性

数字光景艺术能够展现“诗意之场”的当代性,在于其内在的智能可控、多向选择的艺术特性。数字光景艺术(Digital Light Art)由激光艺术和灯光艺术组合构成,既可单独自成一体,也可混合表现,现已发展成为一项系统的艺术种类。与传统灯光艺术相比,数字光景艺术已突破了传统灯光技术的局限与制约,使其艺术性和审美功能得到了极大的发挥。传统灯光艺术只是一种单向、纯粹的静态艺术,而数字光景艺术则具有智能程控的动态性,在数字技术的主导下,其光束、色彩、图形、空间可随心所欲地变化。它不仅能在二维单一的平面空间中增加环境的美感,而且也可在三维,甚至“四维”空间中,与音乐相伴表现出“诗画”般的意境。所以,数字光景艺术以其“丰富的动态表演功能赋予了灯光新的生命力,灯光的艺术表现力得到空前拓展和丰富”①。显然,数字光景艺术已不再是传统普通意义上的照明工具。别致新颖的光景艺术造型是艺术家独具匠心的创造,在数字技术支撑下,体现出光彩的艺术精髓。就光景艺术本身而言并不是新生事物,然而由于数字技术的介入,使得光景艺术成为审美功能独特、炫目迷人的艺术种类。因此,有专家认为:“当代的灯光艺术已经发展成为具有自我表现能力的艺术形式。传统灯光只是为表现、突出特定的对象,而提供必要的照度和色彩。它如同画家、雕塑家手中的‘笔’和‘刀’一样,只能通过对人物

---

① 雷欣.灯光艺术的革命[J].现代电视技术,2004(6):134-136.

和环境的刻画、烘托、渲染，来力求完美地表达其他的艺术形式。具体来说就是通过刻画别的艺术形式的线条、质感、色彩、层次感、透视感等，来增强这些艺术形式的感染力，并曲折地表达自我，从而实现自身的价值。所以传统的灯光艺术必须以其他的艺术形式为载体，为其他艺术形式服务。而当代的灯光艺术在此基础上，已经具备独立表演的能力。”[①]毋庸置疑，数字光景艺术已是城市环境中最重要的景观形式之一，它所拥有的“电脑灯光的光束、色彩、图案图形及其变化构成了灯光独特的艺术语言，它们可以不依赖于其他艺术载体而在三维空间中直接展现。于是，灯光的本身成为艺术欣赏的对象，不再只是充当艺术家手中的‘笔’和‘刀’等工具的角色”[②]。一般来说，城市环境中的主体景观，作为智能可控、多向选择的数字光景艺术大致可分为三类：

第一类，激光投影艺术。运用计算机编程技术将激光投射到某一特定的媒介物上，采用真实现实、虚拟现实与增强现实相混合的手法，塑造出变幻莫测的虚拟现实环境，以此模糊真实现实与虚拟现实的界线，使观众沉浸在真假难辨的物理世界中。这种把数字影像投射到真实现实媒介物上的光艺术，其原理在于借助建筑、景观等真实现实实物作为光的投影媒介，使真实实物与虚拟影像实现无缝对接，以此形成真实现实与虚拟现实图像混淆、迷幻的视错觉。此类数字艺术不仅能够在复杂的物体表面实现裸眼3D视觉效果，而且还能以增强现实的画面带给观众以强烈的视觉冲击。由于该类艺术形式所采用的数字激光技术混合立体音效，有着辐射面宽、场景宏大的特征，使观众能够

① 雷欣.灯光艺术的革命[J].现代电视技术,2004(6):134-136.

② 雷欣.灯光艺术的革命[J].现代电视技术,2004(6):134-136.

观赏全方位的展呈环境。不仅如此,以增强现实为技术优势的投影艺术,其技术特长可使之临时用在节日庆典、开幕式等社会公共活动领域。在特定的范围内,能够起到动态美化城市环境、增加节日气氛、营造观众气场的作用。例如,“2014 上海跨年倒计时大型 4D 灯光秀:上海外滩跨年倒计时活动”[①](图 8-2),现场数字影像投射艺术所呈现的场景,便是激光艺术特点的具体体现。此次活动的激光投射媒介,以上海海关大楼楼体为“屏幕”,利用影像技术与在场观众进行人机互动。再如,艺术家以“星云”为创作主题(图 8-3),试图从一个微小的细节反映 2008 年全球金融危机的社会状况。危机伊始欧洲许多城市的建筑项目便遭停工,建筑脚手架散落在城市的各个建筑工地,如同城市疤痕一样,时刻提醒人们当前社会的脆弱性。《星云》是一件建

图 8-2　2014 上海跨年倒计时大型 4D 灯光秀:上海外滩跨年倒计时活动

① http://www.lvmama.com/guide/2013/1219-176588.html.

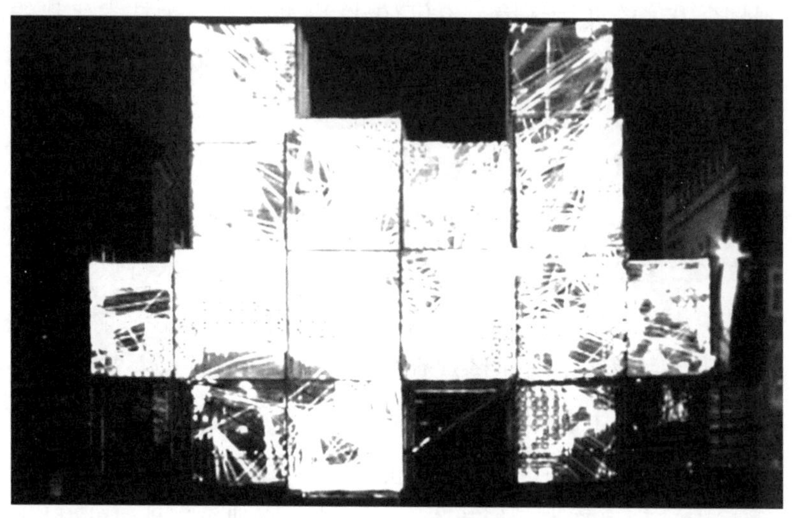

图 8-3 《星云》

筑环境装置艺术,利用日常散落在冰岛首都雷克雅维克建筑工地的脚手架作为创作构形材料,使之成为声、光沉浸式环境艺术的表现媒介。脚手架原为建筑工程的搭建构件,现已从其基本功能中解放出来成为艺术表现对象。

《星云》的内在结构由大量脚手架搭建而成,外观则由多孔薄膜与多层复合白色网状织物构成。薄膜成为幕布可获取投影仪器射来光线的载体,当光线透过薄膜的孔洞,幕布便可捕获由孔洞穿过的光线,并形成复合层次。现场生成的视觉效果,是激光投射在空间结构上的映射反映,投影仪以 24 000 流明量从两个不同的方位投射出。由于投射出的光线从一层穿越并投射到另一层,所发出的光线不仅完全能够铺满整个空间,而且还能到达那些冒昧进入投影区域中的观众身体上。① 除此之外,作品的展

① LAI A, WU A. installation art now[M]. Sandu Publishing Co., 2013.

示结构仍可作为白天的公共平台,使当地居民以新的视角享受城市的周围环境。由此可见,激光投影艺术所拥有的智能可控的视觉影像表现优势,带有典型的“当下”特征。不过,其自身难以克服的“临时”“瞬间”和“短暂”的局限性,注定是“时间艺术”。

第二类,光景装置艺术。运用数控发光二极管 LED 设计各种光怪陆离的光景艺术造型,是现今光景装置艺术的一大优势。数字光景艺术家大安·罗斯盖德(Daan Roosegaarde)、戴尼尔·西蒙尼尼、(Daniel Simonini)、罗伦左·麦瑞尼(Lorenzo Mari-ni)、法那多·哥扎勒斯·山迪诺(Fernando Gonzales Sandino)、布鲁斯·蒙罗(Bruce Munro)等,创作的多系列光景装置作品便属此类。如大安·罗斯盖德(Daan Roosegaarde)利用声音感应创作的数字公共艺术作品《沙丘》(图 8-4),属于互动式灯光装置艺术,它通过人的行为参与和景观感应互动以实现作

图 8-4 《沙丘》

品的最终完成。《沙丘》运用成百上千只LED发光管，由纤维材料与自然风景混合构建而成，其创意动机在于通过人与物的互动体验，去研究未来城市中人和环境的关系。[①] 再如，作品《光乐团》（图8-5）属视觉音乐，由戴尼尔·西蒙尼尼等三人共同设计。作品由不同的声音元素主导，超大尺度的键盘犹如未来主义钢琴造型。作者精心设计了12个彩色按钮，用来控制12个LED灯。灯光、色彩和声音的不同配置，使观众可与之倾心互动，沉浸于广阔、幽深、色彩迷幻的空间中。不仅如此，参观者还可位于舞台中央，成为虚拟乐队的指挥。如此庞大的“钢琴”，外观呈波浪状，以歌德的旋转色轮，12种颜色、五度音环为基础融合色彩和声音，能够表现出半音音阶的12个音级之间的关

图8-5 《光乐团》

① LAI A, WU A. installation art now[M]. Sandu Publishing Co., 2013.

系。[①] 再例,布鲁斯·蒙罗的《光场》(*Field of Light*)(图 8-6)公共装置艺术最早创作于 1992 年,创意构思源自作者远涉澳大利亚沙漠的难忘经历。布鲁斯·蒙罗和其家人曾在澳洲从事过占卜活动。驻留期间,红色沙漠使之感悟到具有难以置信的魔力,人的思想火花似乎可随之向外辐射。于是,"光场"装置艺术的创意灵感很快便在布鲁斯的草图纸上诞生,且很难从其脑海中抹去。"光场"展览的场所位于康沃尔的艾登·普罗捷克特,2008 年 11 月至 2009 年 3 月展出。艺术家和其 5 位助手忙了 3 天,才将作品安装在兰福斯特和地中海生态区之间的游人集聚中心,并为此专门制造了 6 000 只带有透明纤维管的亚克力发光棒,每根管子上都套有洁净的玻璃球,由两架户外激光投影机向作品投射光束。该件装置艺术所覆盖的面积为 60m×20m,约使用了24 000米长的透明纤维管,夜晚可获得最佳展示效

图 8-6 《光场》,2011 年布鲁斯为英国巴斯市霍尔本博物馆室外环境所作的设计

① 凤凰空间·上海.照明设计[M].南京:江苏人民出版社,2012:395.

果。[①] 步入 2011 年,布鲁斯为英国巴斯市霍尔本博物馆室外环境再作《光场》[②]景观设计,以此表达其早期城市生态美设计观念。作品内涵体现了"生态美是技术本质的最高表现"[③]的观点。"它既包括人之'美',也包括物之'美'";既反映了"人与人之间的关系",又折射出了"人与自然之间和谐的关系"[④]。在此之后,布鲁斯秉持生态美理念,以"光场"为主题继续设计系列作品。到了 2012 年,布鲁斯为美国宾夕法尼亚州洛伍德花园作的《光场》环境设计(图 8-7),将现代光艺术与园林景观巧妙结合在一起,使伍德花园环境被营造成极富诗画意境的"诗意之场"。两年后,布鲁斯则以圣安德鲁广场为环境,用 LED 光纤为材料制作光景作品。成品《光场》(图 8-8)置于环境中犹如变色龙一般,自由穿行于城市广场,并可随意变换颜色,公众漫步其间,

图 8-7 《光场》,2012 年为布鲁斯美国宾夕法尼亚州洛伍德花园所作的环境设计

---

① LAI A,WU,A. Installation art now[M]. Sandu Publishing Co. ,2013.

② http://www. designboom. com/art/bruce-munro-light-at-longwood-gardens/

③ 曹汝平."光立方"的审美意蕴[N]. 文艺报,2010-04-09(8).

④ 曹汝平."光立方"的审美意蕴[N]. 文艺报,2010-04-09(8).

图 8-8 《光场》,2014 年为布鲁斯圣安德鲁广场所作的环境设计

能够身临其境地感受到环境的美妙和空间的变化。尽管布鲁斯创作的系列作品皆以《光场》为主题,但由于作品内容始终坚持与时俱进的调整、形式不停变化、创意理念不断更新,加上安装的场所不同,城市环境的差异,致使作品在整体风格上呈现出既统一变化又新颖时尚的视觉美感。

第三类,光景雕塑艺术。用 LED 装饰建筑本体与表皮,使光色变化与本体造型相统一,以此形成光景雕塑。如坐落于巴黎城区大桥上的光景雕塑作品《3D Bridge》(图 8-9),安装了全景显示器、LED 灯光、音响扩大器等装置以引起公众的关注。凡路过大桥的行人可驻足观赏,身临其境、洞幽烛微地体验作品。《3D Bridge》由一系列透明倒角立方块与内置 LED 灯管构成,体积庞大,外表透明,看上去具有诱人的律动感。远距离欣赏易于引人注目,其体量、色彩、纹理结合完美,能让人很快联想到俄罗斯方块游戏,具有创建、拆卸方便的功能优势。[①] 再如,作品《Cobogo 房子》(图 8-10)。[②] 这幢设计绝佳的单体独栋住宅,

① The sky's the limit[M]. Berlin: Gestalten, 2012.

② The sky's the limit[M]. Berlin: Gestalten, 2012.

图 8-9　光景雕塑《3D Bridge》

图 8-10　光景雕塑《Cobogo 房子》。作者：马其奥·柯根、卡罗琳娜·卡斯托维艾嘉(Marcio Kogan & Carolina Castrovieijo)

最大的亮点在于其光照系统设计。内、外光环境由自然采光与计算机程控发光二极管(LED)共同营造。白天,在它的外部安装了一个优雅的百叶遮阳装置。别致、灵活的遮阳功能,如同拥有天然的外观装饰和高效光线漫射器。由一系列模块化环圈组成的孔洞闪耀着美丽的光泽,并和房子边缘直线形成了强烈的曲直对比,从而使几何图形能够相互作用,以产生独特的视觉感。夜晚,房子采用程控 LED 发光二极管,由内而外散发漫射光。光线经内部空间过滤后,溢泻至周围的花园,宛如发光"雕塑"体,透着浓浓的"诗意"。

(二) 智能互动、形式多样:数字水景艺术体现"诗意之场"的当代性

数字水景艺术所具有的形式多样、智能互动的艺术特点,同样能够体现出"诗意之场"的当代性。所谓的数字水景艺术,就是由计算机控制的自动化智能水体造型。智能、互动是数字水景艺术的基本特征,也是设计师塑造"诗意之场"城市环境的主要表现手段之一。数字水景艺术有别于以江河湖海等自然水资源为形态的天然景观,其人化的智能属性,呈现出不同于传统水景艺术的智性表征。现有的数字水景艺术种类大致可分为音乐喷泉、旱地喷泉、湖面喷泉、跑泉、超高喷泉、冷雾喷泉、水幕电影、雕塑喷泉等,所有种类皆为美化城市环境而采取的智能、可控的动态艺术表现形式。现对部分数字水景艺术的工作原理、功能特性加以要略分析。

第一类,音乐喷泉。"音乐喷泉是利用音乐的频率、振幅、节拍等元素来控制喷泉的花形变化、水柱高低、灯光亮暗的一种喷泉装置。”[①]其原理是将声音信号转化成电信号，通过机械传动装置驱动电磁阀和继电器，实现对喷头水路调节和水压大小的控制。每当夜晚，音乐喷泉伴随着五彩缤纷的数控灯光，使水、光、色交相辉映，绚丽多彩，从而形成一幅缥缈、悠远、“水气中和，步步引人入胜”的城市美景。多数情况下，音乐喷泉采用实时控制技术，将水泵的转速变化与音乐节奏同步对应，即对音乐的音频采用全程跟踪的方式，使音乐讯号分解并转换成可控制喷泉水量变化的计算机电讯号，从而实现控制水景造型的目的。因此，“喷泉的动作和与之同时播放的乐曲之间存在内在联系的喷泉就是音乐喷泉”[②]。不仅如此，音乐喷泉还常混合配置各种数控灯光，以此营造出水雾缥缈、光彩夺目的城市环境。

第二类，旱地喷泉。建造旱地喷泉的场所多为城市广场的无障碍区域。所有组成旱地喷泉的基本设备如水泵、电缆、感应器、管道、喷头等均被安装在地下槽沟内。工作方式主要分为两种：其一是，当公众踩踏电子感应器，音乐即刻轻柔响起时，泉水随声从地孔中缓缓溢出，渐渐润湿广场路基。行人悠然避开水柱，音乐节奏由低沉、舒缓，逐渐变为高亢、急促，泉水水柱也伴声渐趋加速抬升，水花随音乐节奏高低起伏，形成精美绝伦的喷泉造型。如此美妙之功能，作为互动式景观，许多城市均有此设置。其二是，利用计算机编程设定自动喷水时间。例如，坐落在丹麦诺勒松比(Norresundby)港湾区的小城花园，看上去似乎有些与世隔绝，其城市喷泉创新项目明显增进了该市的城市环境水

① 蔡彬．可编程控制器在音乐灯光喷泉中的应用[J]．农机化研究，2005(4)：209－210.

② 肖玲琍．音乐喷泉与现场总线技术[J]．北京建筑工程学院学报，2003(3)：81－84.

平，使之与其荒凉的地理位置形成了鲜明的对比。小城将喷泉提供给观赏者作为有趣的游玩点与观赏者一同分享(图 8-11)。诺勒松比既有被地表植物和水生植物覆盖的软土花园，也有裸露着大量水泥、沥青等硬地露天开放广场。这里的环境不仅需要确保历史文化的存在，但更需要创新项目的出现。花园广场的数控水景艺术就是其中的代表。诺勒松比喷泉的喷水时间、频率、间隔由计算机自动程序控制。一排排细针般的喷泉一天要从地上喷水七次，飞溅的水花和产生的泡沫，在沉入地下前的 15 分钟再次喷水。形状不规则的水坑为每一次水流退去后而留下短暂的水渍。道路上缓慢蠕动绵软身体的蜗牛，在电子色般沥青的表层上滑出条条痕迹。茂密的植被伴随着流行音乐喷出美丽的水雾。自然成形的水坑景观并非为提前的预设，如同任何一个公共停车场一样，当水坑干涸时，原来有水的沥青就会变成可以行走的路面。①

图 8-11　诺勒松比港湾区小城花园的喷泉设计

① Urban Garden in Nφrresundby[M]//Andersson SL. Urban spaces squares & plazas. AZUR Corporation, 2007.

第三类，湖面喷泉。湖面喷泉是以湖面自然宽阔的水域作为喷泉展演场所。如苏州金鸡湖景区大型湖面音乐喷泉就是典型的案例。金鸡湖湖面喷泉所有的管道系统均被安装在浮箱上，在宽为130米、长约208米的湖面范围内，将主体喷泉的喷水高度设定为108米，由音乐、激光、焰火相伴，可向在场数万观众奉献出气势磅礴、水雾弥漫、流光溢彩的视觉盛宴。

第四类，水幕电影。水幕电影的工作原理在于，“通过一个特制的窄缝喷口，形成一幕光亮、平衡的半透明的水膜”。“播放水幕电影时，放映机镜头距水幕的距离约90米，有效放映范围可达2万平方米，可供上万人同时观看。彩色光束从放映控制台里斜射到水幕上，立即呈现出立体动感的影像束。”[①]“水幕电影形式多样，主要有水池平面、垂直平面、不规则垂直平面和360度环形立体等样式。”[②]无论哪一种形式的水幕电影，“由于采用多种光学效果，使电影在水幕上播放时，颜色更加夺目，图像更加新鲜生动。当人物进入画面时，好似腾空而降，产生虚无缥缈的梦幻感觉，令人心驰神往”[③]。

第五类，数控雕塑喷泉。静态、稳定、持久是所有前计算机时代传统城市雕塑的总体特征。只有当人类进入数字信息时代，才能实现雕塑按人的指令与观众进行互动，并且几乎所有的数控雕塑喷泉，都是计算机技术与雕塑、喷泉、灯光等组合的综合体，只不过以动态雕塑为主而已。如美国北卡罗来纳州夏洛

① 闻捷．神奇的水幕电影[J]．影像技术，2002(1)：54.

② 韩荣花，李绍武．基于PLC的音乐喷泉和水幕电影控制系统设计[J]．产业与科技论坛，2011(20)：59－60.

③ 韩荣花，李绍武．基于PLC的音乐喷泉和水幕电影控制系统设计[J]．产业与科技论坛，2011(20)：59－60.

特市的市民广场安放的数控雕塑喷泉《重磅》(图 8-12)就是典型的范例。该作品是数字技术与不锈钢金属模块、喷泉、灯光三者结合的产物。设计师所设计的雕塑可任意变换其模块,自由改变程控喷泉水流数字信息。该作品共耗费了 14 吨不锈钢材料,由片状模块叠加而成。通过计算机控制机械传动装置,将预先编写好的程序控制软件,设置成雕塑所需要的旋转速度、方位及其喷泉的喷水量,可使之处于自动运动模式,也可根据需要,将其控制程序设置成能够与人进行互动"对话"的状态。当有公众在场与之"对话"时,人群的音量振幅可转换成电讯号,随即可控制雕塑的旋转速度、方向和水流喷速。设若有公众在场,但不与之"对话",雕塑在自动运行模式下,可按程序自行变换运动方式,喷泉能够有节奏地变化喷水量。

可见,上述所列五种耳熟能详的数字水景艺术形式,在城市环境构造中充分体现了"诗意之场"的当代性。

图 8-12 《重磅》

（三）程控造型、千态万状：数字焰火艺术体现“诗意之场”的当代性

“焰火是一种全球性话语，被讲述于各种宗教或世俗节日。它的灿烂流星般的视觉图式，跟巍峨不动的建筑，构成对位与互补的景观，夸张地阐释着人民的诗意生活。光线的语词穿越脆弱的黑夜，为我们置身其中的文明下定义，宣喻它的伟大属性。最短暂的焰火发出了最恒久的赞美。它要把天空上的光线交还给大地。”[①]古老的焰火艺术在计算机技术尚未问世之前，其火花造型一直停留在简单抽象的低端控制阶段，只是到了数字程控时代，复杂具象的火花造型才得以形成。严格地说，数字焰火艺术的问世仅为近年才出现的新生事物，故此数字焰火艺术对城市环境的营造，最能够体现“诗意之场”的当代性。

每逢重要的传统节日或是举办大型的社会公共活动，城市总要冒着污染环境的风险燃放焰火，使市民享受节日夜晚的视觉盛宴。实际上，对于低碳、绿色环保的城市环境来说，焰火燃放委实有百害而无一利。有报道称：“美国环保局正为焰火担忧。倒不是因为噪音和烟气，而是因为焰火释放出的有毒化学物质，而该物质释放出的氧又是燃料燃烧所必需的。其中的元凶就是高氯酸盐，对其担忧是因为它会渗入饮用水中。早期的研究显示，高氯酸盐可能阻碍甲状腺分泌生长激素，尤其是在儿童和孕妇体内。环保局的发言人里奇·威尔金说：‘这一现象值得深入研究。’焰火爆破后，高氯酸盐碎片会落到附近的水中。对于未完全爆炸的焰火疏于清扫也会加重污染。而且高氯酸盐

① 朱大可.焰火影像的礼赞[J].艺苑，2007(3)：11-13.

存留时间很长。一项从2004—2006年对俄克拉何马湖的研究显示，高氯酸盐的含量在焰火秀之后猛增，需要20—80天才能稳定下来。为何会有这一时间区间？因为水温越高，高氯酸盐溶解得越快。"[①]尽管焰火具有如此大的危害，但为了追求夜色诗画般的视觉快意，人们总是对其情有独钟。似乎人类发明焰火的唯一动机，就是为了获得城市美感和增加节日气氛。的确，从"诗意之场"的环境审美角度来看，焰火几乎是每一个大型公共活动必备的礼仪内容。虽然人们谙晓焰火燃放的诸多弊端，但出于对节日气氛和城市环境审美图式的追求，也不得不临危燃放。当然，为了规避风险，人类在长期的燃放实践中努力改进技术，使焰火的安全性和火花造型控制有了长足的进步，尤其是进入计算机时代，人类采用数字科技手段，不断追求新的火花造型，用程控方式对其控制，以确保稳定、安全。

数字程控焰火的燃放原理在于，运用电脑对焰火的燃放时间和火花造型进行程序编排。在计算机燃放信号同一协调实施下，依序先后启动点火装置，以达到有效控制火花造型的目的。如2008年北京夏季奥运会开幕式上所燃放的火花"脚印"便属此类。"脚印"是一种新型智能芯片礼花弹，据专家称：该"芯片礼花弹，即把电脑芯片安装在礼花弹内，通过电脑控制，在规定的高度、方位、朝向爆炸，组成各种特效的文字、图案，五环、笑脸和其他特殊图案等都是这一创新成果的体现"[②]。芯片礼花弹的燃放效果证明，焰火燃放要想获得清晰明了的图形，只有依靠计

---

① 凯瑟琳·巴克.更环保的焰火[J].韦晴，译.海外英语，2009(10)：23.

② 奥运专题：北京奥运会开幕式焰火燃放创世界吉尼斯纪录[J].花炮科技与市场，2008(3)：11.

算机才能控制礼花精准的燃放造型。再如,庆祝中华人民共和国成立60周年的国庆焰火晚会上(图8-13),“3幅烟花火幕绘画《锦绣河山》《雪域天路》《美好家园》是联欢晚会的‘重头戏’”[①]。燃放的第一件焰火作品为《锦绣河山》。作品以翻滚的火花代表层峦叠嶂的群山,奔腾不息的河流则用树形LED发光二极管表现。所有焰火图形均在计算机控制下完成。紧随其后燃放的第二件焰火力作则是《美好家园》。焰火造型以抽象的沙漠作为引子,继而转化成葱茏的绿洲,七色彩虹飞架其上;金色的“巨龙”伴着乐曲翩然翻腾,瞬间消失在彩虹的光晕里。最后燃放的作品为《雪域天路》。焰火燃放形成列车奔驰在皑皑白雪上的动势,伴随着白云驶过漆黑的夜空。LED光立方托举起航天飞行器缓缓升起飞向太空,60只和平鸽自东依序飞向天安门广场。整幅焰火绘画呈现在广袤、深邃的夜空里,营造出了火树银花,绚丽灿烂的“诗意之场”。

除此之外,2013年10月在法国巴黎举办的“白夜”艺术节上,燃放的数字焰火作品名为《一夜情,来吧》(*One Night Stand*,

图8-13 庆祝中华人民共和国成立60周年国庆焰火设计。作者:蔡国强

① 刘阳,傅丁根.蔡国强:焰火绘画堪称世界首创[N].人民日报,2009-10-02(10).

Let's Play)(图 8－14),能够代表烟花艺术在当今世界的最高水平。自 2001 年起,每年十月的第一个周末,法国首都巴黎市政府都会举办“白夜”艺术节,以此让巴黎市民和来自全世界的游客了解巴黎,使人们能够分享这座享有“世界艺术之都”美誉城市的艺术成果。每当适逢这一艺术盛事,参与表演的艺术家和在场互动的观众皆会情不自禁地通宵狂欢,足以说明该艺术节具有诱人的亲和力和广泛的社会影响力。“一夜情”焰火作品共分三幕,用数控技术燃放火花。其中,第一、三幕用燃烧的火花在空中组合成英文“One Night Stand,Let's Play”和“Sorry Gotta Go(对不起,该走了)”,最能体现数字程控焰火的燃放水平。“一夜情”的发射平台为 80 米长的火药船,所有发射设备均在电脑编程控制下,依序发射焰火弹。喷射出的焰火在空中绽放,此

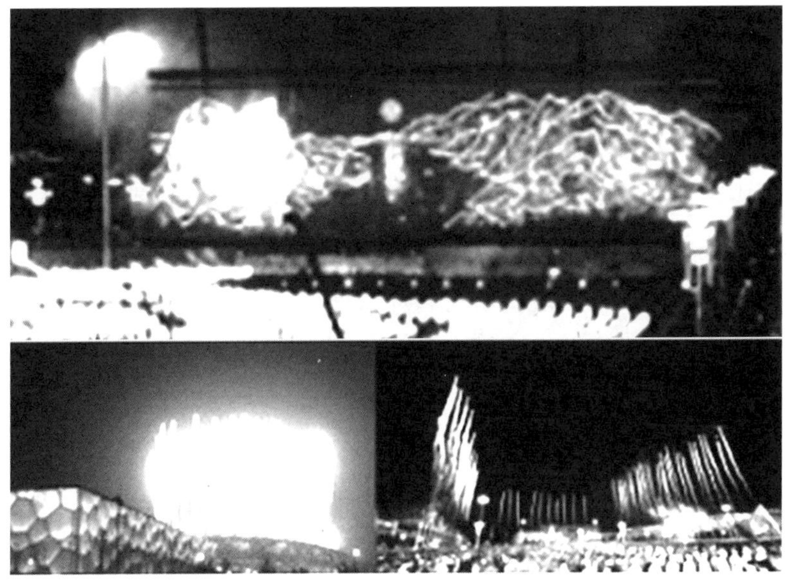

图 8－14 《一夜情,来吧》焰火设计。作者:蔡国强

起彼伏，错落有致，巧妙形成预先设定的文字形态。在专家眼里，“控制焰火发射的不仅是电脑，还有自由而奔放的人类情感和原始欲望。本届‘白夜’艺术节总监琪亚拉·帕里斯表示：‘一夜情’是一次独特的浪漫体验，也是对巴黎人心中之爱的回响。……以诗意的大型艺术装置以及火药、焰火联结古老与现代的宇宙学，发展出一种崭新的艺术形式……作品往往因为有公众的参与而实现能量的传播”①。由此可见，数字公共艺术作为塑造当代城市环境的新形式，无论在时间概念上，还是在艺术发展现状上，都体现出了当前城市环境的审美状况，因此是“诗意之场”当代性的反映和展现。各种不同类型的数字艺术形式，以公共环境作为其存在和装点的场所，据此构建的城市景观，显然，已成为“诗意之场”意境的主体。

综上所述，信息化时代营造“诗意之场”的城市环境，离不开数字艺术对城市公共环境的全面介入。世界城市发展史表明，人类由乡村社会自然演进至工业化城市发展阶段，必然会导致自身的生存环境出现某种程度上的危机，类似于中国这样的发展中国家尤为如此。为了化解这样的危机，一方面，要求政府部门实施科学有效的城市规划，通过对城市环境的合理保护，使得公众周遭栖居的物理场所有着环保宜人的生态环境；另一方面，采取必要的数字艺术手段营造“诗意”的城市审美环境，以满足生态环保和公众审美的双重需要。由于艺术是社会文明的产物，时代进步决定着艺术的总体发展特征，社会发展需要创造出与之相适应的艺术形式。处在数字信息时代所有种类的艺术，

① 王寅：南方周末. http://www.infzm.com/content/94948，http://news.qq.com/a/20131108/018379，hem.

按需必将参与城市环境建设，诸如，数控喷泉艺术、数控光景艺术、数控焰火艺术等，所拥有的智能化与动态化、真实现实与虚拟现实数字艺术将会承担起历史的责任，成为城市的审美符号，并留下时代的烙印。即数字公共艺术不仅使传统公共艺术规律出现革命性剧变，而且也会使种类繁多、形式多样的智能化数字公共艺术成为城市公共环境的营造主体，从而使人类长期以来，一直魂牵梦绕、坚持不懈所追寻的“诗意之场”得以梦想成真。

第九章　数字公共艺术营造“诗意之场”的设计案例赏析[①]

水，滋养生命，恩泽众生，蕴藉文化，承续历史。水的扩张、收缩，浪的撞击、冲刷，塑造出鬼斧神工、千态万状的自然奇景。如诗如画，如梦似幻。千百年来，对水的颂扬讴歌，引无数文人骚客，吟诵不尽的赞美诗。

信息时代，水与数字技术的结合，使水的张力极具诱人的魅力。观众如若沉浸于水景世界，置身于美轮美奂、别有洞天的水景迷人场所，必会使人废寝忘食，流连忘返。

造景，无论是小桥流水，抑或垂悬的瀑布，水景均有着独特的审美价值。古代文人雅士喜好“曲水流觞”、饮酒赋诗的风尚，均与水的闲适谦和、绵柔婉约密不可分。数码科技年代，水与数字技术的结合，营造出颇具科技感的水景沉浸式体验环境，使得悠然的水韵呈现出独有的含义。

① 此第九章：“数字公共艺术营造“诗意之场”的设计案例赏析”由黄晓敏、蔡顺兴撰写。

第一节　数字化水景艺术体验

一、数控水景动态"雕塑"

数控水景动态"雕塑"分为两种：一是将液态水体形塑成某一特定的艺术造型；二是将固态雕塑与水结合，创作出某种具有特殊用途的艺术形式。无论哪一种类型，均需借助于数字化智能控制，使雕塑产生移动、翻滚、旋转等动态变化，引人入胜，耐人寻味，激发观众的好奇心，给人带来轻松、愉悦的视觉享受。正因如此，人们热衷于用水景营造灵动的生活环境，用水兴建数控水景动态"雕塑"，皆缘于水的灵动，水与人互动的亲和力。

与传统喷泉不同，如今的数字化动态喷泉已形成"雕塑"化趋势。这一艺术形式普遍采用变频控制，结合灯光、音响等表现手段，使水景"雕塑"伴随着音乐，有节奏的律动。人们只需在控制端，选择需要播放的曲子，点击按钮，喷泉就能伴着音乐的旋律开始喷发。该类喷泉减少了传统人工喷泉的繁琐，同时能够给人带来更多的娱乐。这种将水、声、光巧妙融合的动态水景，可谓亦真亦梦，意境无穷。

"The Star"为一个多学科雷默斯(Ramus)设计工作室，2019年曾在澳大利亚悉尼完成了世界上第一个永久性的沉浸式作品[①]，它将光、水与交互式绘画艺术融为一体。设计师专门在沉浸

① https://www.gooood.cn/immersive-experience-for-the-star-sydney-by-ramus.htm.

式体验场所的中央，设置了一个13米高的圆柱形装置(图9-1)，这个装置能够发射镭射投影，通过编程展现出不同的瀑布造型，显得十分优雅，动感十足。装置还可根据一天中不同时间、不同

图9-1　The Star 沉浸式体验空间圆柱水景装置

的景观氛围，以及互动状态，随时调整其展示内容，最大限度地使观者能够沉浸于美妙的欣赏环境。启迪读者，教化民众。

在此氛围中，巨大的圆柱形雕塑设计，顶天立地观众可明显感受到它那巨大、伟岸、气势不凡的“身躯”。如此高大的体量，使整个空间环境氛围，被充分渲染、带动。无论是千变万化的瀑布动态造型，还是五彩斑斓的灯光设计，投射在瀑布表面的动画，都能够使整个空间环境“活”起来，它仿佛是会说话的舞者，向人们传达自己想要诉说的“故事”。

原本千篇一律的商业环境，经过数字化艺术处理，摇身一变，蜕化成极具诱惑力的沉浸式体验场所。在这雾气笼罩的氛围里，水雾激发了人的感知好奇，尝试着触碰缓慢升腾的水雾。创意构思绝妙，赋予参观者新奇、愉悦和无限的遐思。

如，《云架》互动雾气雕塑（图 9－2）[①]，出自环境艺术家奈德·卡恩(Ned Kahn)之手。作品使用流体力学、光学等物理方法，借助于数字媒体技术，制造出了千变万化、虚实相生的“人造”水雾。

作者把不锈钢钢管组合成一大片矩形森林，并在其中设置了一个四处飘浮的雾气球。观众沉浸其中，物我两忘，给人带来灵动、多变的美妙沉浸感。由钢管喷出的雾气气球，短时间滞留空中，呈现出洁白无瑕、扑朔迷离的云朵效果。之后，慢慢地，雾消云散，随风而去。

《云架》一改以往液态水景形式，以雾化微粒升腾，环绕在钢管森林间。既拉近了景、人之间的互动距离，也增强了人与景的

① http://www.cpa-net.cn/news_detail101/newsId=13640.html.

图 9-2　雕塑作品《云架》

相互映照。不仅如此,《云架》还通过强化装置和背景建筑的连接,以达到吸引路人关注的目的。与此同时,观者会因装置没入云雾缭绕、别有天地的环境里,珍视这块活动场地,引发自然与人文关怀的共鸣。

可以说,《云架》改变了水的形态,使水景亲和力倍增。人沉浸于这样的水景场所体验中,能惬意感受到水的自然魅力。显然,《云架》是公共空间沉浸式水景设计的成功典范。

二、数控投影成像创造水景体验影像空间

运用数控投影成像技术,可使水面幻化成扑朔迷离、五彩斑斓的诗化意境,如数字水幕当属此类。数字水幕,即数控水帘。平日里,城市公共场所常用的水景装饰,大多为状态稳定的传统物理喷泉,形态多样,栩栩如生。尽管数量不菲,却不及数字水幕结合数控动态喷泉更受观众青睐。

数控水幕的水流来自于数千个受电脑传感器控制的数控微小喷头,图像、文字可在水幕墙上随意切换,瞬间营造出不同的艺术氛围,美轮美奂。数控水幕不仅具有音控图文功能,而且还能场景互动。它可实现人机对话,按人的意愿,随机表达想要的内容,使设计师按人的意愿设计出既美观大方又妙趣横生的互动佳作。如,西班牙 Teo San Jose 设计公司设计的阿根廷科尔多瓦水幕投影作品(图 9 - 3)[①],就是其中的代表。

该作品由水幕和静态钢质雕塑混合构成,巨大的虚拟投影水幕,位于环形雕塑围合而成的中间虚空位置,环形雕塑看上去

---

① https://www. gooood. cn/torii-monumental-sculpture-project-of-the-dialogue-by-teo-san-jose. htm.

图 9-3　西班牙 Teo San Jose 设计公司设计的水幕投影作品

好似展翅翱翔的飞鸟。水幕雪白，泛着晶莹剔透的光亮，投射在水幕上的影像，与水幕雾气混合，构成了一个虚实相生、若隐若现、虚无缥缈的水景体验场所。为了展示来自世界各国艺术家创作的虚拟现实作品，向观众积极宣传新媒体艺术领域最新的研究成果，水幕虚拟投影呈现方式，很好地抓住了观众的关注目光，无形之中加大了艺术传播力度。可见，巨型水幕投影吸引观众驻足观看，能够给体验者带来耳目一新的视觉审美享受。

三、声控水景艺术营造互动体验空间

声控水景营造需要运用多样并存的设计手法，采用不同的形式组合，才能建构出智能工巧的天之造作。目前的水景发展趋势，注重个性化、特殊化需求，以此紧紧围绕互动式、沉浸性展开。景物互动设计的核心，在于物与人的交流，产生反馈，形成分享，带来快乐。

近年来，声控装置营造互动水景，已成为新兴智能交互艺术的代表，在公共艺术领域广泛获得了人们的青睐。这一艺术形式的魅力在于，将声控智能技术运用于水景空间，使水景“活”了起来，昭示着冰冷的水景，不再是呆板、僵冷的沉静水体。

如 2019 年，美国 ASLA[①] 园林最高奖获奖佳作，圣丹斯广场《沃思堡之心》(图 9－4)[②]，为一件声控互动式喷泉艺术作品。该智能喷泉拥有 216 个可变喷头，水喷高度 3. 65 米，被设置在一个面积约 289. 8 平方米的广场中央，由灯光装置、喷水口和排

① ASLA 奖，为美国最高级别的风景园林奖项。

② https://www. gooood. cn/2019-asla-general-design-award-of-honor-sundance-square-plaza-the-heart-of-fort-worth-michael-vergason-landscape-architects-ltd. htm.

图 9-4　圣丹斯广场《沃思堡之心》互动水景

水管组合而成，并与地面铺装图案巧妙契合。

沉浸于如此声控智能高互动性环境中，令体验者既可感受互动的乐趣，也可感知水景“温度”的暖心。这种有趣、多变、随机的交流，能给观众带来良好的体验心绪。

第二节　数字化灯光艺术沉浸式体验

一、Seminole 数字灯光秀

扑朔迷离的光景数字灯光秀，能够营造出五彩斑斓、复杂多变的光色氛围。

Seminole 硬石赌场酒店开幕式数字灯光秀（图 9－5），[①]由蒙特利尔创意机构 Float4 和 DCL 视觉传达设计公司联合设计。设计师布置数字灯光，着力装饰酒店的建筑表皮，以引起观众的好奇心，为开幕式剪彩，营造出喜庆热烈、令人瞩目的活跃氛围。

酒店外观主立面排列着 16 800 根 V-Sticks（一种高性能 LED 视频材料），为音乐灯光秀表演，提供展示视觉信息必要的发光材料，其排列密度足以呈现出斑驳绚丽的艺术效果。表演时，每根 V-Stick 的灯光，均会根据不同的音调旋律，呈现出变化多端的动态图形。在音乐伴奏下，摇曳生姿，华丽熠烁。酒店的外立面墙体，高约 400 米，庞大的建筑物，为灯光秀的展示，增添了气势磅礴、宏伟壮观的艺术魅力。

灯光秀所运用的 LED 技术，成为光景主要材料，不仅耗能低、寿命长，而且经济、环保。丰富的材质色料，为建筑光景氛围打下了基础，它将艺术审美与灯光功能巧妙结合，为环境空间增添了靓丽的风采。

---

① http://www.1shi.com.cn/alzx/3628.html.

图 9－5　Seminole 硬石赌场酒店开幕式数字灯光秀

Seminole 数字灯光秀设计，无疑是科技与艺术完美结合的典范。

二、数字灯光雕塑

灯光雕塑是一种新型的数字艺术表现形式，它把灯光、雕塑、数字控制技术结合在一起，使得传统静态雕塑赋有新的内涵。相较于传统雕塑的静态美，灯光雕塑更具千姿百态的动感冲击力。灯光雕塑采用灯光符号表现语义。与观者对话，可将体验者带入光影互动的沉浸场。灯光雕塑独特，不需占据很大的空间，就能使人感受到珠光宝气、光色幻化形变的独特魅力。

如，雕塑家兼科学家的弗里德兰德，擅长将艺术与数字科技相结合，去创造魔幻感十足、令人回味无穷的光色雕塑作品。他认为，科学与艺术的结合，可以感知宇宙能量。交互形式奇异的动态雕塑，可激发人的敬畏之心，引发好奇心。

《波浪工厂》[①]（图 9－6），为弗里德兰德的一组代表作。作者通过旋转的白色光线，构造出光、色一体的动态造型。作品通过两端联结口的扭转，控制灯光，利用光的视觉混合效应，以实现"隐身"。其艺术表现旨趣在于，通过五彩斑斓、绚丽多变的色彩，以互动的灯光雕塑形式，为人们带来非凡的视觉体验。这些雕塑大小不一，参差不齐。小的可让观众放在手中把玩，大的可通过手触屏，自行调节灯光光线、色彩以及运动形式。丰富多彩的互动灯光，不仅增强了空间环境的运动感，而且还使得好奇的观者与之互动。这样的艺术形式，仿佛是观赏杂耍艺人的才艺

① https://m.sohu.com/a/293809341_120047161.

图 9-6 艺术家弗里德兰德的《波浪工厂》

表演,彻底颠覆了传统灯光的静态照明功能。

事实上,自 1970 年起,弗里德兰德便开始追求这种灯光魔幻感。在不断的尝试和探索中,弗里德兰德还将该装置艺术设计成各式各样的形状,并与多种建筑物结合,使之成为变化多端的光景艺术形式之一。时至今日,弗里德兰德的光雕塑作品,已在全球十五个国家展出,所创作品给人以强烈的视觉震撼,并深刻影响未来设计师的创作方式。

日本艺术家 Makoto Tojiki 创作的灯光雕塑《无影》[①](图 9-7),灵感来自光与影的相互交融。Makoto Tojiki 通过对光影特性的悉心研究,将人、马塑造成耐人寻味、引人入胜、令人惊叹的光雕形象。他将成千上万个 LED 微型灯泡,形塑成惝恍迷离的具象 3D 人、马雕塑,给人一种神秘、奇幻、迷人的视觉感

① https://www.gooood.cn/no-shadow-by-makoto-tojiki.htm.

受。与此同时,整个场景仿佛笼罩在一片迷茫而空灵的光色里,吸引体验者去探寻其中的审美奥妙。

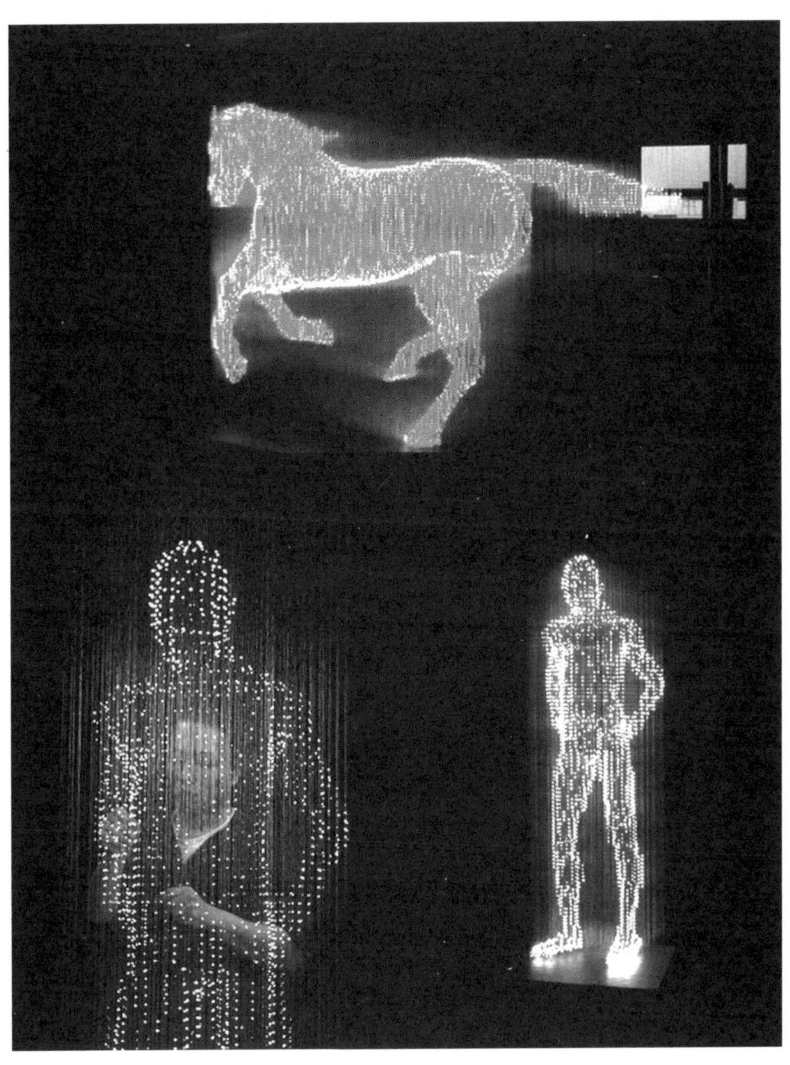

图 9-7　灯光雕塑《无影》

三、灯光投影艺术

灯光投影艺术借助于灯光媒介，将图文信息以光的形式传播给接受体。[①]

城市景观灯光投影艺术，大致分为单向灯光和双向灯光两类。单向灯光不能与外界互动，其功能主要表现在单方面灯光输出。而双向灯光可以与外界发生互动，它利用现代数字媒体技术，接受外界信息并予以反馈。双向灯光可以同时进行信息接收和传输，使观众能够与之互动。

灯光投影艺术《光几何》(图 9-8)，通过动态光线，制造出绚丽多姿、变幻丰富的几何形态，以吸引体验者的关注，使体验者感知并进入沉浸状态。《光几何》虽然概念新，却发展迅速，其中，西班牙艺术家里埃拉(Javier Riera)的作品[②]甚是出名。

里埃拉长期研究几何造型与自然的关系，在长期的科学实验中，将灯光投射到植物植被上，形成几何形态。在不破坏自然环境的前提下，彻底改变原有空间中的植物形态。他所创作的《光雕塑》作品，可实现观众与《光几何》的“碰撞”。里埃拉擅长将光嵌入自然环境中，选择适合光几何投射的植物。二者结合，能够形成强烈的共鸣形状，产生平日里无法看到的特殊观赏效果。

他的常用做法是，用“光几何”在植物上绘画出想要的形状，把植物和植被切割重组后，构成立体有趣的“童话”画面。

---

① 邱忻怡. 上海世博会灯光媒体技术应用研究[D]. 上海：同济大学，2007.

② https://kuaibao.qq.com/s/20200523A0JA9U00? refer=spider

图 9-8　艺术家里埃拉《光几何》作品

里埃拉说:"我的投光作品,要么是静态的,要么是细微的,可以冥想的。"[①]里埃拉希望借助其作品,加深自然与观众之间的联

① https://www.sohu.com/a/381891735_100022101.

系，给大自然披上“好奇”的外衣，从而让人们关注自然、了解自然。

里埃拉将各种几何光影，如花瓣、立体正方形、折射光等投射在植物和植被上，大自然在披上这层美丽外衣后，变得千奇百怪、多姿多彩。

里埃拉用光将植物做成了一件件工艺品，装扮着静谧、深邃、神秘的夜空。灯光营造出的景观，似一个个有着鲜明特色的指向标，吸引着人们驻足观看。

四、数字化动态雕塑

近年来，数字动态雕塑越来越受到人们的喜爱，人们对这类既新奇又前卫的雕塑艺术格外关注。欧美等国是世界上开展动态雕塑最早的地区。目前，中国的动态雕塑队伍也在不断地发展壮大，各类展览，层出不穷，吸引了大批的观众。

如“首届中国北海国际户外动态雕塑展”中，有部分作品让人流连忘返。例如《一路风景》(图 9－9，左图)，通过数字科技手段，精准控制光影。该作品可以放置于任何公共空间，融入不同的环境，生成独一无二的全新图景。

而巨大的碗状金属雕塑《泉之花》(图 9－9，右图)，在数字科技的支撑下，用镜面不锈钢片反光折射，把自然景物从不同的视角摄入碗内，赋予“大碗”独特的灵性和生机。

动态雕塑《白日梦》[①](图 9－10)，由插画家 Noemi Schipfer 与音乐家 Nakamoto 共同创作完成。该作品尝试运用动态雕塑

① http://www.jiuyicg.com/a/xinwenzhongxin/xingyedongtai/20180113/531.html.

图 9-9　动态雕塑《一路风景》(左图),动态雕塑《泉之花》(右图)

图 9-10　插画家 Noemi Schipfer 与音乐家 Nakamoto 共同创作完成的《白日梦》

语言、光线和声音等元素去改变视觉效果。在设计师的精心安排下,动态雕塑组合形成的空间,成功地欺骗了观众的眼睛。置身于《白日梦》中,灯光和音响不断加速、收缩、位移、变化。抽象的空间,使人完全脱离了现实世界,有一种强烈的,与科技时空对话之感,人们仿佛穿越了时光隧道。

观者注目的空间,是设计师意欲让受众体验奇幻感受的场所。一旦观众身临其境,仿佛使人真的做了一场"白日梦"。

再如,声光动态雕塑,多以数字灯光投影技术,无缝贴合投射于物体表面。声音与灯光和谐融合,赋予真实现实物体新的活力,改变了真实物体原有的单调感,增加了动态感。物体在数字技术辅助下,变得鲜活生动,可与观众直接交流。

由两位德国艺术家设计的声光动态雕塑作品《ANIMA Iki》[①]（图 9-11），很好地诠释了声光动态雕塑的特点。《ANIMA Iki》是一个圆球形实体，通过使用运动纹理、投射灯光、变幻声音，用以探索自身与周围环境的关系。它由一个直径两米的巨大发光体组成，表面的金属流体被液态效果包裹着，纹理不断扭曲，环绕着物体表面流动。

图 9-11　德国艺术家设计的声光动态雕塑作品《ANIMA Iki》

可见，设计师通过对球体表面投射绚丽多彩的光影，加上声音的作用，便能创造出一个奇趣而神秘的空间氛围，以吸引受众的注意力，引起观者的探索欲。

第三节　数字增强现实体验

增强现实，简称 AR 技术。该技术注重真实现实信息和虚拟现实信息的无缝对接，它的运用旨在为了更好地达到增强现实体验的目的。增强现实主要利用计算机技术，以进一步增强

① https://www.onformative.com/work/anima-iki.

处在虚拟环境中的物象，所呈现出的现实逼真性。通过各种传感设备，吸引用户“沉浸”于虚拟环境中，实现人机交互，该项技术能“把现实带入虚拟，让虚拟增强现实”。①

AR 并非是一个近年来才出现的新技术，这项技术早在上世纪五六十年代就已出现，主要运用于军工、飞机制造业。随着计算机技术的进步，传感器小型化成为发展趋势，AR 技术逐渐被运用到其他领域，并一度产生 AR 浪潮。

增强现实能将人们带入一个崭新的现实世界，这个世界既虚拟又真实，一切都会随着人的喜好而改变。在此世界里，不受语言沟通的束缚，不需说话就能和虚拟世界联结沟通，它可使人的“五感”拥有全新的体验感受，“虚实相生，情境交融”。

增强现实有一个鲜明的技术特点叫“构想性”②。即是指由人构想出来，可实现一定目标用途的虚拟环境。相比较现实环境中的单一观赏，设计师更希望借助于虚拟现实技术，创造出一个可以互动的“多效”环境。在增强现实中，设计师往往把真实环境和虚拟环境混合起来，既可减少构成复杂真实环境成本，用虚拟环境替代部分真实环境，又可用虚拟技术和真实现实相结合的手法，对实际物体进行操作，以达到亦真亦幻、水乳交融、真假难辨的境界。

增强现实技术通过跟踪系统、触觉系统、图像生成和现实系统等设备，改变了真实环境中人们单一感知的现象。通过对追踪摄像定位的合理运用，以增强现实技术，将虚拟模型渲染出的

① 朱杰. 增强现实技术简述[J]. 科技传播，2014(2)：149－152.

② 曹娟，赵旭阳，米文鹏，等. 浅析虚拟现实技术[J]. 计算机与网络，2011(10)：65－66.

虚拟物体，融入真实场景中。同样，借助于追踪摄像定位技术①，捕捉场景中观者的动态，通过一系列编码程序，实现想要达到的互动目标。特定环境空间中运用这一技术，可以大大增强主客体交互，从而呈现一个虚幻却真实、新鲜且有趣的场景。

一、环绕投影

全息投影技术也称虚拟成像技术，依据的是干涉和衍射原理，记录和再现物体真实三维图像。全息投影技术不仅可以产生立体幻影幻象，而且还可以实现幻象，并与体验者实时互动，从而使空间充满互动趣味。如在一个真实现实的物理场所，运用数字屏幕、影像投影等多媒体视觉手段，可营造出促使观众感官得到满足的环境。其内容，既可凭借真实现实中的增强现实幻影成像，也可在独立空间中，任凭艺术家超现实想象不存在的幻影实现。这些幻影叠加在现实物体表面，覆盖在现实物理世界真实景物之上，所营造出的氛围，不仅能提升观者的体验感受，唤起观者的热情，而且还能使人体验到异域风情、场所事件，或者使人穿越时空，产生无限的遐想。

在这类作品中，“花草景观”(图 9－12)餐厅极负盛名。这是一家位于西班牙伊维萨岛的 Sublimotion 餐厅②，作为全球最昂贵的餐厅之一，人均消费高达 1.2 万人民币，其秘诀就是利用高超的厨艺和全息投影高科技，为食客创造“无与伦比的美食感官盛宴”。食客需要佩戴 VR 虚拟眼镜阅读菜单，这个菜单可以 360

① 追踪摄像定位技术，增强现实中运用到的一种技术，如果有某一移动物进入摄像机监控范围，摄像机将自动跟踪。

② http://www.ami888.com/meishi/2103.html.

图 9－12　全息投影技术将餐厅改造成“花草景观”餐厅

度全景审视菜品。一次饕餮之旅共有约 20 道菜，

每道菜匹配的背景，环境感受均不相同。吃任何一道菜，感觉都不一样，真正是一场味觉与感官互为凭依的多重盛宴。如今，北京、上海、广州等一线城市，类似的餐厅正不断涌现，人均

消费甚至是普通餐厅的几倍,但同样宾客络绎不绝,有的甚至一座难求。顾客来此消费,像是走进了艺术馆用餐,这种“艺术感官餐厅”,不仅能够解决顾客果腹之需,而且还能满足顾客的“五感”体验。

可见,顾客处在这个融合了音乐家、图形设计师、动漫画家的互动空间中,沉浸式体验争奇斗艳、各有芬芳的投影“花草景观”,能够真切感受到美轮美奂投影虚拟现实的绝妙,使人仿佛置身于深邃、神秘、悠远的森林里。

二、多感官动态景观

增强现实技术介入景观环境后,“混合异质空间”将变得真假难辨,莫衷一是。观者五感的调动,使体验者沉浸在设计师创造的梦幻环境中,影响体验者的情绪,进而增加人们对于环境体验的满意度。近几年的景观设计,艺术家把数字艺术引入安静的森林、枯燥的广场。使得本来宁静不为感观知觉的空间变得极具动感,充满生机,使冷漠有限的空间变成了充满生命律动的场所。

为了使观众能够体验景观环境瞬间的四季更替,科学家发明出多感官沉浸式体验设备,使用这些设备,观者就能够体会不同景观具有的多重感受。

主题“WE LIVE IN AN OCEAN OF AIR”的景观艺术展,要求观者带上 VR 眼镜,观赏景观四季变化场景,一改人们平日只能看到表面平静的大自然,此时却能真切感受到动态自然的变化。游客必须使用无线虚拟现实器、心率检测器、呼吸传感器和追踪系统,共同组合成专门的装备,让人能够完全沉浸于超人类感知范围的世界中。

此外,有趣的是,由于人与动物存在着不同的生物特性,即使同处在同一块场地,体验同样的事物,却有着完全不同的感受。人类目见的景观,会受视角局限,而生活在特定自然环境中的动物却不受此影响,依然能看到另一番景象。

人类的视角之所以不能体验到类似于动物的视觉感受,囿于人的视觉生理构造。运用 VR 技术,可以弥补人眼功能的不足。通过模仿动物双眼探测能力,使之具有特殊的视觉功能。观众戴上装备,就能体验到不同动物的感受,诸如,某些飞禽、走兽、昆虫的体验等,妙趣横生,回味无穷。

为了使观众的体验视角能够更加丰富,多姿多彩,设计师举办了主题"ITEOTA TEASER"的景观艺术展,试图运用虚拟现实技术提升人类视角的不足。通过使用激光雷达、CT 扫描、摄影测量等技术,捕捉处理人、景、物的精彩瞬间,让观者沉浸于多样现实、重叠交互的场所环境中。

不仅如此,成立近 20 年的日本 teamLab 设计公司,近年来主要从事沉浸式景观设计。其业务范围,从现代都市的繁华商场到原生态的静谧森林,从日本国内到世界各地,teamLab 景观公司,总能通过艺术与科技的结合,将普通单调的环境变成光影变幻、跳跃有趣的互动体验空间。

如 teamLab 创作的《水晶宇宙》[①](图 9 - 13)就是其代表作。该作品将一个封闭的建筑物内部改造成数字化灯景光场,观众置身于珠光宝气的光场内,好似沉浸于透明的水晶宇宙中,忘记了场所转换,时间变化。

---

① http://www.gongshe9.com/culture/1335647.html.

图 9－13 teamLab 创作的《水晶宇宙》

2019 年，teamLab 景观团队，曾在历史悠久、风景如画的日本御船山乐园，举办了一场声势浩大的展览。带着“将原生态自然变成艺术”的理念，对废弃场所进行了改造。采用的方法，就是在废弃的场所上“泼”上光影，营造出一个《光影童话世界》。

光影洒落在樱花树间、蔓草丛中，时而强烈，时而昏暗，使童话环境充满了无限魅力。配合特殊的感官装置，观赏者亲近景物，感知掩映光影变化的绝妙。乐曲悠扬，奏出轻慢的旋律，伴着灯光，照亮夜晚的山谷，整个童话场景，如梦如幻。灯光在湖水中“绘画”出五颜六色、栩栩如生的鱼群(图 9－14)。欢悦的鱼儿，随流穿梭，伴着荡漾的水流，时聚时散。

teamLab 景观团队甚至还用水粒子创造了一个瀑布，在数字技术引动下，无数水粒子溅落在乱石上，现实逼真，赏心悦目。体验者欣赏完户外如诗如画的场景后，转场至乐园酒店内部，

图 9-14　日本 teamLab 景观团队制作的数字“鱼塘”娱乐空间

同样能够欣赏到体验的美景。酒店周遭的镜面反射，流光溢彩、色彩斑斓。当游客随意审视一盏盏悬挂的吊灯，与之互动，该灯便会缓缓亮起，伴着短暂柔和曼妙的音乐，点亮相邻的桔灯，灯光相连，自然形成一道美丽的弧形光影。早已颠覆观众内心期待的场景设计，触发人的“五感”，让知觉有着不同程度的体验满足。此时的参观者仿佛融入了环境，从一个观看的“欣赏者”，变为环境的“参与者”。可以说，《光影童话世界》超前的文化气息，隐藏在作品的神韵中。沉浸式的体验环境，将这些文化气息一并传递给了观众，波及观者的精神层面。不难预见，增强现实体验艺术将在未来越来越受到体验者的欢迎。

结　论

要之，数字公共艺术及其“场”性现象是一个问题的两个方面，对“场”性的研究离不开探讨数字公共艺术本身，只是重点不同而已。这里的“场”，既包括进行某种活动的真实现实场所，又包括以数字媒体为载体的虚拟现实“场所”；既包括与构成“场所”相关的物质要素和文化要素，又包括公众的欣赏体验与审美心理等方面。对数字公共艺术的“场”性研究，就是围绕着数字公共艺术和“场”有关问题的综合探索。尽管本书各章内容自成一体，却在不同程度上保持着一定的联系，所涉及的研究环节，综合构成了数字公共艺术及其“场”性宏旨。为此，本课题认为：无论从数字艺术的内在属性，还是从数字公共艺术与“场”性的关系来看，数字公共艺术之所以有别于传统公共艺术，归根结底就在于“场”性的不同。“场”不仅表现为空间，而且也是空间这个形式背后的具体内容；不仅是媒体（载体）这个艺术赖以立命安身的基础，也是艺术分类学的重要标准。由于数字技术导致公共艺术“场”性的差异，从而使得公共艺术及其存在“场”的时间、空间、形式等发生了颠覆性转向，因此数字公共艺术及其“场”性具有鲜明的艺术特征。换言之，如果说传统公共艺术是以体现“静态”“固定”“恒久”的艺术“场”性作为自己存在方式的话，那么其实质就在于它使以物理“场”为存在载体的静态艺术形式得以依存。然而，数字技术和计算机网络的出现，昭示着艺术之“场”发生了根本性的改变，公共艺术不仅保留了传统意义上物理“场”的主要特征，而且还在于它使得艺术借助于数字技术与计算机网络，将真实现实静态之“场”变为虚拟现实动态之“场”，使公共艺术由过去恒久、固定“场”的置放，变为动态、遥在的“场”与“场”之间的转场呈现，并且把“在场”的人机交互变为“非在场”的远程操控互动。这种跨越时空的互动参与方式，使得过去某些单一“场”的艺术互动，变为不分“场”域和跨国界的“场”与“场”的互动参与，这便是网络远程遥在空间艺术在公共“场所”的功能与属性的体现。它改变了哈贝马斯当年所提出的共和论思想和民主价值观的讨论方式，即由过去真实现实物理公共场所的“在场”公众集会讨论、艺术欣赏，变成了由互联网主导虚拟现实公共场所的公众参与、艺术互动。

不仅如此，由于数字公共艺术与“场”的关系表现为时空的多维、异质、混合等特性，尤其是那些综合性、大型化的展示、表演类公共艺术。其不同的艺术种类和艺术形式，多出现在诸如奥运会、世界杯、世博会、阅兵式、狂欢节等开幕式文艺表演中。数字艺术成为展呈“场”的主角，使展呈“场”变成了以“真实现实空间”“虚拟现实空间”“遥在空间”“音响空间”等不同形式的空间艺术为主导的公共“场所”，从而导致数字艺术“场”(媒体)异质混合空间的形成,并可能引发公众对“场”(媒体)与“空间”混合现实体验的浓厚兴趣。即使是那些小型化带有游戏娱乐、展览陈列性质的沉浸式艺术“场”,也同样能够极大地吸引公众的兴趣点。无疑,这些艺术体验方式为数字公共艺术所独有。进而言之,数字公共艺术通过真实现实、虚拟现实、遥在互动等混合艺术手段使公众的视、听、触、嗅、味五种感觉能够浸没在沉浸式、增强现实、混合现实艺术体验中,以体验混合“场”“空间”艺术特有的魅力,其艺术形式构成了不同性质、不同层次以及不同维度的艺术知觉现象场。公众并由此感受到“在场”与“非在场”、“此在”与“彼在”、“线性”与“非线性”等混合体验。这一体验方式是数字公共艺术特有的内在属性,故全然有别于传统公共艺术。

当然,在艺术表现性与感染力上,“场”反映的是不同事物之间吸引与排斥时的中介过程,具有一定的张力特性。和其他所有艺术一样,数字公共艺术及其“场”的表现性与感染力,也必须借助于张力才能够实现。张力的实质反映的是艺术所具有的“两极扩张、双向统一”的辩证关系,由所属艺术形式蕴含的张力倾向反映出来,而张力源自运动,以动态视知觉为表象。问题的实质在于,数字公共艺术的“场”性张力现象之所以有别于传统艺术,是因为数字艺术具有传统艺术所不具备的、直观的动态视觉张力属性。在数字公共艺术“场”性所有的知觉范畴中,无论是真实现实还是虚拟现实,无论是单体独立的影像装置艺术还是综合性的展览展示等大型艺术活动,无不以数字媒体所呈现的运动感体现其艺术张力。即使是静态的数字艺术,仍然能通过隐藏在动态下的图式张力彰显其艺术感染力。此外,数字公共艺术的“场”性还存在着“气场”张力现象。“气场”张力的产生，一方面依赖于单体数字艺术本身所具有的“两极扩张、双向统一”的张力性，依赖于不同种类艺术间的能量相互激荡所产生的“气场”张力；另一方面也依赖于各种不同物质元素所构成的“物理气体”张力及其具有的“稀散和凝聚”的扩张属性。现代“物理场”理论也证明了等离子体之类的物质是构成“气场”的重要成分。不过，“气场”张力现象主要还是属于人的心理反应，因此归为心理学的研究范畴，其中，以科学实验依据为支撑的格式塔心理学最具权威性。格式塔心理学证明了“心物场”原理与数字公共艺术的“气场”张力现象有着一定的内在联系。其存在具有一定的科学性，反映出数字公共艺术作品、公众、公共场环境、公众心理体验等方面是“心物场”的重要组成部分。“心物场”原理不仅证明了数字公共艺术“气场”张力现象的存在，而且也在一定程度上科学地诠释了数字公共艺术及其“场”性所具有的感染力与表现力。

进一步而论，在数字公共艺术及其“场”性审美方面，本研究借用了本雅明有关“光晕”（韵味）的概念，以论证数字公共艺术“场”性的审美嬗变。由于“场”是媒体（或称载体）这个艺术赖以立命安身的基础，也是艺术分类学的重要标准，因此，数字公共艺术之“场”正被赋予新媒体的含义，从而使传统公共艺术“场”的“光晕”转向了新的数字公共艺术载体。数字公共艺术“光晕”所拥有的自我指涉符号，不仅纯然显现为“动态”的“非 在场”性、“复制”性，而且还表现为“仿像”“拟像”与“拟真”的“场”性“光晕”特征。就“光晕”转向的本质来说，实际上是“场”（媒体）和审美意识的转向。可以说，虚拟现实存在于媒体“空间”，存在于虚幻的媒体“场”中，使数字公共艺术的“光晕”能幻化出“非在场”之美感，其空旷和宁静能够形成数字艺术的张力并被感知和发现。数字艺术“场”的“光晕”不仅打破了原有审美意识形态关系，而且还建立起了新的审美意识和新的文化发展方向，这种审美方向既是数字公共艺术创作的源泉，也是建立新的审美关系的动力。困于过去的科技水平，人类一直未能实现这样的艺术目标，只有到了数字信息化阶段，与虚拟现实相关的科学技术解决了拟真技术中的瓶颈问题，人类才得以步入数字公共艺术“场”的“光晕”时代，只不过，这样的“光晕”更加强调艺术的再创造，使人自身世界的逻辑创造更加具有创新性。

毋庸置疑，数字公共艺术与传统公共艺术一样，仅为文化概念，而“不是一种艺术样式”，它可以采用丰富的数字艺术形式来营造城市环境，使城市环境成为人类栖居的“诗意之场”。数字公共艺术之所以能够营构城市环境，一方面，是由于现实客观发展需要；另一方面，则在于数字信息时代为营造“诗意之场”的城市环境提供了数字技术上的保证。社会发展史的规律表明，人类从农业社会步入工业化社会，必定会导致环境破坏和不同程度的环境危机。要改变这样的发展状况，人类在树立起环境保护意识的同时，需要通过对城市环境的理性规划与艺术设计，以达到环境保护、满足人们审美需要的目的，从而使城市环境变为人类宜居的“诗意之场”。由于不同的时代拥有不同的艺术，不同的艺术必然赋有不同的时代特征，所以，“诗意之场”的城市环境，具有一定的时代审美性，以数字技术手段营造城市环境将必然成为时代的发展方向。与此相应的是，数字艺术对城市公共环境的介入，将会导致传统公共艺术规律发生颠覆性转向。在某种程度上，它不仅会使得传统静态公共艺术逐渐失去一以贯之的主导地位，而且也会使得不同种类的数字艺术表现形式，诸如数控喷泉艺术、数控光景艺术、数控焰火艺术等，所拥有的智能化与动态化、真实现实与虚拟现实等数字智能属性，成为营造当代城市环境的主体，从而使城市环境呈现出迷人的“诗意之场”。

参考文献

一、外文译著

[1] 米歇尔·福柯. 词与物:人文科学考古学[M]. 莫伟民,译. 上海:上海三联书店,2001.

[2] 卡特琳·格鲁. 艺术介入空间:都会里的艺术创作[M]. 姚孟吟,译. 桂林:广西师范大学出版社, 2005.

[3] 罗伯特·休斯. 新艺术的震撼[M]. 刘萍君,汪晴,张禾,译. 上海:上海人民美术出版社,1989.

[4] 肖恩·库比特. 数字美学[M]. 赵文书,王玉括,译. 北京:商务印书馆,2007.

[5] 山本圭吾. 场的哲学:随时随地通讯的艺术[M]. 曹驰尧,荣晓佳,译. 长沙:湖南大学出版社,2005.

[6] 丹纳. 艺术哲学[M]. 傅雷,译. 北京:人民文学出版社,1963.

[7] 柏格森. 时间与自由意志[M]. 吴士栋,译. 北京:商务印书馆,2017.

[8] 戴维·迈尔斯. 心理学[M]. 黄希庭,等译. 北京:人民邮电出版社,2006.

[9] 马丁·海德格尔. 林中路[M]. 孙周兴,译. 上海:上海译文出版社,2008.

[10] 海德格尔. 海德格尔存在哲学[M]. 孙周兴,等译. 北京:九州出版社,2004.

[11] 诺伯舒兹. 场所精神:迈向建筑现象学[M]. 施植明,译. 台北:田园城市文化事业公司,1995.

[12] 康定斯基. 康定斯基论点线面[M]. 罗世平,等译. 北京:中国人民大学出版社,2003.

[13] 斯托曼. 情绪心理学[M]. 张燕云,译. 沈阳:辽宁人民出版社,1986.

[14] 叔本华. 作为意志和表象的世界[M]. 石冲白,译. 北京:商务印书馆,1982.

[15] 马赫. 感觉的分析[M]. 洪谦,唐钺,梁志学,译. 北京:商务印书馆,1986.

[16] 耶方斯. 名学浅说[M]. 严复,译. 北京:商务印书馆,1981.

[17] 阿恩海姆. 视觉思维:审美直觉心理学[M]. 滕守尧,译. 北京:光明日报出版社,1986.

[18] 鲁道夫·阿恩海姆. 艺术与视知觉:视觉艺术心理学[M]. 滕守尧,朱疆源,译. 北京:中国社会科学出版社,1984.

[19] 瓦尔特·本雅明. 迎向灵光消逝的年代[M]. 许绮玲,林志明,译. 桂林:广西师范大学出版社,2004.

[20] 瓦尔特·本雅明. 机械复制时代的艺术:在文化工业时代哀悼“灵光”消逝[M]. 李伟,郭东,编译. 重庆:重庆出版社,2006.

[21] 莫里斯·梅洛-庞蒂. 知觉现象学[M]. 姜志辉,译. 北京:商务印书馆,2001.

[22] 奥利弗·格劳. 虚拟艺术[M]. 陈玲,等译. 北京:清华大学出版社,2007.

[23] 艾伦·退特. 论诗的张力[M]. 姚奔,译//赵毅衡. “新批评”文集. 北京:中国社会科学出版社,1988.

[24] 黑格尔. 美学:第一卷[M]. 朱光潜,译. 北京:商务印书馆,1979.

[25] 黑格尔. 哲学史讲演录:第三卷[M]. 贺麟,王太庆,译. 北京:商务印书馆,1959.

[26] 莱辛. 拉奥孔[M]. 朱光潜,译. 北京:人民文学出版社,1979.

[27] 托马斯·拜乐. 托马斯·拜乐作品集:1967—1995[M]. 李建华,译. 北京:中国青年出版社,1997.

[28] 威廉·J. 米切尔. 伊托邦:数字时代的城市生活[M]. 吴启迪,乔非,俞晓,译. 上海:上海科技教育出版社,2005.

[29] 库尔特·考夫卡. 格式塔心理学原理[M]. 李维,译. 北京:北京大学出版社,2010.

[30] 约斯·德·穆尔. 赛博空间的奥德赛:走向虚拟本体论与人类学[M]. 麦永雄,译. 桂林:广西师范大学出版社,2007.

[31] 郝伯特·马歇尔·麦克卢汉. 理解媒介:论人的延伸[M]. 何道宽,译. 北京:商务印书馆,2000.

[32] 戴维·斯沃茨. 文化与权力:布尔迪厄的社会学[M]. 陶东风,译. 上海:上海译文出版社,2006.

[33] 让·鲍德里亚. 消费社会[M]. 刘成富,全志钢,译. 南京:南京大学出版社,2000.

[34] 弗兰克·G. 戈布尔. 第三思潮:马斯洛心理学[M]. 吕明,陈红雯,译. 上海:上海译文出版社,2006.

[35] 阿尔文·托夫勒. 第三次浪潮[M]. 黄明坚,译. 北京:中信出版社,2006.

[36] 尼古拉·尼葛洛庞蒂. 数字化生存[M]. 胡泳,范海燕,译. 海口:海南出版社,1996.

[37] 威廉·J. 米切尔. 比特之城:空间·场所·信息高速公路[M]. 范海燕,胡泳,译. 北京:三联书店,1999.

[38] 希恩·德玛. 气场修习术[M]. 马晓佳,等译. 北京:中国青年出版社,2011.

[39] 迈克尔·海姆. 从界面到网络空间:虚拟实在的形而上学[M]. 金吾伦,刘钢,译. 上海:上海科技教育出版社,2000.

[40] 马斯洛. 人的潜能和价值:人本主义心理学译文集[M]. 林方,等译. 北京:华夏出版社,1987.

[41] 马斯洛. 存在心理学探索[M]. 李文灖,译. 昆明:云南人民出版社,1987.

[42] 汉斯-格奥尔格·伽达默尔. 诠释学 1:真理与方法[M]. 洪汉鼎,译. 北京:商务印书馆,2010.

[43] 瓦西留克. 体验心理学[M]. 黄明,译. 北京:中国人民大学出版社,1989.

[44] 阿尔文·托夫勒. 未来的冲击[M]. 蔡伸章,译. 北京:中信出版社,2006.

[45] 让·博德里亚尔. 完美的罪行[M]. 王为民,译. 北京:商务印书馆,2000.

[46] 巴伦·李维斯,克利夫·纳斯. 媒体等同:人们如何像对待真人实景一样对待电脑、电视和新媒体[M]. 卢大川,等译. 上海:复旦大学出版社,2001.

[47] 列维-斯特劳斯. 结构人类学:巫术·宗教·艺术·神话[M]. 陆晓禾,黄锡光,等译. 北京: 文化艺术出版社,1989.

[48] 爱森斯坦. 并非冷漠的大自然[M]. 富澜,译. 北京: 中国电影出版社,1996.

[49] 贡布里希. 秩序感:装饰艺术的心理学研究[M]. 范景中,杨思梁,徐一维,译. 长沙:湖南科学技术出版社,1999.

[50] 马克·波斯特. 信息方式:后结构主义与社会语境[M]. 范静哗,译. 北京:商务印书馆,2000.

[51] 尚·布希亚. 拟仿物与拟像[M]. 洪凌,译. 台北:时报文化出版企业公司,1998.

[52] 尤尔根·哈贝马斯. 交往行为理论:第一卷[M]. 曹卫东,译. 上海:上海人民出版社,2004.

[53] 刘易斯·芒福德. 城市发展史:起源、演变和前景[M]. 宋俊岭,倪文彦,译. 北京:中国建筑工业出版社,2005.

[54] 韦建桦. 马克思恩格斯文集:第1卷[M]. 中共中央马克思恩格斯列宁斯大林著作编译局,编译. 北京:人民出版社,2009.

[55] 韦建桦. 马克思恩格斯文集:第5卷[M]. 中共中央马克思恩格斯列宁斯大林著作编译局,编译. 北京:人民出版社,2009.

[56] 韦建桦. 马克思恩格斯全集:第3卷[M]. 中共中央马

克思恩格斯列宁斯大林著作编译局,编译. 北京:人民出版社,1979.

[57] 埃德蒙德·胡塞尔. 生活世界现象学[M]. 倪梁康,张廷国,译. 上海:上海译文出版社,2002.

[58] 尤尔根·哈贝马斯. 重建历史唯物主义[M]. 郭官义,译. 北京:社会科学文献出版社,2000.

[59] 约·瑟帕玛. 环境之美[M]. 武小西,张宜,译. 长沙:湖南科学技术出版社,2006.

[60] 阿诺德·伯林特. 生活在景观中:走向一种环境美学[M]. 陈盼,译. 长沙:湖南科学技术出版社,2006.

[61] 路希·史密斯. 欧普艺术和动力艺术[J]. 章宏,译. 世界美术,1990(1):46-50.

[62] 约翰·凯奇. 再论修拉的油画技巧[J]. 丁宁,译. 世界美术,1993(4):9-13.

[63] 凯瑟琳·巴克. 更环保的焰火[J]. 韦晴,译. 海外英语,2009(10):23.

二、中文书籍

[1] 章柏青,张卫. 电影观众学[M]. 北京:中国电影出版社,1994.

[2] 黄鸣奋. 新媒体与西方数码艺术理论[M]. 上海:学林出版社,2009.

[3] 马晓翔. 新媒体艺术透视[M]. 南京:南京大学出版社,2008.

[4] 陈旭光,等. 影视受众心理研究[M]. 北京:北京师范大学出版社,2010.

[5] 张彤. 整体地区建筑[M]. 南京:东南大学出版社,2003.

[6] 周宪. 视觉文化的转向[M]. 北京:北京大学出版社,2008.

[7] 叶平,罗治馨. 赛伯空间的异类[M]. 天津:天津教育出版社,2001.

[8] 王秋凡. 西方当代新媒体艺术[M]. 沈阳:辽宁画报出版社,2002.

[9] 李四达. 数字媒体艺术史[M]. 北京:清华大学出版社,2008.

[10] 王利敏,吴学夫. 数字化与现代艺术[M]. 北京:中国广播电视出版社,2006.

[11] 伍蠡甫. 西方文论选:上卷[M]. 上海:上海译文出版社,1979.

[12] 孙志强,吴恭俭. 电影论文选[M]. 北京:文化艺术出版社,1989.

[13] 宋家玲,宋素丽. 影视艺术心理学[M]. 北京:中国传媒大学出版社,2010.

[14] 宗白华. 美学散步[M]. 上海:上海人民出版社,1981.

[15] 王受之. 世界现代平面设计史[M]. 广州:新世纪出版社,1999.

[16] 王伯敏. 中国绘画史[M]. 上海:上海人民美术出版社,1982.

[17] 陈小清. 媒体艺术与设计[M]. 北京:高等教育出版社,2007.

[18] 夏建中. 文化人类学理论学派:文化研究的历史[M]. 北京:中国人民大学出版社,1997.

[19] 王鹏. 城市公共空间的系统化建设[M]. 南京:东南大学出版社,2002.

[20] 谢秉漫. 公共设施与环境艺术小品[M]. 北京:中国水利水电出版社,2002.

[21] 林保尧. 公共艺术的文化观[M]. 台北:艺术家出版社,1997.

[22] 黄才郎.公共艺术与社会的互动[M]. 台北:艺术图书公司,1994.

[23] 吴家骅. 景观形态学[M]. 叶南,译. 北京:中国建筑工业出版社,1999.

[24] 邱长沛. 现代环境艺术[M]. 重庆:西南师范大学出版社,2000.

[25] 翁剑青. 城市公共艺术:一种与公众社会互动的艺术及其文化的阐释[M]. 南京:东南大学出版社,2004.

[26] 孙振华. 公共艺术时代[M]. 南京:江苏美术出版社,2003.

[27] 翁剑青. 公共艺术的观念与取向:当代公共艺术文化及价值研究[M]. 北京: 北京大学出版社,2002.

[28] 王充. 论衡全译[M]. 袁华忠,方家常,译注. 贵阳:贵州人民出版社,1993.

[29] 郑乃铭. 艺术家看公共艺术[M]. 长春:吉林科学技术出版社,2002.

[30] 黄健敏. 百分比艺术:美国环境艺术[M]. 长春:吉林

科学技术出版社,2002.

[31] 陈燕静. 水景公共艺术[M]. 台北:艺术家出版社,1997.

[32] 陈望衡. 环境美学[M]. 武汉:武汉大学出版社,2007.

[33] 高洪涛. 政治文化论[M]. 北京:中国广播电视出版社,1990.

[34] 吴志强,李德华. 城市规划原理[M]. 北京:中国建筑工业出版社,2010.

[35] 杭间,何洁,勒埭强. 岁寒三友:中国传统图形与现代视觉设计[M]. 济南:山东画报出版社,2005.

[36] 凤凰空间·上海. 照明设计[M]. 南京:江苏人民出版社,2012.

三、外文参考文献

[1] AYYADURAI V A S. Arts and the internet: a guide to the revolution[M]. New York: Allworth Press,1996.

[2] ASCOTT R. The construction of change [M]// TELEMATIC E. Visionary Theories of Berkeley. Los Angeles: London University of California Press,2003.

[3] CHRISTIANE P. Digital art[M]. New York: Thames & Hunson (World of Art),2003.

[4] Mixed reality: future dreams seen at the border between real and vritual worlds[J]. Computer Graphics and Applications, 2001,21(5).

[5] LIU WEI, CHEOK A D. Mixed reality classroom-

learning from entertainment[J],DIMEA,2007.

[6] WURMAN R S. Information anxiety:what to do when information doesn't tell you what you need to know[M]. [S. l.]:Bantam,1990.

[7] DILTHEY W. Poetry and experience[M]. [S. l.]: Princeton University Press,1985.

[8] HODGES H A. The philosophy of Wilhelm Dilthey [M]. Great Britain: The International Library of Sociology, 1952.

[9] ABEL R. The cine goes to town: French cinema, 1896 -1914[M]. Berkeley: University of California Press,1994.

[10] CAGE J. Experimental music[Z]. Chicago: Music Teachers National Association, 1957//Liner notes to the 25-year retrospective concert of the music John Cage [1958]. Mainz: Wergo Schallplatten, 1994.

[11] MUMFORD L. Technics and nature of man[M]// MITHCHAM C. Philosophy and technology. New York:The Free Press,1983.

[12] BARRY P. Beginning theory:an introduction to literary and cultural theory[M]. Manchester and New York: Manchester University Press,1995.

[13] EAGLETON T. Ideology of the aesthetic[M]. Cambridge: Basil Blackwell,Inc. , 1990.

[14] LAI A, WU A. Installation art now[M]. Sandu Publishing Co. ,2013.

[15] The sky's the limit[M]. Berlin: Gestalten,2012.

[16] SCHEPS M. 20th century art: Museum Ludwig Cologne[M]. Köln: Taschen, 2003.

[17] Urban Garden in Nφrresundby[M]//ANDERSSON S L. Urban spaces squares & plazas. [S. l.]: AZUR Corporation, 2007.

四、期刊、报纸

[1] 冯晓伟. 浅论二十一世纪初居住环境[J]. 中外建筑, 1999(1):19-20.

[2] 李发美. 牛顿时空观[J]. 怀化师专学报(哲学版), 1986(3):35-39.

[3] 袁运甫. 公共艺术的决择建言[J]. 美术观察,2005(1): 20.

[4] 刘文英. 评黑格尔的时空理论[J]. 新疆大学学报(哲学社会科学版),1983(4):18-26.

[5] 林成滔. 莱布尼茨对真空的研究及其现代价值[J]. 科学之友,2009(21):65-66.

[6] 童明. 空间神化[J]. 建筑师,2003(5):18-31.

[7] 袁向东. 笛卡尔的数学观:兼评他对欧氏几何的反思[J]. 科学技术与辩证法,1994(2):19-22.

[8] 尚杰. 空间的哲学:福柯的"异托邦"概念[J]. 同济大学学报(社会科学版),2005(3):18-24.

[9] 赵炎秋. 在理解世界与把握世界中的图像与语言[J]. 理论与创作,2008(1):119-120.

[10] 周均清,王乘,张勇传. 虚拟空间设计与情景消费时代:一种另类空间及其产业的重新诠释[J]. 华中科技大学学报(城市科学版),2002(4):1－6.

[11] 汪行福. 空间哲学与空间政治:福柯异托邦理论的阐释与批判[J]. 天津社会科学,2009(3):11－16.

[12] 黄鸣奋. 赛伯戏剧[J]. 中国戏剧,2002(11):48－49.

[13] 邱志勇. 媒体影像、科技空间与沉浸身体之间:论新媒体艺术中的体现美学[J]. 时代建筑,2008(3):18－23.

[14] 黄鸣奋. 艺术与混合现实[J]. 东南大学学报(哲学社会科学版),2008(6):74－78.

[15] 周舒. 福柯的绘画观[J]. 北京青年政治学院学报,2005(4):75－78.

[16] 叶秀山. "画面""语言"和"诗":读福柯的《这不是烟斗》[J]. 外国美学(集刊),1994(10).

[17] 刘海燕. 气质与性格关系初探[J]. 心理学探新,1989(3):27－30.

[18] 王公. 情绪历程中的情感首因与认知首因[J]. 心理科学进展,1995(3):33－38.

[19] 张勇. 线性和非线性编辑的综合应用研究[J]. 中国有线电视,2003(6):73－76.

[20] 陈育德. 画形于无象、造响于无声:论音乐与绘画之通感[J]. 安徽师范大学学报(人文社会科学版),2004(2):188－194.

[21] 陈育霞. 诺伯格·舒尔茨的"场所和场所精神"理论及其批判[J]. 长安大学学报(建筑与环境科学版),2003(4):30－33.

[22] 邹铁军. 论海德格尔的此在解释学[J]. 长春市委党

校学报,2001(3):12－15.

[23] 包向飞. 乌托邦和拓扑发生学:比较康德的主体和海德格尔的此一在[J]. 现代哲学,2009(4):88－92.

[24] 金健人. 论文学的艺术张力[J]. 文艺理论研究,2001(3):38－44.

[25] 艾中信. 尽精微 致广大:略论徐悲鸿的素描见解[J]. 中国美术,1979(1).

[26] 廖翊. 余秋雨:台湾文化"气场"渐失[J]. 新华每日电讯,2006－08－21.

[27] 陈丹. 试论中国古代画论中"气"范畴的审美意蕴[J]. 中华文化论坛,2009(2):80－85.

[28] 曾振宇. "气"作为哲学概念如何可能[J]. 中国文化研究,2002(4):53－62.

[29] 张一兵. 拟像、拟真与内爆的布尔乔亚世界:鲍德里亚《象征交换与死亡》研究[J]. 江苏社会科学,2008(6):32－38.

[30] 孙瑞. 浅谈自动化技术在 4D 电影中的应用[J]. 黑龙江科技信息,2007(4):37.

[31] 郭雅希. 中国"仿像时代"的"符号"[J]. 雕塑,2009(1):56－57.

[32] 翁剑青. 超越本体的价值含义:公共艺术的广义生态学管窥[J]. 文艺研究,2009(9):19－26.

[33] 潘耀昌. 公共艺术和民主意识[J]. 美术观察,2005(11):14－15.

[34] 赵汀阳. 城邦、民众和广场[J]. 世界哲学,2007(2):64－75.

[35] 郑晓松. 公共领域的民主原则:哈贝马斯公共领域理论初探[J]. 科学·经济·社会,2008(3):84-88.

[36] 姚君洲. 公共艺术的场域性[J]. 美术观察,2008(1):110.

[37] 孙振华. 公共艺术的观念[J]. 艺术评论,2009(7):48-53.

[38] 谭铁志. 影像装置艺术媒介形态和语言特征的研究[J]. 美术大观,2009(4):58-59.

[39] 鲁晓波. 法国艺术家契弗里埃新媒体艺术作品[J]. 装饰,2002(12):30-31.

[40] 姚慧燕. 人类感知尺度的城市图景:再读《城市意向》[J]. 安徽建筑,2008(4):24-26.

[41] 陆志瑛. 城市设计中的现象学思考[J]. 山西建筑,2008(7):54-55.

[42] 费彦. 现象学与场所精神[J]. 武汉城市建设学院学报,1999(4):20-24.

[43] 周卫. 镜像中的场所特质[J]. 建筑师,2007(1):37-39.

[44] 吴秀娴. 现象学和场所精神的解读[J]. 广东建材,2010(1):130-131.

[45] 郭红,莫鑫. 诺伯格·舒尔茨的场所理论评析[J]. 四川建筑,2004(5):15-16.

[46] 陈贝贝,杨剑. 论空间与场所[J]. 四川建筑,2007(2):49-50.

[47] 粟多壮. 新动态艺术:拉尔方索的新动态雕塑探索[J].

雕塑,2006(3):32－33.

[48] 汪海峰. 动态艺术与动态景观[J]. 新建筑,2007(1):117－120.

[49] 丰明高. 灯光环境艺术[J]. 大众用电,2001(6):34－35.

[50] 钟远波. 公共艺术的概念形成与历史沿革[J]. 艺术评论,2009(7):63－66.

[51] 郭亮. 电视文艺晚会中的灯光设计[J]. 现代电视技术,1997(3):56－59.

[52] 刘音. 概论舞台灯光艺术[J]. 中国科技信息,2005(17):228.

[53] 王建华. 论建筑光环境[J]. 装饰,2002(7):51.

[54] 李黎. 论舞台灯光的时代性及造型特征[J]. 齐鲁艺苑,2001(4):33－38.

[55] 曾泽坤. 广场性灯光艺术简论[J]. 电视工程,2000(1):32－33.

[56] 林少雄. 城市文化视野中的公共艺术[J]. 上海城市管理职业技术学院学报,2005(1):14－19.

[57] 雷欣. 计算机技术与灯光艺术相结合的发展[J]. 现代电视技术,1998(5):63－65.

[58] 程智力. 高新技术与展示空间设计[J]. 科技创业月刊,2003(5):72－73.

[59] 刘景明. 数码交互艺术:动态的艺术[J]. 上海工艺美术,2007(2):46－47.

[60] 周春源. 新媒介互动艺术作品表现形式的研究[J]. 美术学报,2008(3):56－57.

[61] 叶平. 知识经济时代的文化教育景观[J]. 教育理论与实践,1999(7):3-5.

[62] 刘自力. 新媒体带来的美学思考[J]. 文史哲,2004(5):13-19.

[63] 黄鸣奋. 论数码艺术的非物质性[J]. 厦门理工学院学报,2012(2):94-98.

[64] 陈高明,董雅. 公共艺术的场所精神与地缘文化:以天津为例[J]. 文艺争鸣,2010(8):66-68.

[65] 翁剑青. 公共艺术的社会方式与文化反思[J]. 雕塑,2008(4):72-73.

[66] 何桂彦. 物·场地·剧场·公共空间:谈极少主义对西方当代公共雕塑的影响[J]. 艺术评论,2009(7):54-58.

[67] 蔡熙. 关于文化间性的理论思考[J]. 大连大学学报,2009(1):80-84.

[68] 施旭升. 城市意象与诗意栖居[J]. 文化艺术研究,2010(5):8-15.

[69] 高宜程,申玉铭,王茂军,刘希胜. 城市功能定位的理论和方法思考[J]. 城市规划,2008(10):21-25.

[70] 吴晓冬,何伟. 城市公共广场景观分析与大尺度建筑下的整体空间体验:CCTV 媒体公园景观设计思考[J]. 风景园林,2006(4):32-38.

[71] 缪步林. 吴文化对苏州古城规划建设与繁荣发展的影响[J]. 档案与建设,2003(11):48-49.

[72] 黄鸣奋. 网络间性:蕴含创新契机的学术范畴[J]. 福建论坛(人文社会科学版),2004(4):84-88.

[73] 钱文艳. 罗伯特·劳申伯格“结合”艺术中的美学[J]. 艺术教育,2011(7):158.

[74] 刘明. 实验、互融、转换:关于绘画“综合材料”的美学思考[J]. 美术教育研究,2011(12):37.

[75] 王俊. 论诗意语言的当代性:从对海德格尔诗意语言思想的批判谈起[J]. 求索,2011(11):106－108.

[76] 尹小斌. 具象的当代性[J]. 美术研究,2012(4):102－104.

[77] 雷欣. 灯光艺术的革命[J]. 现代电视技术,2004(6):134－136.

[78] 蔡彬. 可编程控制器在音乐灯光喷泉中的应用[J]. 农机化研究,2005(4):209－210.

[79] 肖玲琍. 音乐喷泉与现场总线技术[J]. 北京建筑工程学院学报,2003(3):81－84.

[80] 闻捷. 神奇的水幕电影[J]. 影像技术,2002(1):54.

[81] 韩荣花,李绍武. 基于 PLC 的音乐喷泉和水幕电影控制系统设计[J]. 产业与科技论坛,2011(20):59－60.

[82] 朱大可. 焰火影像的礼赞[J]. 艺苑,2007(3):11－13.

[83] 奥运专题. 北京奥运会开幕式焰火燃放创世界吉尼斯纪录[J]. 花炮科技与市场,2008(3):11.

[84] 刘阳,傅丁根. 蔡国强:焰火绘画堪称世界首创. 人民日报[N],2009－10－02.

[85] 曹汝平. “光立方”的审美意蕴[N]. 文艺报,2010－04－09.